21世纪高等学校规划教材

DIANGONG DIANZI JISHU

电工电子技术

主　编　薛太林

副主编　王早兰

编　写　夏　琰　谢茂林　张玉华

主　审　渠云田

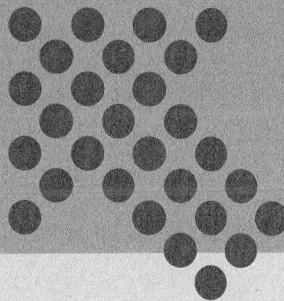

中国电力出版社
CHINA ELECTRIC POWER PRESS

内 容 提 要

本书为 21 世纪高等学校规划教材。

全书共分八章，主要内容包括直流电路、正弦交流电路、变压器电动机及其控制电路、电气安全技术、半导体器件及放大电路、集成运算放大器及负反馈、直流稳压电源、逻辑代数及实用逻辑电路，每章均配有相关实训项目。

本书主要作为普通高等院校工科非电类电工电子技术及相关课程的教材，也可供相关工程技术人员参考。

图书在版编目（CIP）数据

电工电子技术/薛太林主编. —北京：中国电力出版社，2014.9（2020.9 重印）

21 世纪高等学校规划教材

ISBN 978 - 7 - 5123 - 6136 - 2

Ⅰ. ①电… Ⅱ. ①薛… Ⅲ. ①电工技术-高等学校-教材 ②电子技术-高等学校-教材 Ⅳ. ①TM②TN

中国版本图书馆 CIP 数据核字（2014）第 144108 号

中国电力出版社出版、发行

（北京市东城区北京站西街 19 号 100005 http：//www.cepp.sgcc.com.cn）

北京九州迅驰传媒文化有限公司印刷

各地新华书店经售

*

2014 年 9 月第一版 2020 年 9 月北京第三次印刷

787 毫米×1092 毫米 16 开本 16 印张 386 千字

定价 **32.00** 元

前　言

　　"电工电子技术"是高等学校工科非电类专业的一门重要的专业基础课，既有一定的理论性，又有很强的实用性。本书基于"学训一体"人才培养理念，采用理论铺垫、实操项目训练相结合的方式，注重实用性、可操作性，突出学生实操能力的培养。

　　理论铺垫部分以"实用、够用"为度，知识点简练，减少了不必要的论证及数学推导，突出实用，强化学生的实践意识，便于学习掌握。例如，在电子技术部分，对放大电路的认识重点放在集成运算放大器的应用上，而对分立元件放大电路的结构和工作原理仅作简单的介绍；对数字电路的认识重点在一些实用的集成逻辑电路的应用，如编码器、译码器、数据选择器、寄存器、计数器、555定时器等。通过学习使学生能基本掌握常用集成电路的应用。实操项目选择上紧密结合电力生产、传输、用电管理和日常生活。例如，第二章中，设置了两个实操项目，一个是"日光灯电路的安装及功率因数的提高"，另一个是"三相电路的测量"。通过这两个项目的实训，使学生能够基本掌握单相和三相交流电的基本用法和特点。在电动机及其基本控制线路中，设置了实操项目"三相异步电动机正反转控制线路的装接"，为将来学生能够在工作岗位正确使用电动机奠定了基础。在电子技术部分除了一些基本的实操项目外，专门设置了一个综合性的实操项目——多音频门铃的制作，使学生在理论的指导下，能够制作出一个实用的产品。另外，考虑到用电过程中的安全问题，本书增加了"电气安全技术"的内容，使学生能够掌握基本的安全用电常识。此外，在教学过程中有些内容可以采用理论与实训相结合的方式教学，如低压电器和电动机的基本控制线路部分可在实训基地对照实物来教学，这样更便于学生理解和掌握。总之，本书的特点在于培养学生的实践能力、应用能力和创新能力。

　　本书第一章由山西大学张玉华编写；第二、三章由山西大学王早兰编写；第四、七章由山西大学薛太林编写；第五、六章由山西大学夏琰编写；第八章由山西大学谢茂林编写。全书由薛太林担任主编，王早兰担任副主编。

　　本书在编写过程中参考了一些经典教材和文献，在此谨向相关作者表示衷心的感谢。

　　由于编者水平有限，书中难免存在疏漏和不妥之处，恳请广大读者批评指正。

编　者

2014 年 4 月

目　录

第一章 直 流 电 路

第一节 电路模型及基本物理量

一、电路

电在日常生活、生产和科学研究等工作中得到了广泛的应用。在计算机、通信和电力系统中都可以看到各种各样的电路，应用这些电路可以完成各种各样的任务。

电路是由各种电气设备和元器件按一定方式连接起来组成的整体，它可以实现某种功能，是电流流过的路径。电路可分为电源、负载和中间环节三个部分，如图1-1所示。

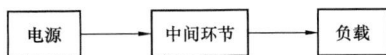

图1-1 电路的基本组成

电源是提供电能的设备，是电路工作的能源。电源的作用是将非电能转换成电能，如发电机、蓄电池、干电池等。

负载是用电设备，是电路中的主要耗电器件。负载的作用是将电能转换成非电能，如电动机将电能转变成机械能，日光灯将电能转变成光能等。

中间环节是指电路中除电源和负载之外其他部分的总称。中间环节的作用是在电路中传输、分配和控制电能，如连接导线、开关、控制电器等。

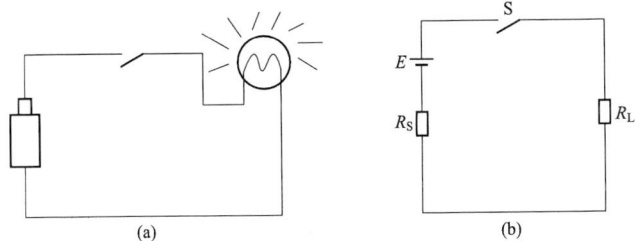

图1-2 手电筒电路及其电路模型
(a) 手电筒电路；(b) 手电筒电路模型

举个实例，最简单的电路之一是手电筒电路，如图1-2（a）所示。在图中，干电池是一种电源，它将化学能转换成电能，是一种产生电能的元件；电珠是由电阻丝组成的，它将电能转换成光能，是一种消耗电能的元件，称为负载；开关是控制元件，控制电路的接通与断开，开关和导线是连接电源和负载的中间环节。

电路按其功能可分为两大类，第一类是进行电能的传输和转换，例如，电力网络可将电能从发电厂输送到各个工厂和千家万户，供各种电气设备使用；第二类是实现电信号的传输、处理和存储，如通信系统、计算机网络等。

二、电路模型

组成电路的实际器件，其电磁性能的表现往往是各方面交织在一起。例如，白炽灯泡不仅消耗电能，还会在其周围产生一定的磁场。为了便于对实际电路进行分析和数学描述，在使用灯泡时，一般只考虑其消耗电能的功能，忽略其他次要的性能。基于这些考虑，将定义一些理想化的电路元件，每种电路元件只体现一种基本的电磁现象，这些元件就称为理想元件。在电路分析中，常用的理想元件有电阻、电容、电感、理想电压源和理想电流源等，这些元件分别由相应的参数来表征。

　　将实际电路中的各个部件用理想元件表示,由理想元件组成的电路就称为实际电路的电路模型。在手电筒电路中,干电池用电压源表示,其参数为电动势 E 和内阻 R_S;电珠用电阻表示,其参数为电阻 R_L;开关和导线可视为理想导体,这样手电筒电路的电路模型如图 1-2 (b) 所示。

三、电路的基本物理量

电路的基本物理量有电流、电压及功率。

1. 电流

带电粒子有规则的运动形成电流,定义为单位时间内通过导体截面的电荷量,用符号 i 表示,表示式为

$$i = \frac{\mathrm{d}q}{\mathrm{d}t} \tag{1-1}$$

如果电流随时间而变,则称为交流电流;如果电流不随时间而变,则称为直流电流。直流电流用大写字母 I 表示,表示式为

$$I = \frac{Q}{T}$$

在国际单位制中,电流的单位是安培(A),习惯上将正电荷运动的方向规定为电流方向。电流的方向是客观存在的,在简单电路中,可以很容易地确定电流的方向;但在较复杂电路中,往往很难判断电流的真实方向,在这种情况下,可以任意假定某一方向作为电流的参考方向,用箭头标出。当电流的真实方向与参考方向一致时,电流为正值;当电流的真实方向与参考方向

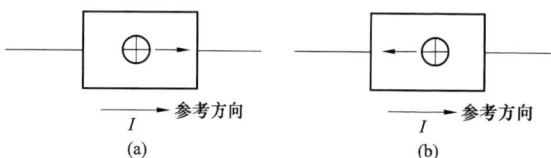

图 1-3　电流的实际方向与参考方向间的关系
(a) $I>0$;(b) $I<0$

相反时,电流为负值,如图 1-3 所示。

　　需要注意的是,在选定参考方向后,电流之值才有正负之分。

2. 电压

在电场中,电荷在电场力的作用下,从一点移到另一点时,它所具有的能量(电动势能)的改变量(即电场力所做的功)只和两点的位置有关,而与移动的路径无关。由此引出电压这个物理量,用来衡量电场力对电荷做功的能力。

电路中任意两点间的电压在数值上等于单位正电荷在电场力的作用下,由 a 点移动到 b 点电场力所做的功,即

$$u = \frac{\mathrm{d}w}{\mathrm{d}q} \tag{1-2}$$

在国际单位制中,电压的单位为 V(伏特)。

与电流一样,电压也有自己的参考方向,其参考方向也是任意指定的。在电路中,电压的参考方向用正(+)、负(-)极性来表示,正极指向负极的方向就是电压的参考方向。如图 1-4 所示。

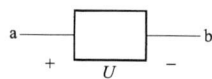

图 1-4　电压的参考方向

电压的参考方向还可用双下标表示,如在图 1-4 中用 U_{ab} 表示电压的参考方向是由 a 指向 b。若 $U_{ab}>0$,则表示 a 点的电位比 b 点电位高;反之若 $U_{ab}<0$,则表示 a 点的电位比 b

点电位低。

3. 功率

功率定义为单位时间内能量的变化，即

$$p = \frac{dw}{dt} \tag{1-3}$$

在图 1-5 中，设正电荷 dq 从 a 点经元件 A 移到 b 点，ab 间的电压为 u，则 dq 从 a 移到 b 减少的电能为 udq，这就是被元件 A 吸收的能量 dw，这样元件 A 的功率为

$$p = \frac{dw}{dt} = \frac{udq}{dt} = ui \tag{1-4}$$

电流从电压的正端流向负端称电压、电流为关联参考方向；电流从电压的负端流向正端称电压、电流为非关联参考方向。当电压和电流为关联参考方向时，有 $p = ui$，如果 $p > 0$，则表明元件吸收功率或消耗功率；反之若 $p < 0$，则表明元件释放功率或提供功率。当电压和电流为非关联参考方向时，功率的表达式为 $p = -ui$，仍规定元件消耗功率时 p 为正，元件提供功率时 p 为负。

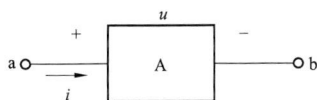

图 1-5 元件的功率

在国际单位制中，功率的单位是 W（瓦特）。

在电路分析时，如果电压与电流为关联参考方向，如图 1-6（a）所示，欧姆定律的表达式为

$$I = \frac{U}{R} \tag{1-5}$$

如果电压与电流为非关联参考方向，如图 1-6（b）、（c）所示，欧姆定律的表达式为

$$I = -\frac{U}{R} \tag{1-6}$$

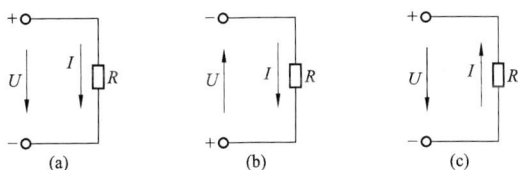

图 1-6 欧姆定律与电压、电流参考方向的关系
(a) 关联参考方向；(b) 非关联参考方向；(c) 非关联参考方向

第二节 电源模型及三种工作状态

电源是电路中提供能量的电工设备，理想电源元件有电压源和电流源两种形式。

一、电压源

如果电源的端电压与流过的电流无关，则称这种电源为理想电压源，其图形符号如图 1-7（a）所示。U_S 为电压源的电压，"+"、"-"号是参考极性，其伏安特性是一条不通过原点且与电流轴并行的直线，如图 1-7（b）所示。

理想电压源是从实际电源抽象出来的一种模型，具有以下两个基本特性。

（1）其端电压是定值 U_S 或者是一定时间的函数 $u_S(t)$，与流过的电流无关。当流过的电

流为零时，其端电压仍为 U_S 或 $u_S(t)$。

（2）电压源的电压是由它本身决定的，流过理想电压源的电流与电压值无关，由外电路决定。

实际的电压源由于电源内部有电能的消耗，即有内电阻的存在，其端电压会随着通过它的电流而发生变化，因此一个实际电压源可以看成是一个理想电压源 U_S 和一个电阻 R_S 的串联。U_S 为电源的开路电压，R_S 为电源的内阻，这种电源模型为实际电压源模型，简称电压源，如图 1-8 所示，其电压大小为

$$U = U_S - R_S I \tag{1-7}$$

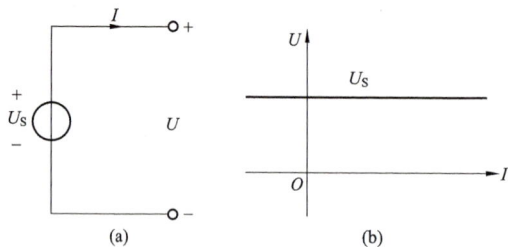

图 1-7　理想电压源的图形符号及其伏安特性
（a）理想电压源的符号；（b）理想电压源的伏安特性

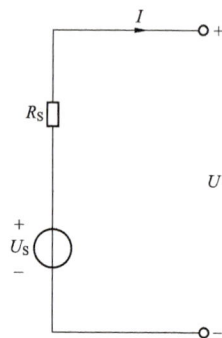

图 1-8　电压源

二、电流源

如果从电源流出的电流与电源两端的电压大小无关，则称这种电源为理想电流源，其图形符号如图 1-9（a）所示，I_S 为电流源的电流，箭头是参考方向，其伏安特性是一条不通过原点且与电压轴并行的直线，如图 1-9（b）所示。

理想电流源是从实际电源抽象出来的一种模型，具有以下两个基本特性。

（1）其端电流是定值 I_S 或者是一定的时间函数 $i_S(t)$，与两端的电压无关。当其端电压为零时，它流出的电流仍为 I_S 或 $i_S(t)$。

（2）电流源的电流是由它本身决定的，至于它两端的电压则是任意的，其大小取决于所连接的外电路。

理想电流源在实际中是不存在的，它的输出电流通常会随着其端电压的增大而减小，所以一个实际电源可以看成是一个理想电流源 I_S 和一个电阻 R_S 的并联，I_S 为电源的短路电流，R_S 称为电源的内阻，这种电源模型为实际电流源模型，简称电流源，如图 1-10 所示。

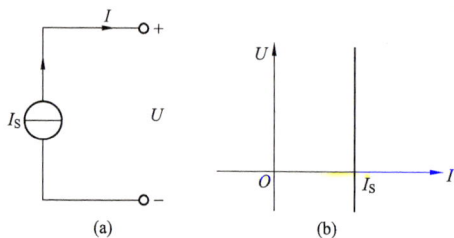

图 1-9　理想电流源的符号及伏安特性
（a）理想电流源的图形符号；（b）理想电流源的伏安特性

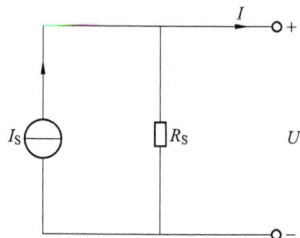

图 1-10　电流源

当电流源与外电路相连，电源的端电压为 U 时，电流源的输出电流为

$$I = I_s - \frac{U}{R_s} \qquad\qquad (1-8)$$

三、电路的三种工作状态

电路的工作状态一般有三种：有载状态、短路状态和开路状态，分别如图 1-11（a）、（b）、（c）所示。

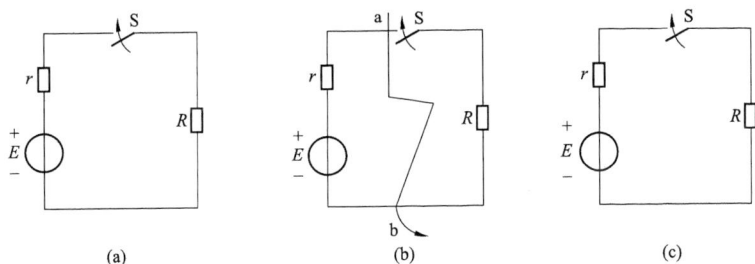

图 1-11　电路的工作状态

(a) 有载状态；(b) 短路状态；(c) 开路状态

1. 有载状态

在图 1-11（a）所示的电路中，当开关 S 闭合后，电源与负载形成闭合回路，电路中有电流流过，电源处于有载工作状态。

2. 短路状态

在图 1-11（b）所示电路中，当 a、b 两点接通，电源的两端就连接在一起，此时，电源被短路。电源短路时，外电路的电阻可视为零，电流由捷径通过，不再流过负载。电源被短路往往会造成严重的后果，如导致电源因发热过甚而损坏，或是因电流过大而引起电气设备的机械损伤，因此要绝对避免电源被短路。所以在实际工作中，应经常检查电气设备和线路的绝缘情况。此外，还应在电路中接入熔断器等保护装置，以便发生短路事故时能及时切断电源，达到保护电路的目的。

3. 开路状态

在图 1-11（c）所示电路中，开关 S 断开或电路中某处断开，被切断的电路中没有电流流过，电路处于开路状态，开路又叫断路。

第三节　基尔霍夫定律

电路的基本定律，除了欧姆定律外，还有基尔霍夫电流定律和基尔霍夫电压定律，基尔霍夫电流定律应用于结点，电压定律应用于回路。

一、电路中的几个常用概念

1. 支路（branch）

电路中通过同一电流的每个分支称为支路。通过支路的电流称为支路电流，不同支路流过不同的电流，在图 1-12 所示电路中，有三条支路：ab、acb、adb。

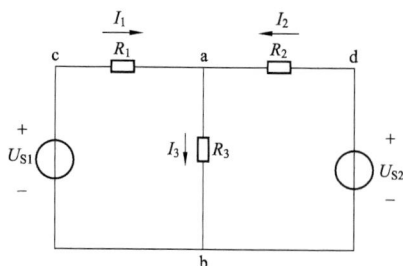

图 1-12　电路举例

2. 结点（node）

电路中三条或三条以上的支路连接的点称为结点，图 1-12 所示电路中有两个结点 a 和 b，c、d 两点一般不称为结点。

3. 回路（loop）

电路中的任一闭合路径称为回路，在图 1-12 所示电路中有三个回路：abca、abda 和 adbca。

4. 网孔（mesh）

最小的回路称为网孔，网孔中不包括任何支路分支。

二、基尔霍夫电流定律

基尔霍夫电流定律（Kichhoff's Current Law，KCL）描述了同一结点上各支路电流之间的关系，其内容如下：

在任何时刻，对任一结点而言，流入结点的电流之和等于流出结点的电流之和。

该定律体现了电流的连续性，因为结点只是理想导体的汇合点，不可能积累电荷，所以在结点处的电荷既不能产生，也不能消失，满足电荷守恒定律。

在图 1-12 所示电路中，对结点 a 有

$$I_1 + I_2 = I_3 \tag{1-9}$$

此式又可写成

$$I_1 + I_2 - I_3 = 0 \tag{1-10}$$

即

$$\sum I = 0$$

因此，基尔霍夫电流定律又可表达成：在任何时刻，流入任一结点的电流的代数和恒为零。这里规定流入结点的电流取正号，流出结点的电流取负号。

在应用基尔霍夫电流定律时，有两点需要注意。

（1）应用 KCL 计算时，首先应设定各支路电流的参考方向。

（2）KCL 不仅适用于结点，而且还可以推广适用于电路中的任意假想封闭面。例在图 1-13 所示电路中，有 $I_e = I_b + I_c$。

【例 1-1】　在图 1-14 所示电路中，$I_1 = 2A$，$I_2 = -3A$，$I_3 = -3A$，试求 I_4。

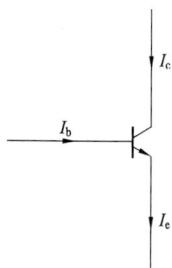

图 1-13　广义结点

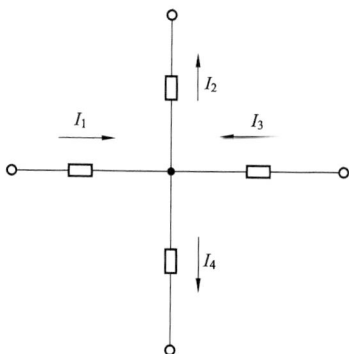

图 1-14　电路举例

解 根据 KCL，规定流入电流为正，流出电流为负，则有

$$I_1 - I_2 + I_3 - I_4 = 0$$

代入数据，得

$$2 - (-3) + (-3) - I_4 = 0$$

最后，得

$$I_4 = 2A$$

由 [例 1-1] 可见，在应用 KCL 时，会遇到两种正负号，一种是 I 前的正负号，它是由 KCL 根据电流的参考方向确定的，另一种是电流数值本身的正负号，它是由参考方向相对实际方向确定，表示了电流本身数值的正负，两种符号不能混淆。

三、基尔霍夫电压定律

基尔霍夫电压定律（Kichhoff's Voltage Law ，KVL）描述了同一回路中各元件电压之间的关系，其内容如下：

在任何时刻，对任一回路而言，沿着该回路的各个元件的电压降的和等于电压升的和。

在图 1-12 所示电路中，标注电源电动势、电流和各段电压的参考方向，如图 1-15 所示，选取回路 cadbc 的绕行方向为顺时针方向，则有：

$$U_3 + U_2 = U_1 + U_4 \qquad (1-11)$$

又可写成

$$U_1 - U_2 - U_3 + U_4 = 0 \qquad (1-12)$$

即

$$\sum U = 0 \qquad (1-13)$$

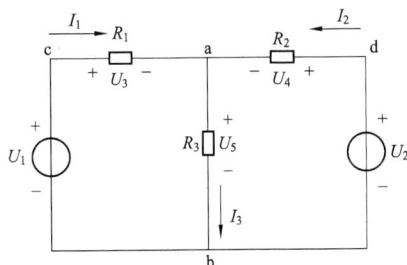

图 1-15 电路举例

因此，基尔霍夫电压定律又可表达成：在任何时刻，沿某一回路绕行方向，任一回路中各元件上电压降的代数和恒为零。

"沿一定方向绕行"既可以是顺时针，也可以是逆时针。"代数和"表示有正有负，绕行方向与经过电阻的电流方向相同，是电压降取正号，绕行方向与经过电阻的电流方向相反，是电压升，取负号，绕行方向经过理想电压源时，从＋到－，是电压降，取正号，从－到＋，是电压升取负号。

在图 1-15 所示电路中，运用 KVL，可列出方程式：

回路 cabc： $$U_3 + U_5 - U_1 = 0 \qquad (1-14)$$

回路 adba： $$-U_4 + U_2 - U_5 = 0 \qquad (1-15)$$

回路 cadbc： $$U_3 - U_4 + U_2 - U_1 = 0 \qquad (1-16)$$

从以上三式关系来看，由式（1-14）、式（1-15）可得到式（1-16），这说明方程中有两个是独立的，其独立方程个数等于网孔个数。

在 KVL 方程中，也能以电流形式出现，如回路 cabc，KVL 方程可改写为

$$I_1 R_1 + I_3 R_3 - U_1 = 0$$

因此，在应用 KVL 分析电路时，应先选路径，然后再确定元件的电压和电流。

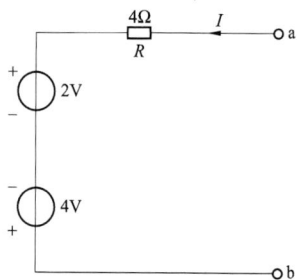

图 1-16　电路举例

【例 1-2】　在图 1-16 所示电路中，已知 $I=2A$，求 U_{ab}。

解　先选定回路的绕行方向，沿顺时针方向，根据 KVL，可得

$$-IR+U_{ab}+4-2=0$$

代入 $I=2A$，得

$$-2\times4+U_{ab}+4-2=0$$

最后，得

$$U_{ab}=6V$$

第四节　电路的基本分析方法

一、电阻串并联连接的等效变换

1. 电阻的串联

如果电路中有两个或更多个电阻是按一个接一个的顺序相连，并且在这些电阻中通过的是同一电流，这样的连接法称为电阻的串联。

图 1-17（a）所示的是三个电阻串联的电路。

三个串联电阻可用一个等效电阻 R 来代替，如图 1-17（b）所示，等效的条件是在同一电压 U 的作用下电流 I 保持不变，等效电阻 R 等于各个串联电阻之和，即

$$R=R_1+R_2+R_3 \qquad (1-17)$$

三个串联电阻上的电压分别为

$$U_1=R_1I=\frac{R_1}{R_1+R_2+R_3}U \qquad (1-18)$$

$$U_2=R_2I=\frac{R_2}{R_1+R_2+R_3}U \qquad (1-19)$$

$$U_3=R_3I=\frac{R_3}{R_1+R_2+R_3}U \qquad (1-20)$$

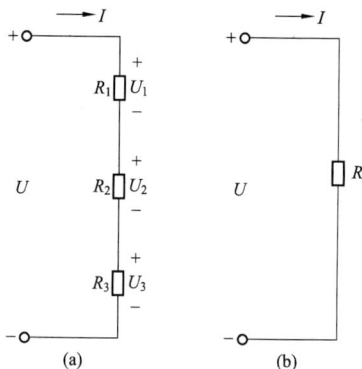

图 1-17　电阻的串联
(a) 串联电阻；(b) 等效电阻

这就是串联电阻的分压公式，显然电阻越大，分得的电压也就越大。有时为了限制负载中通过过大的电流，也可以与负载串联一个限流电阻。

2. 电阻的并联

如果电路中有两个或更多个电阻连接在两个公共的结点之间，这样的连接法就称为电阻的并联，各个并联电阻电压相同。图 1-18（a）所示是三个电阻并联的电路。

三个并联电阻可用一个等效电阻 R 来代替，如图 1-18（b）所示，等效电阻 R 的倒数等于各个电阻的倒数之和，即

$$\frac{1}{R}=\frac{1}{R_1}+\frac{1}{R_2}+\frac{1}{R_3} \qquad (1-21)$$

三个并联电阻上的电流分别为

$$I_1 = \frac{U}{R_1} = \frac{R}{R_1}I \qquad (1-22)$$

$$I_2 = \frac{U}{R_2} = \frac{R}{R_2}I \qquad (1-23)$$

$$I_3 = \frac{U}{R_3} = \frac{R}{R_3}I \qquad (1-24)$$

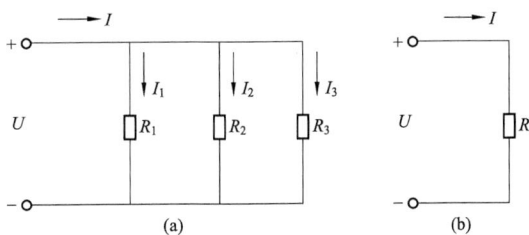

图 1-18　电阻的并联

(a) 并联电阻; (b) 等效电阻

这就是并联电阻的分流公式,电阻越大,分得的电流就越小。电源发出的总电流等于各并联电阻电流之和,即

$$I = I_1 + I_2 + I_3 \qquad (1-25)$$

如果两个电阻并联,通常记作 $R_1 /\!/ R_2$,等效电阻 R 为

$$R = R_1 /\!/ R_2 = \frac{R_1 R_2}{R_1 + R_2} \qquad (1-26)$$

分流公式为

$$I_1 = \frac{R_2}{R_1 + R_2}I \qquad (1-27)$$

$$I_2 = \frac{R_1}{R_1 + R_2}I \qquad (1-28)$$

在实际电路中,负载一般都是并联运行的。当负载并联时,它们处于同一电压之下,任何一个负载的工作情况基本上不受其他负载的影响。

当电阻的连接既有串联,又有并联时,称为电阻的串并联,简称混联。求混联电路等效电路的方法是用串并联电阻的公式逐步简化。

【例 1-3】　求图 1-19 所示电路的等效电阻 R_{ab}。

解　　$R_{ab} = R_1 + R_4 /\!/ [(R_2 /\!/ R_3) + R_5 + R_6] = 8\Omega$

二、支路电流法

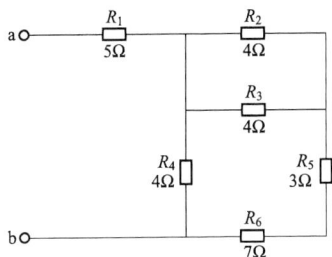

图 1-19　电路举例

凡不能用电阻串并联等效变换化简的电路,一般称为复杂电路。在计算复杂电路的各种方法中,支路电流法是最基本的。它是以各支路电流为求解对象,根据基尔霍夫电流定律,列出各独立结点的电流方程,然后再根据元件的伏安特性和基尔霍夫电压定律,列出各独立回路的电压方程,最后联立求解各未知电流,从而求出所需的物理量。

支路电流法解题步骤如下。

(1) 选择各支路电流的参考方向,标出独立结点,选定独立回路及绕行方向。

(2) 根据 KCL,列出 $n-1$ 个独立结点的电流方程。(n 为电路中结点的个数)

(3) 根据 KVL,列出独立回路的电压方程。(注:独立回路的个数等于网孔数)

(4) 联立方程组,求出各支路电流。

【例 1-4】　求图 1-20 所示电路中的 I_1、I_2 和 I_3。

解　应用支路电流法求解该电路。

(1) 在图 1-20 所示电路中,有 3 条支路,选取支路电流 I_1、I_2 和 I_3 的参考方向如图中

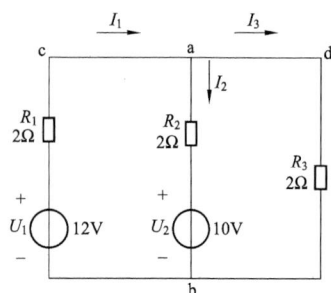

图 1-20 电路举例

所示，图中有两个结点 a、b，选取两个独立回路分别为 abca 和 adba。

（2）根据 KCL，对结点 a 有

$$I_1 - I_2 - I_3 = 0$$

（3）根据 KVL，有两个独立电压方程

$$I_2 R_2 + U_2 - U_1 + I_1 R_1 = 0$$

$$I_3 R_3 - U_2 - I_2 R_2 = 0$$

（4）联立方程组，带入参数，求得

$$I_1 = \frac{7}{8} \text{A}, \quad I_2 = -\frac{4}{3} \text{A}, \quad I_3 = \frac{11}{3} \text{A}$$

三、叠加定理

叠加定理是线性电路中的一个基本定理，它体现了线性电路最基本的性质——叠加性，其内容如下：在线性电路中，当有两个或两个以上独立电源（多电源）共同作用时，任一支路中的电流或电压等于电路中各独立源单独作用时在该支路产生的电流或电压的代数和。

一个独立源单独作用，意味着其他独立源不作用，不作用的电压源的电压为零，可用短路代替；不作用的电流源的电流为零，可用开路代替。下面以图 1-21 所示电路为例，说明叠加定理。

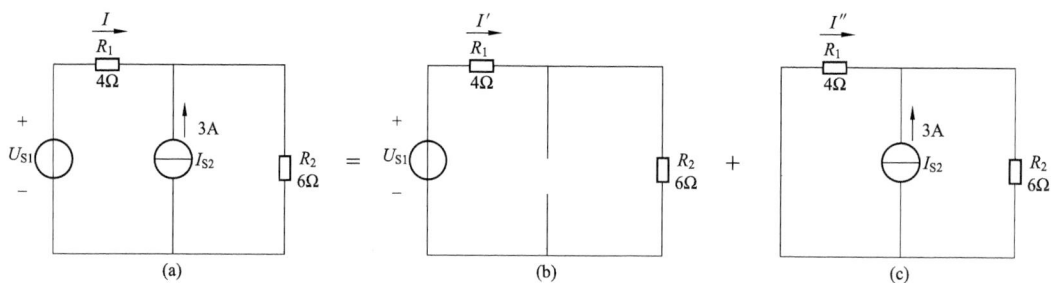

图 1-21 电路举例

以图 1-21 中支路电流 I 为例，则有

$$I = I' + I'' \qquad (1-29)$$

式（1-29）中，I' 是当电路中只有电压源 U_{S1} 单独作用时（$I_{S2} = 0$），在 R_1 中产生的支路电流，如图 1-21（b）所示，可得

$$I' = \frac{U_{S1}}{R_1 + R_2} \qquad (1-30)$$

I'' 是当电路中只有电流源 I_{S2} 单独作用时（$U_{S1} = 0$），在 R_1 中产生的支路电流，如图 1-21（c）所示，可得

$$I'' = -\frac{I_{S2}}{R_1 + R_2} \times R_2 \qquad (1-31)$$

电流 I 为两者的代数和。

应用叠加定理计算复杂电路时，就是把一个多电源的复杂电路化为几个单电源电路来

计算。

【例 1 - 5】 用叠加定理计算图 1 - 22 所示电路中的支路电流 I_3。

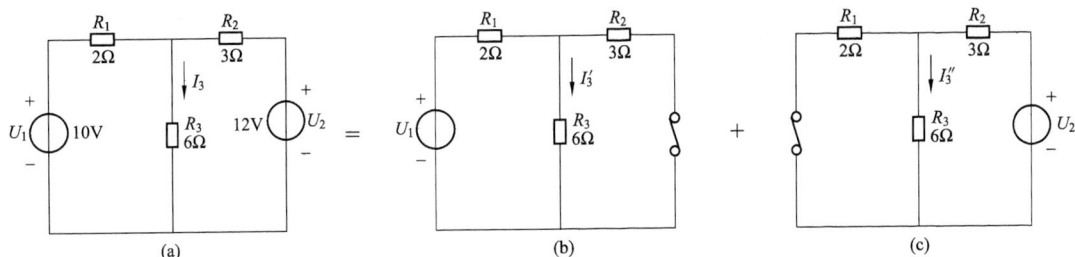

图 1 - 22 电路举例

解 图 1 - 22 所示电路中的支路电流 I_3 可以看成是由图 1 - 22（b）的支路电流 I_3' 和图 1 - 22（c）的支路电流 I_3'' 的叠加之和。

因此，当 10V 电压源独立作用时，如图 1 - 22（b）所示，有

$$I'_3 = \frac{U_1}{R_1 + \dfrac{R_2 R_3}{R_2 + R_3}} \times \frac{R_2}{R_2 + R_3} = \frac{10}{2 + \dfrac{3 \times 6}{3 + 6}} \times \frac{3}{3 + 6} = \frac{5}{6} A$$

当 12V 电压源单独作用时，如图 1 - 22（c）所示，有

$$I''_3 = \frac{U_2}{R_2 + \dfrac{R_1 R_3}{R_1 + R_3}} \times \frac{R_1}{R_1 + R_3} = \frac{U_2}{3 + \dfrac{2 \times 6}{2 + 6}} \times \frac{2}{2 + 6} = \frac{2}{3} A$$

因此，可得 I_3 为

$$I_3 = I'_3 + I''_3 = \frac{5}{6} + \frac{2}{3} = \frac{3}{2} A$$

在线性电路中，不仅电流可以叠加，电压也可以叠加。在图 1 - 22 中，电阻 R_3 两端的电压为 $U_3 = I_3 R_3 = R_3(I'_3 + I''_3) = R_3 I'_3 + R_3 I''_3$。但功率的计算不能用叠加定理，例如电阻 R_3 的消耗功率 $P_3 = R_3 I_3^2 = R_3(I'_3 + I''_3)^2 \neq R_3(I'_3)^2 + R_3(I''_3)^2$，这是因为电流与功率不成正比，它们之间不是线性关系。

四、电源的等效变换

1. 电压源的串、并联

（1）当 n 个理想电压源串联时，可等效为一个理想电压源，如图 1 - 23 所示，其电压值为各串联电压源电压值的代数和，即

$$U_S = \sum_{k=1}^{n} U_{Sk} \tag{1-32}$$

当 n 个实际电压源串联时，则等效电源的电压值仍为 U_S，等效内阻为 $R_S = \sum_{k=1}^{n} R_{Sk}$。

（2）不同电压值的理想电压源不能并联，只有电压值相同的理想电压源才能并联。

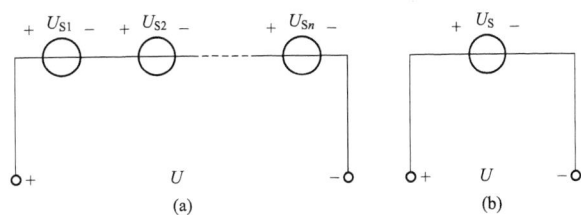

图 1 - 23 理想电压源的串联等效

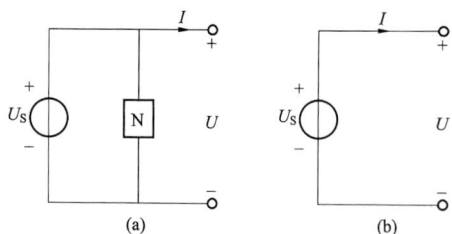

图 1-24　理想电压源与其他支路的并联等效

当一个理想电压源与一条非理想电压源支路并联时，端口的电压源特性保持不变，即与理想电压源并联的任何支路在计算外电路时可不予考虑。图 1-24（a）与图 1-24（b）所示电路等效。

2. 电流源的串、并联

（1）当 n 个理想电流源并联时，可等效为一个理想电流源，如图 1-25 所示，其等效电流源的电流值为各并联电流源电流值的代数和，即

$$I_S = \sum_{k=1}^{n} I_{Sk} \tag{1-33}$$

当 n 个实际电流源并联时，则等效电源的电流值仍为 I_S，等效电阻 R_S 为

$$R_S = R_{S1} \mathbin{/\mkern-5mu/} R_{S2} \mathbin{/\mkern-5mu/} \cdots \mathbin{/\mkern-5mu/} R_{Sn} \tag{1-34}$$

（2）不同电流值的理想电流源不能串联，只有电流值相同的理想电流源才能串联。

当一个理想电流源与一条非理想电流源支路串联时，端口的电流源特性保持不变，即与理想电流源串联的任意支路在计算外电路时不予考虑。图 1-26（a）与图 1-26（b）所示电路等效。

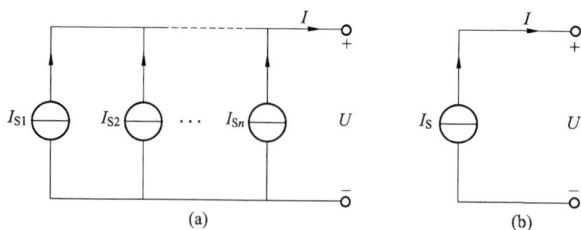

图 1-25　理想电流源的并联等效

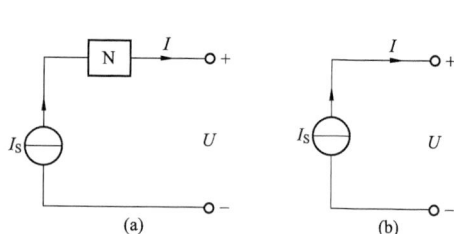

图 1-26　理想电流源与其他支路的串联等效

3. 电压源与电流源的等效变换

在第二节中指出，一个实际电源既可以用理想电压源和电阻的串联来表示，也可以用理想电流源与电阻的并联来表示。图 1-27 分别画出了这两种电源模型。

由图 1-27（a），可得电压源模型的输出电流 I 为

$$I = \frac{U_S - U}{R_S}$$

由图 1-27（b），可得电流源模型的输出电流 I' 为

$$I' = I_S - G_S U'$$

如果这两个电源接入相同的外电路后，有 $U'=U$，$I'=I$，则说明这两个电源等效。因此有

$$\frac{U_S - U}{R_S} = I_S - G_S U' \tag{1-35}$$

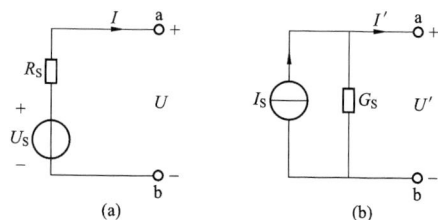

图 1-27　电压源和电流源的等效变换

解此方程，可得
$$I_S = \frac{U_S}{R_S}, \quad G_S = \frac{1}{R_S}$$

这就是电压源和电流源等效变换必须满足的条件，另外，还需特别注意 U_S 和 I_S 的参考方向，电流源 I_S 的参考方向是由电压源 U_S 的负极指向正极。还需指出，理想电压源和理想电流源不能进行等效变换。

【例1-6】 试用电压源与电流源等效变换的方法计算图1-28（a）中6Ω电阻上的电流 I_3。

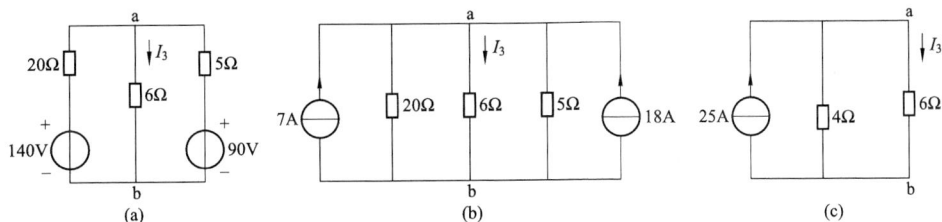

图1-28 电路举例

解 用电源等效变换来计算，主要是通过化简的形式简化电路，但注意要保留待求支路，不能将它与其他支路合并。

根据图1-28（b）、（c）的变换次序，可得
$$I_3 = \frac{4}{4+6} \times 25 = 10\text{A}$$

第五节　电工测试仪表的分类及误差分析

一、电工测试仪表的分类

进行电量和磁量测量的仪器仪表，统称电工仪表。电工仪表种类繁多，可分为以下几大类。

1. 电测量指示仪表

电测量指示仪表是先将被测量转换为可动部分的偏转角，然后通过可动部分的指示器（如指针、光标等）在标度尺上的位置直接读出被测量的大小。例如，常见的交直流电压表、电流表都属于这种仪表。电测量指示仪表可分为以下几种类型。

（1）按用途分类，可分为电流表、电压表、功率表、电能表、功率因数表、频率表、相位表、欧姆表、绝缘电阻表及万用表等。

（2）按被测电流的种类分类，可分为直流表、交流表及交直流两用表等。

（3）按仪表工作原理分类，可分为磁电系（C）、电磁系（T）、电动系（D）、感应系（G）、静电系（Q）、整流系（L）、电子式（S）等。

（4）按仪表使用方式分类，可分为安装式、便携式等。

（5）按仪表外壳的防护性能分类，可分为普通、防溅、防水、防爆等类型。

（6）按使用的环境条件分类，可分为 A、A_1、B、B_1、C 五个组，其中 C 组环境条件最差，各组的具体使用条件在国家标准 GB/T 776—1976《电气测量指示仪表通用技术条件》中都有详细的说明，如 A 组的使用条件是环境温度应为 $0 \sim +40℃$，在 25℃时的相对湿度

为 95%。

（7）按仪表防御外界电场或磁场的性能，可分为Ⅰ、Ⅱ、Ⅲ、Ⅳ四个等级。Ⅰ级仪表允许其指示值改变±0.5%，Ⅱ级仪表允许改变±1%，Ⅲ级仪表允许改变±2.5%，Ⅳ级仪表允许改变±5.0%。

（8）按准确度等级分类，可分为 0.1、0.2、0.5、1.0、1.5、2.5、5.0 七级。数字越小，仪表的准确度等级越高。

2. 比较式仪表

比较式仪表的特点是在测量过程中，通过被测量与标准量的比较来确定被测量的大小。它包括各类交直流电桥、交直流补偿式测量仪器等。比较式仪表测量准确度比较高，但操作过程复杂，测量速度较慢。

3. 数字式仪表

数字式仪表的特点是把被测量转换为数字量后，再以数字方式直接显示测量结果。数字式仪表有准确度高、读数方便、操作简单、测量速度快、容易实现自动化等优点。

4. 记录式仪表

记录式仪表用来记录被测量随时间的变化情况，如示波器、X-Y 记录仪等。

5. 扩大量程装置和转换器

扩大量程装置有分流器、附加电阻、电流互感器和电压互感器等。转换器是用来实现不同电量之间的转换，或者可将非电量转换为电量的装置。

总之，电工仪表的分类方法多种多样，近年来智能仪表不断涌现，在此不一一列举。

二、电工仪表的误差与准确度

1. 仪表的误差

在电工测量中，无论采用哪种仪表，仪表的指示值与被测量的真实值之间总会有一定的差异，这个差异称为仪表的误差，根据误差产生的原因，仪表误差可分为两大类。

（1）基本误差。基本误差是指仪表在规定的正常工作条件下进行测量时所具有的误差。所谓规定的正常工作条件是指规定的温度、湿度、放置方式，没有外电场和磁场干扰等条件。这种误差是由于仪表本身结构、工艺方面不够完善等原因而产生的，如由于仪表活动部分存在摩擦，零件装配不当以及标度尺刻度不准等所引起的误差都属于基本误差，这种误差是仪表本身所固有的，是不可能完全消除的。

（2）附加误差。附加误差是指因偏离规定的工作条件使用仪表所造成的误差。如温度过高、波形不是正弦波、外界电磁场的影响等都会产生附加误差。附加误差实际上是因外界条件改变而产生的一种额外误差，因此，仪表偏离规定的工作条件所造成的总误差中，除了基本误差外，还有附加误差。

2. 仪表误差的表示方法

电测量指示仪表的误差可用绝对误差 Δ、相对误差 γ 和引用误差 γ_n 三种形式表示。

（1）绝对误差 Δ。仪表的指示值 A_X 与被测量的真实值 A_0 之间的差值，称为绝对误差，即

$$\Delta = A_X - A_0 \tag{1-36}$$

在实际测量中，被测量的真实值 A_0 很难确定，一般用准确度等级高的标准表所测得的数据或通过理论计算得出的数值作为真实值。

(2)相对误差 γ。在测量不同量时，用绝对误差有时很难准确判断测量结果的准确程度。例如，用一个电压表测量 200V 电压，绝对误差为 +1V，而用另一个电压表测量 20V 电压，绝对误差为 +0.5V。前者的绝对误差大于后者，但前者的误差只占被测量的 0.5%，而后者的误差占被测量的 2.5%，因而后者的误差对测量结果的影响大于前者，所以在工程上，常采用相对误差 γ 来表示测量结果的准确程度。

所谓的相对误差，就是指绝对误差 Δ 与被测量的真实值 A_0 的比值，一般用百分数表示，即

$$\gamma = \frac{\Delta}{A_0} \times 100\% \qquad (1-37)$$

在要求不太高的工程测量中，相对误差常用绝对误差与仪表指示值之比的百分数来表示，即

$$\gamma = \frac{\Delta}{A_X} \times 100\% \qquad (1-38)$$

(3)引用误差。相对误差虽然可以表示测量结果的准确度，但是不能全面表征仪表本身的准确度。例如，一只测量范围为 $0\sim250V$ 的电压表，在测量 200V 电压时，绝对误差为 1V，相对误差为 0.5%；用同一只电压表测量 10V 电压时，绝对误差为 0.9V，相对误差为 9%，可见当被测量变化时，相对误差也会随之改变。因此，相对误差不能反映仪表的准确程度，为此采用引用误差来确定仪表的准确程度。

绝对误差与规定的基准值比值的百分数，称为引用误差，用 γ_n 表示。对于大量使用的单向标度尺仪表，基准值为量程，引用误差为绝对误差 Δ 与仪表的最大量限 A_m 比值的百分数，即

$$\gamma_n = \frac{\Delta}{A_m} \times 100\% \qquad (1-39)$$

(4)仪表的准确度。它是表征指示值与真实值接近程度的量。对于指示仪表，工程上规定用最大引用误差来表示仪表的准确度。仪表的准确度一般用仪表的准确度等级表示。设仪表的准确度等级为 K，则有

$$K\% \geqslant |\gamma_{nm}| = \frac{|\Delta_m|}{A_m} \times 100\% \qquad (1-40)$$

或

$$K \geqslant \frac{|\Delta_m|}{A_m} \times 100\% \qquad (1-41)$$

可见，当仪表的准确度等级为 K 时，其基本误差的最大允许范围为 $\pm K\%$（不超过 $\pm K\%$）。

根据有关规定，我国生产的电工仪表的准确度等级一般分为七个等级，也有分为更多级的。它们在规定的正常工作条件下使用时，其基本误差不应超过相应的值，具体规定见表 1-1。

表 1-1　　　　　　　　电工仪表的准确度等级与基本误差

准确度等级 K	0.1	0.2	0.5	1.0	1.5	2.5	5.0
基本误差/%	±0.1	±0.2	±0.5	±1.0	±1.5	±2.5	±5.0

【**例 1-7**】 已知甲电压表测量 100V 电压时，指示值为 102V；乙电压表测量 10mV 电压时，指示值为 10.5mV，试比较两表测量的相对误差。

解 甲表测量的绝对误差为

$$\Delta_1 = A_{x1} - A_{01} = 102 - 100 = 2V$$

乙表测量的绝对误差为

$$\Delta_2 = A_{x2} - A_{02} = 10.5 - 10 = 0.5mV$$

则

$$\Delta_1 > \Delta_2$$

甲表测量的相对误差为 $\gamma_1 = \dfrac{\Delta_1}{A_1} \times 100\% = \dfrac{2}{100} \times 100\% = 2\%$

乙表测量的相对误差为 $\gamma_2 = \dfrac{\Delta_2}{A_2} \times 100\% = \dfrac{0.5}{10} \times 100\% = 5\%$

则

$$\gamma_1 < \gamma_2$$

由例 1-7 计算结果可知，虽然甲表的绝对误差比乙表的大，但其相对误差却比乙表的小，因此甲表测量的准确度比乙表的高。

【**例 1-8**】 已知某电流表量程为 100A，该表在全量程范围内的最大绝对误差为 +0.85A，则该表的准确度等级为多少？

解 仪表的最大引用误差为

$$\gamma_{min} = \frac{\Delta_m}{A_m} \times 100\% = \frac{0.85}{100} \times 100\% = 0.85\%$$

或

$$K \geqslant \frac{\Delta_m}{A_m} \times 100 = \frac{0.85}{100} \times 100 = 0.85$$

该表的最大引用误差为 0.85%，大于 0.5%，小于 1%，说明其准确度等级为 1.0 级。

<h3 style="text-align:center">习　　题</h3>

1-1　在图 1-29 中，各元件电压为 $U_1 = -5V$，$U_2 = 2V$，$U_3 = U_4 = -3V$，计算各元件的功率，指出哪些元件是电源，哪些元件是负载，并说明电源发出的功率和负载吸收的功率是否平衡。

1-2　试求图 1-30 中各电源及电阻的功率，并判断其性质。

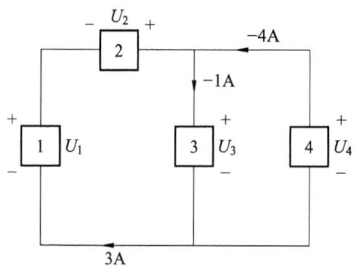

图 1-29　题 1-1图

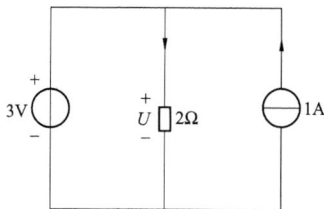

图 1-30　题 1-2图

1-3　计算图 1-31 (a)、(b) 中的电压 U 和电流 I。

1-4　用支路电流法求图 1-32 中各支路电流以及各电源、电阻的功率。

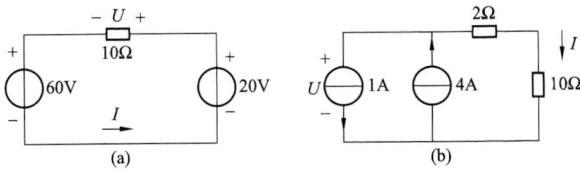

图 1-31　题 1-3 图

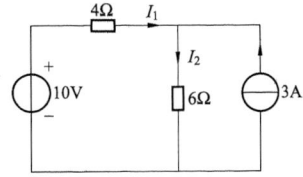

图 1-32　题 1-4 图

1-5　用支路电流法求图 1-33 中各支路电流。

1-6　用叠加定理求图 1-34 中的电流 I。

1-7　用叠加定理求图 1-35 中 1Ω 电阻所在支路的电流。

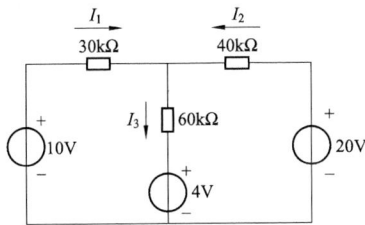

图 1-33　题 1-5 图

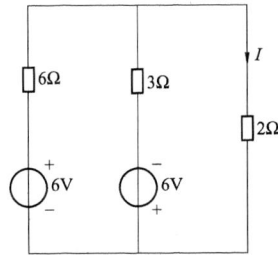

图 1-34　题 1-6 图

1-8　将图 1-36 中电路转化为等效电压源。

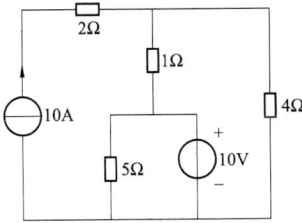

图 1-35　题 1-7 图

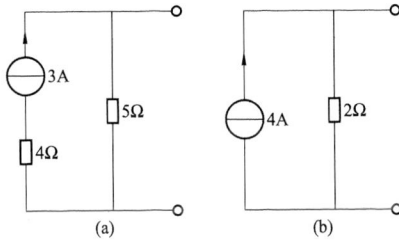

图 1-36　题 1-8 图

1-9　将图 1-37 中电路转化为等效电流源。

1-10　用电源等效变换法求图 1-38 中的电流 I。

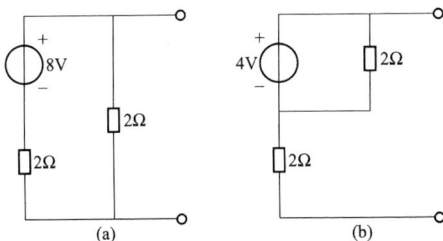

图 1-37　题 1-9 图

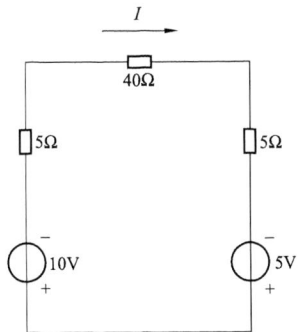

图 1-38　题 1-10 图

1-11 一表头 I_c 为 1mA，R_c 为 1kΩ，此表作为直流表时，要求量程为 100V，则应在表头串联还是并联一个电阻？其阻值为多少？若改为量程为 10mA 的电流表，则应在表头串联还是并联一个电阻？其阻值为多少？

相关知识链接：磁电系仪表

磁电系仪表的核心是磁电系测量机构。在磁电系测量机构中，根据磁路系统的结构不同，可分为外磁式、内磁式和内外磁结合式三种。这里主要介绍外磁式结构。

一、磁电系测量机构的结构

磁电系测量机构的结构如图 1-39 所示，它主要包括固定部分和可动部分。

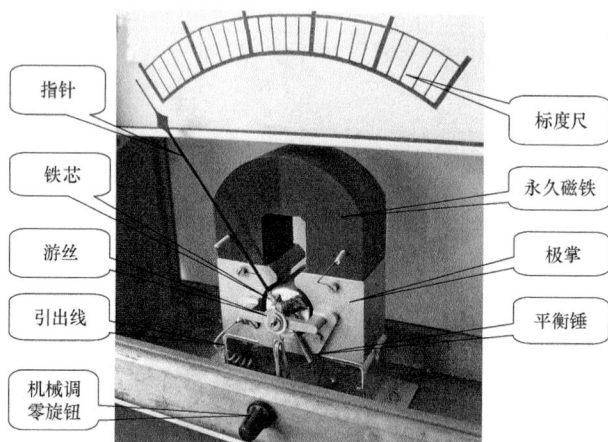

图 1-39 磁电系测量机构的结构

固定部分是磁路系统，包括永久磁铁、极掌、圆柱形铁芯三个部分。圆柱形铁芯固定在两极掌之间，在极掌之间的气隙中形成均匀的辐射状磁场。

可动部分包括线圈、游丝、指针、平衡锤等。整个活动部分支撑在轴承上，线圈位于环形气隙之中。当活动部分发生转动时，游丝变形产生与转动方向相反的反作用力矩。另外，游丝还具有把电流导入活动线圈的作用。

二、磁电系测量机构工作原理

在磁电系测量机构中，极掌与铁芯之间气隙中的磁场呈均匀辐射状分布，如图 1-40 所示。

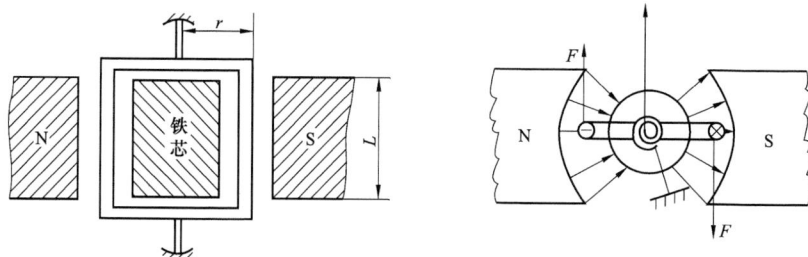

图 1-40 磁电系测量机构的工作原理

设气隙的磁感应强度为 B，线圈的匝数为 N，线圈的有效边长为 L，当通过线圈的电流为 I 时，每个有效边受到的电磁力 F 为

$$F = NBLI \qquad (1-42)$$

电磁力的方向与线圈平面垂直，线圈沿顺时针方向转动，其转动力矩 M 为

$$M = 2Fr = 2NBILr \qquad (1-43)$$

式中：r 为线圈有效边到转轴的距离。

线圈所包围的面积为

$$S = 2rL \qquad (1-44)$$

故 $$M = NBSI \qquad (1-45)$$

线圈在转动力矩 M 作用下发生偏转的同时引起游丝变形，产生反作用力矩。反作用力矩的大小与游丝变形大小成正比，也就是与线圈转动时的角度 α 的大小成正比，即

$$M' = D\alpha \qquad (1-46)$$

式中：D 为游丝的反作用系数，其大小由游丝的材料性质、形状和尺寸决定。

反作用力矩的大小随线圈偏转角 α 的增大而增大，当达到某一平衡位置时，有

$$M' = M \qquad (1-47)$$

$$NBSI = D\alpha$$

$$\alpha = \frac{NBS}{D}I \qquad (1-48)$$

式（1-48）说明，磁电系测量机构可动部分的稳定偏转角 α 与通过线圈的电流 I 成正比。于是可以用偏转角的大小来衡量被测电流的大小，并由指针在标尺上直接显示被测电流的数值。

三、磁电系电流表和电压表量程的扩大

磁电系表头可以直接测量直流电流和电压，但它的量程很小，为了扩大表头的量程，可以在表头两端并联分流电阻和串联分压电阻。

1. 电流表量程的扩大

设磁电系表头的内阻为 R_C，满偏电流为 I_C，要扩大的电流量程为 I，分流电阻为 R_A，如图 1-41 所示，根据分流原理，分流电阻为

$$R_A = \frac{I_C R_C}{I - I_C} \qquad (1-49)$$

2. 电压表量程的扩大

设磁电系表头的内阻为 R_C，满偏电流为 I_C，其满偏电压为 $U_C = I_C R_C$，要扩大的电压量程为 U，分压电阻为 R_A，如图 1-42 所示，根据分压原理，分压电阻 R_A 为

$$R_A = \frac{U}{I_C} - R_C \qquad (1-50)$$

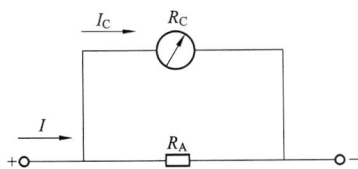

图 1-41 电流表量程扩大原理图

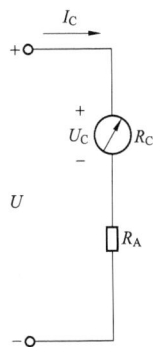

图 1-42 电压表量程扩大原理图

实操项目一　基尔霍夫定律的验证

一、实训目的

(1) 验证基尔霍夫定律,理解电路的参考方向,加深对基尔霍夫定律的理解。

(2) 学会用电流插头、电流插孔测量各支路电流的方法。

二、实训器材

(1) 电工电路板一个。

(2) 直流稳压源一台。

(3) 电压表、电流表各一只。

(4) 电流插头、导线若干。

三、实训内容及步骤

1. 实训内容

(1) 基尔霍夫电流定律的验证。

(2) 基尔霍夫电压定律的验证。

2. 实训步骤

实训电路如图 1-43 所示,图中的电压源 U_{S1} 用恒压源 I 路 0～30V 可调电压输出端,并将输出电压调到 10V,U_{S2} 用恒压源 II 路 0～30V 可调电压输出端,并将输出电压调到 5V。

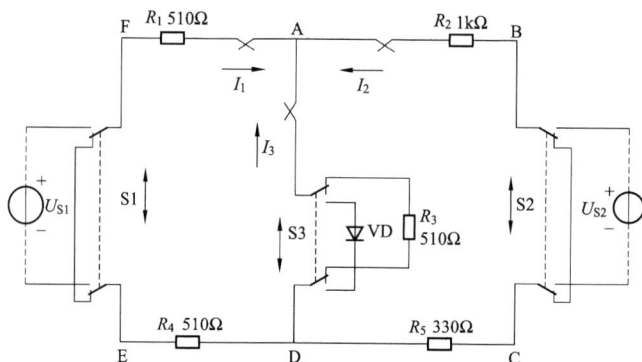

图 1-43　实训电路图

3. 验证基尔霍夫电流定律

实训前先设定三条支路的电流参考方向,如图中的 I_1、I_2、I_3 所示,并熟悉电路结构,掌握各开关的操作使用方法。

(1) 将开关 S1 投向 U_{S1} 侧,开关 S2 投向 U_{S2} 侧,开关 S3 投向 R_3 侧。将电流插头分别插入 A 节点的三条支路的电流插孔中,读出各个电流值。根据电路中的电流参考方向,确定各支路电流的正、负号,并记入表 1-2 中。

(2) 开关 S1、S2 的位置保持不变,将开关 S3 投向 VD 进行测量,并将测量数据记入表 1-3 中。

表 1-2 基尔霍夫电流定律实训数据一

支路电流（mA）	I_1	I_2	I_3
计算值			
测量值			
相对误差			

表 1-3 基尔霍夫电流定律实训数据二

支路电流（mA）	I_1	I_2	I_3
计算值			
测量值			
相对误差			

4. 验证基尔霍夫电压定律

（1）将开关 S1 投向 U_{S1} 侧，开关 S2 投向 U_{S2} 侧，开关 S3 投向 R_3 侧。用直流电压表分别测量两个电源及各电阻元件上的电压值，将数据记入表 1-4 中。测量时电压表的正极接线端应插入被测电压参考方向的高电位端，负极接线端应插入被测电压参考方向的低电位端。

表 1-4 基尔霍夫电压定律实训数据一

各元件电压（V）	U_{EF}	U_{BC}	U_{FA}	U_{AB}	U_{AD}	U_{DE}	U_{CD}
计算值（V）							
测量值（V）							
相对误差							

（2）开关 S1、S2 的位置保持不变，将开关 S3 投向 VD 侧进行测量，并将测量数据记入表 1-5 中。

表 1-5 基尔霍夫电压定律实训数据二

各元件电压（V）	U_{EF}	U_{BC}	U_{FA}	U_{AB}	U_{AD}	U_{DE}	U_{CD}
计算值（V）							
测量值（V）							
相对误差							

四、实训注意事项

（1）使用电压表、电流表时，应注意及时更换仪表的量程。

（2）恒压源两端不允许短路。

（3）用电流插头测量各支路电流时，应注意电流表的极性。

第二章　正弦交流电路

第一章讨论了直流电路，直流电路中电压、电流的大小和方向都不随时间而变化。但在实际生产和生活中使用更多的是正弦交流电路。所谓正弦交流电路，是指电路中含有正弦交流电源，且电路中所有的电压、电流均按正弦规律变化。由于正弦交流电便于变换大小，便于远距离传输，且交流电器比直流电器结构简单、造价低、运行可靠等，因此从发电到用电一般都采用正弦交流电。

第一节　正弦量的基本概念

一、正弦量的定义

随时间按正弦规律变化的电压和电流，称为正弦交流电，简称正弦量。图 2-1 所示为

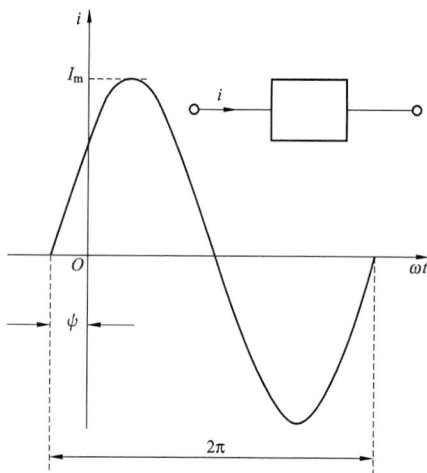

图 2-1　正弦交流电流波形

某一元件中正弦电流在图示参考方向下的波形图。此外，为了分析和计算方便，正弦量还可以用时间 t 的三角函数来表示。该正弦交流电流的三角函数表达式为

$$i = I_\mathrm{m}\sin(\omega t + \phi) \qquad (2-1)$$

式中：i 称为正弦量的瞬时值；I_m 称为正弦量的振幅；ω 称为正弦量的角频率；ϕ 称为正弦量的初相位。振幅、角频率和初相位称为正弦量的三要素，下面分别介绍正弦量的三要素及其他物理量。

二、正弦量的三要素

（1）振幅。正弦量在一周期内所能达到的最大值，称为振幅，一般用相应电量的大写字母加下标 m 表示，如式（2-1）中的 I_m。振幅用来表征正弦量的变化范围。

（2）周期、频率及角频率。正弦量每完成一次循环所需要的时间称为周期，用字母 T 表示，单位为 s（秒）；正弦量每秒变化的循环次数称为频率，用字母 f 表示，单位为 Hz（赫兹）；周期与频率具有倒数关系，即

$$T = \frac{1}{f} \qquad (2-2)$$

正弦量在每秒钟内变化的弧度称为角频率，用 ω 表示，单位为 rad/s（弧度／秒）。因为正弦量在一个周期内经历了 2π 弧度，所以角频率为

$$\omega = \frac{2\pi}{T} = 2\pi f \qquad (2-3)$$

周期、频率及角频率都是衡量正弦量变化快慢的物理量，我国电力系统提供的正弦电压

频率为 50Hz，其周期为 0.02s，角频率为 100πrad/s。

（3）相位与初相位。式（2-1）中的 $(\omega t + \psi)$ 称为正弦量的相位。在不同的瞬间，正弦量具有不同的相位、不同的瞬时值及变化趋势，可见相位表示了正弦量在某时刻的状态，可以表征正弦量的变化进程。

正弦量在 $t=0$ 时的相位称为正弦量的初相位，简称初相，即 $\psi = (\omega t + \psi)|_{t=0}$。此时正弦量的瞬时值称为初值，即 $i|_{t=0} = I_m \sin\psi$。

通常初相在 $|\psi| \leqslant \pi$ 的主值范围内取值。初相的正负与大小与计时起点的选择有关。如果计时起点（坐标原点）就在正弦量的正零点（正半周的起点），则初相 $\psi=0$；如果计时起点选在最近的正零点的右侧，则初相 $0 < \psi \leqslant \pi$；如果计时起点选在最近的正零点的左侧，则初相 $-\pi \leqslant \psi < 0$。如图 2-1 中的正弦波形其初相 $0 < \psi \leqslant \pi$。

正弦量的三要素可以唯一确定一个正弦量，它是正弦量之间进行区分和比较的依据。

三、正弦量其他物理量

1. 正弦量的有效值

正弦量作为一种周期量，其瞬时值是随时间变化的，不能确切反映正弦量在能量转换方面的效果。为此，工程上引入有效值来表征周期电量在能量转换方面的效果。交流电的有效值是根据它的热效应而定义的。

一个周期电流 i 通过一个电阻 R 在一个周期内所产生的热量和某一直流电流 I 通过同一个电阻在相同时间内所产生的热量相等，则该直流电流 I 就称为该周期电流 i 的有效值。有效值一般用大写字母表示，如 I、U 等。

根据定义有

$$\int_0^T i^2 R \mathrm{d}t = I^2 RT$$

所以

$$I = \sqrt{\frac{1}{T}\int_0^T i^2 \mathrm{d}t} \tag{2-4}$$

式（2-4）为交流电的有效值定义式。对于正弦交流电，设 $i = I_m \sin(\omega t + \psi)$，代入式（2-4）可以得到其有效值为

$$I = \frac{I_m}{\sqrt{2}} \tag{2-5}$$

有效值的定义不仅适用于周期电流，而且适用于周期电压及电动势等。对于正弦电压及电动势有

$$\left. \begin{array}{l} U = \dfrac{U_m}{\sqrt{2}} \\[3mm] E = \dfrac{E_m}{\sqrt{2}} \end{array} \right\} \tag{2-6}$$

实际工程中，一般交流电气设备铭牌上给出的额定电压、额定电流均指它的有效值，如额定电压 380V 或 220V 都是指有效值。而且一般交流电压表、电流表的读数也是指有效值。

2. 相位差

两个同频正弦量的相位之差称为相位差，用 ψ 表示。设任意两同频正弦量为

$$u = U_m \sin(\omega t + \psi_u)$$

$$i = I_{\mathrm{m}}\sin(\omega t + \psi_{\mathrm{i}})$$

则它们之间的相位差为

$$\varphi = (\omega t + \psi_{\mathrm{u}}) - (\omega t + \psi_{\mathrm{i}}) = \psi_{\mathrm{u}} - \psi_{\mathrm{i}} \tag{2-7}$$

可见两同频率正弦量的相位差等于二者的初相位之差，与时间无关。同初相位类似，相位差的主值通常取$|\varphi| \leqslant \pi$。

相位差是反映两个同频正弦量相互关系的重要物理量，它可以表示两个同频正弦量随时间变化的相位先后关系。根据相位差 φ 值的不同，两同频率正弦量的相位有下述几种关系。

(1) 若 $\varphi > 0$，称电压相位超前电流相位一个 φ 角，也可以说电流相位滞后电压相位一个 φ 角；如图 2-2 (a) 所示。

(2) 若 $\varphi < 0$，称电压相位滞后电流相位一个 φ 角，也可以说电流相位超前电压相位一个 φ 角。

(3) 若 $\varphi = 0$，称电压电流同相位，如图 2-2 (b) 所示。

(4) 若 $\varphi = \pm\pi$，称电压电流反相位，如图 2-2 (c) 所示。

(5) 若 $\varphi = \pm\dfrac{\pi}{2}$，称电压电流相位正交，如图 2-2 (d) 所示。

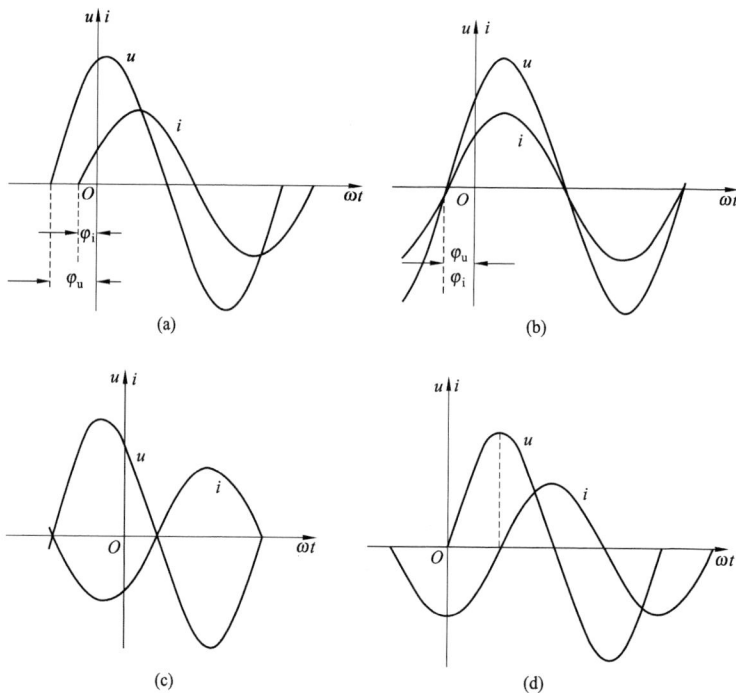

图 2-2　同频正弦量相位关系
(a) 超前滞后；(b) 同相；(c) 反相；(d) 正交

【**例 2-1**】　已知正弦电压、电流分别为 $u = 282.8\sin\left(314t + \dfrac{\pi}{6}\right)\mathrm{V}$，$i = 5\sqrt{2}\sin\left(314 - \dfrac{\pi}{3}\right)\mathrm{A}$。

(1) 试确定电压电流的三要素及有效值；

(2) 求电压与电流的相位差，并说明二者相位关系。

解 （1）电压：

三要素 $U_m = 282.8\text{V}$，$\omega = 314\text{rad/s}$，$\psi_u = \dfrac{\pi}{6}$

有效值 $U = \dfrac{282.8}{\sqrt{2}} = 200\text{V}$

电流：

三要素 $I_m = 5\sqrt{2}\text{A}$，$\omega = 314\text{rad/s}$，$\psi_i = -\dfrac{\pi}{3}$

有效值 $I = \dfrac{5\sqrt{2}}{\sqrt{2}} = 5\text{A}$

（2）电压与电流的相位差 $\varphi = \psi_u - \psi_i = \dfrac{\pi}{6} - \left(-\dfrac{\pi}{3}\right) = \dfrac{\pi}{2}$，因此电压超前电流 $\dfrac{\pi}{2}$，二者为正交。

第二节　正弦量的相量表示法

一个正弦量既可以用三角函数表示，也可以用波形图表示，但是这两种方法直接进行正弦量的运算一般是比较繁琐的。为此，人们又找到一种新的表示法——相量法，相量法是用复数表示正弦量的一种运算工具，二者并不相等，但其运算结果是等价的。引用相量以后可以用复数代替正弦量的直接运算，从而使正弦交流电路的分析计算大为简化。

一、复数

（一）复数表示方法

图 2-3 所示为复平面图，横轴为实轴，单位为 $+1$；纵轴为虚轴，单位为 $j = \sqrt{-1}$。A 为一复数，其实部为 a，虚部为 b，r 为复数的模，复数 A 与实轴的正方向夹角 φ 称为复数的辐角。由图可知这些量之间的关系为

$$\left.\begin{array}{l} a = r\cos\varphi \\ b = r\sin\varphi \end{array}\right\} \tag{2-8}$$

$$\left.\begin{array}{l} r = \sqrt{a^2 + b^2} \\ \varphi = \arctan\dfrac{b}{a} \end{array}\right\} \tag{2-9}$$

根据以上关系可以得到复数 A 有以下几种表示形式。

1. 代数形式

$$A = a + jb \tag{2-10}$$

2. 三角形式

将式（2-8）代入式（2-10），即可得到复数的三角形式

$$A = r(\cos\varphi + j\sin\varphi) \tag{2-11}$$

3. 指数形式

由欧拉公式

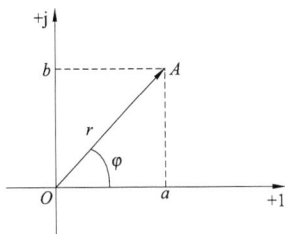

图 2-3 复数

$$e^{j\varphi} = \cos\varphi + j\sin\varphi$$

可以把复数 A 的三角形式变换为指数形式，即

$$A = re^{j\varphi} \tag{2-12}$$

4. 极坐标形式

在工程计算中，常把复数简写成如下的极坐标形式，即

$$A = r\angle\varphi \tag{2-13}$$

（二）复数运算

1. 复数的加减

复数的加减运算一般用代数形式来进行。

设　　　　　　　　　　$A_1 = a_1 + jb_1, \quad A_2 = a_2 + jb_2$

则

$$A_1 \pm A_2 = (a_1 \pm a_2) + j(b_1 \pm b_2) \tag{2-14}$$

复数的加减运算也可用几何作图法——平行四边形法和三角形法来进行。图 2-4（a）、（c）分别是用平行四边形法进行加减运算，图 2-4（b）、（d）分别是用三角形法进行加减运算。

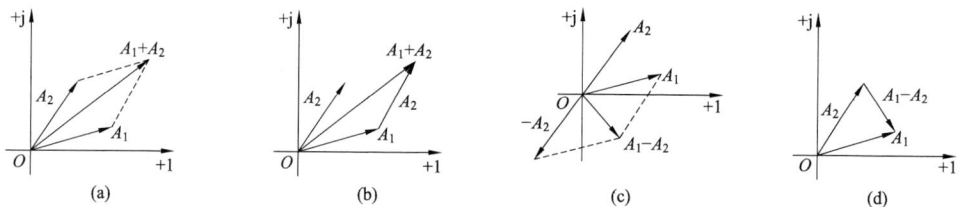

图 2-4　复数的加减运算

2. 复数的乘除

复数的乘除运算一般用极坐标形式较为简便。

设　　　　　　$A_1 = a_1 + jb_1 = r_1\angle\varphi_1, \quad A_2 = a_2 + jb_2 = r_2\angle\varphi_2$

则

$$A_1 A_2 = r_1 r_2 \angle(\varphi_1 + \varphi_2) \tag{2-15}$$

$$\frac{A_1}{A_2} = \frac{r_1}{r_2} \angle(\varphi_1 - \varphi_2) \tag{2-16}$$

二、正弦量的相量表示

在正弦交流电路中，所有响应都是与激励同频率的正弦量，所以在正弦交流电路的分析中，只需考虑振幅（或有效值）和初相位两个要素即可。一个复数可以同时表达一个正弦量的振幅（或有效值）和初相位，通常把表示正弦量的复数称为相量。用复数表示正弦量时，复数的模即为正弦量的幅值（或有效值），而复数的辐角即为正弦量的初相角。由于相量只是正弦量的一种表示形式，二者并不相等，因此相量用新符号（$\dot{I}$、$\dot{U}$ 等）表示，如下所示。

设正弦交流电流

$$i = I_m \sin(\omega t + \varphi)$$

则其对应振幅相量为

$$\dot{I}_m = I_m \angle \varphi \qquad (2-17)$$

有效值相量为

$$\dot{I} = I \angle \varphi \qquad (2-18)$$

在实际问题中，经常使用有效值相量，并把它简称为相量。以后，如无特殊说明，相量一般均指有效值相量。以上用相量表示正弦量的方法同样适用于其他正弦量如电压、电动势等。相量只是正弦量的一种表示方式和运算工具，它可以代替正弦量进行运算，但两者之间只是对应关系而不是相等关系。我们可以根据正弦量的瞬时表达式写出其对应的相量，也可以根据正弦量的相量写出其对应的瞬时表达式。

相量与复数一样，也可以在复平面上用图形来表示，这种表示相量的图称为相量图。必须注意只有同频率的正弦量才能画在同一相量图上，不同频率的正弦量一般不能画在同一个相量图上。

【例 2-2】 写出 $i = 10\sin(314t + 30°)$ A 及 $u = 5\sqrt{2}\sin(314t + 60°)$ V 的相量，并画出其相量图。

解 电流的相量为 $\dot{I}_m = 10\angle 30°$ A 或 $\dot{I} = \dfrac{10}{\sqrt{2}}\angle 30°$ A

电压的相量为 $\dot{U}_m = 5\sqrt{2}\angle 60°$ V 或 $\dot{U} = 5\angle 60°$ V

相量图如图 2-5 所示。

【例 2-3】 图 2-6 所示电路中，$i_1 = 10\sin(314t - 45°)$ A，$i_2 = 5\sqrt{2}\sin(314t + 90°)$ A。求 i。

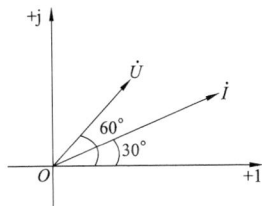

图 2-5 相量图

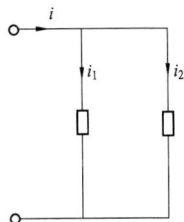

图 2-6 例 2-3 图

解 方法一——根据 KCL 可知

$$i = i_1 + i_2 = 10\sin(314t - 45°) + 5\sqrt{2}\sin(314t + 90°)$$

$$= 10[\sin 314t\cos(-45°) + \cos 314t\sin(-45°)] +$$

$$5\sqrt{2}(\sin 314t\cos 90° + \cos 314t\sin 90°)$$

$$= 5\sqrt{2}\sin 314t - 5\sqrt{2}\cos 314t + 5\sqrt{2}\cos 314t$$

$$= 5\sqrt{2}\sin 314t \text{ A}$$

方法二——根据相量运算与正弦量运算的等价性，有

$$\dot{I} = \dot{I}_1 + \dot{I}_2$$

根据已知可写出

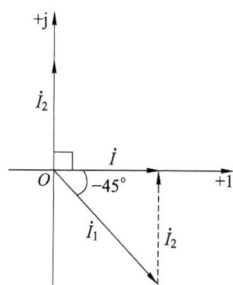

图 2-7 相量图

$$\dot{I}_1 = 5\sqrt{2}\angle -45°\text{A}, \quad \dot{I}_2 = 5\angle 90°\text{A}$$

则 $\dot{I} = \dot{I}_1 + \dot{I}_2 = 5\sqrt{2}\angle -45° + 5\angle 90° = 5 - \text{j}5 + \text{j}5 = 5\angle 0°\text{A}$

所以 $i = 5\sqrt{2}\sin(314t + 0°)\text{A}$

方法三——用相量图进行计算，如图 2-7 所示。

显然 $\dot{I} = 5\angle 0°\text{A}$

由以上计算过程可以看出，用相量代替正弦量进行计算，确实简化了计算过程，且二者的运算结果完全一致。这正是用相量表示正弦量的原因所在。

第三节 电阻、电感、电容元件及其正弦交流特性

一、电阻元件

电阻元件是实际电阻器的理想化模型，它具有消耗电能的性质。其图形符号如图 2-8 所示。

R 为电阻元件的参数，其大小与导体的长度、横截面、材料的性质及温度有关。在温度一定的条件下，导体的电阻与导体的长度成正比，与导体的横截面成反比，并与导体的电阻率成正比，即

图 2-8 电阻元件

$$R = \rho \frac{l}{S} \tag{2-19}$$

式中：ρ 为导体的电阻率，$\Omega\cdot\text{m}$，与导体的形状无关，而与导体材料的性质及导体所处的环境温度有关；l 为导体的长度，m；S 为导体的横截面积，m^2；R 为导体的电阻，Ω。

电阻的大小反映导体对电流的阻碍作用。当外加电压一定时，电阻越大，流过导体的电流就越小。若外加电压与电流成线性关系，则电阻 R 为一常数，此电阻称为线性电阻元件，否则称为非线性电阻元件。本书中如无特殊说明，电阻元件皆指线性而言。

（一）电阻元件的时域特性

元件的电压与电流关系称为伏安特性。对于线性电阻而言，由欧姆定律可知，在电压、电流关联参考方向下，如图 2-9（a）所示，其伏安关系为

$$u = iR \tag{2-20}$$

若选择电压、电流为非关联参考方向，如图 2-9（b）所示，则

$$u = -iR \tag{2-21}$$

电阻元件是耗能元件，其电压电流的方向总是一致的。在电压、电流关联参考方向下，其消耗的功率为

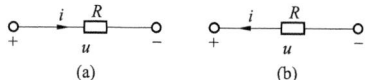

图 2-9 电阻元件的电压电流参考方向的选择
(a) 关联参考方向；(b) 非关联参考方向

$$p = ui = i^2R = \frac{u^2}{R} > 0 \tag{2-22}$$

由于电阻器件总是把接受的电能转化成热能，利用这一特性可以制成各种电热设备，如电热水器、电暖气、电烤箱等。而对于电机、变压器等电气设备，由于其导电部分有电阻，当电流通过时要发热，当长时间通过大电流，就会引起设备过热，影响其使用寿命。

（二）电阻元件的正弦交流特性

1. 电压、电流关系

在图 2 - 9（a）中，设 $i = I_\mathrm{m}\sin(\omega t + \psi_i)$，由时域关系可得

$$u = iR = I_\mathrm{m}R\sin(\omega t + \psi_i) = U_\mathrm{m}\sin(\omega t + \psi_u)$$

比较上两式可知，电阻元件的正弦电压、电流的三要素有如下关系。

（1）二者同频率。

（2）二者的振幅（或有效值）之间的数量关系为

$$U_\mathrm{m} = I_\mathrm{m}R \quad 或 \quad U = IR \tag{2-23}$$

（3）二者的相位关系为

$$\psi_u = \psi_i \tag{2-24}$$

即电阻电压电流同相位，二者的相位差 $\varphi = \psi_u - \psi_i = 0°$。$u$、$i$ 的波形图如图 2 - 10 所示。

如果用相量表示电压、电流的关系，若 $\dot{I} = I\angle\psi_i$，则 $\dot{U} = U\angle\psi_u = IR\angle\psi_i = \dot{I}R$。所以电阻元件的电压、电流相量关系为

$$\dot{U} = \dot{I}R \tag{2-25}$$

电阻元件的相量形式的电路模型及电压电流的相量图如图 2 - 11 所示。

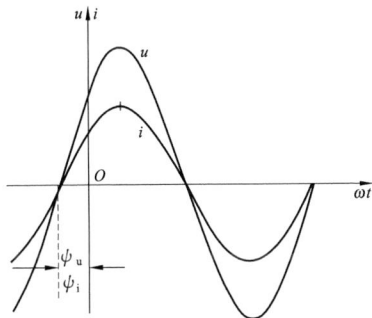

图 2 - 10 电阻电压电流波形图

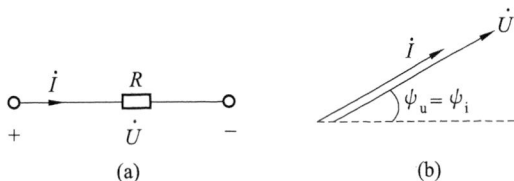

图 2 - 11 电阻元件的相量模型及电压电流相量图
(a) 相量模型；(b) 相量图

2. 电阻元件的功率

由于电阻上的电压电流是随时间交变的，因此电阻元件的功率也是随时间变化的。电阻元件的瞬时功率

$$\begin{aligned}p = ui &= U_\mathrm{m}\sin(\omega t + \psi_u) \cdot I_\mathrm{m}\sin(\omega t + \psi_i) \\ &= U_\mathrm{m}I_\mathrm{m}\sin^2(\omega t + \psi_u) \\ &= UI[1 - \cos2(\omega t + \psi_i)]\end{aligned} \tag{2-26}$$

由式（2 - 26）可见，在电压电流关联参考方向下，电阻的瞬时功率总是正值，说明电阻元件流过电流时总是吸收功率，它把电能转换成热能，是一种不可逆的能量转换过程。但是瞬时功率的大小是随时间变化的，不便于应用，为此引入平均功率。

瞬时功率在一个周期内的平均值称为平均功率，用 P 表示，即

$$P = \frac{1}{T}\int_0^T p\,\mathrm{d}t \tag{2-27}$$

电阻的平均功率为

$$P = \frac{1}{T}\int_0^T p\,\mathrm{d}t = \frac{1}{T}\int_0^T UI[1 - \cos2(\omega t + \psi_i)]\,\mathrm{d}t$$

$$= UI = I^2R = \frac{U^2}{R} \qquad (2-28)$$

式中：U、I 为交流电压电流的有效值。在交流电路中，用功率表测得的即为平均功率，平均功率又称有功功率。

【例 2-4】 已知流过某电阻的电流为 $i = 10\sqrt{2}\sin(314t + 60°)$ A，电阻 $R = 20\Omega$，求：与 i 关联参考方向下的电阻电压 u 及其平均功率。

解 用相量法计算。首先写出电流相量 $\dot{I} = 10\angle 60°$A

根据电阻元件电压电流的相量关系有

$$\dot{U} = \dot{I}R = 10\angle 60° \times 20 = 200\angle 60°\text{V}$$

所以 $\qquad u = 200\sqrt{2}\sin(314t + 60°)\text{V}$

平均功率 $\qquad P = UI = 200 \times 10 = 2000\text{W}$

二、电感元件

由导线绕制而成的线圈或把导线绕在铁芯或者磁芯上就构成了一个实际的电感器，如图 2-12（a）所示。当线圈中通有电流时，就会在线圈周围形成磁场，并储存磁场能量。电感元件是实际电感器的理想化模型，它是一个只储存磁场能量的理想元件。其图形符号如图 2-12（b）所示。

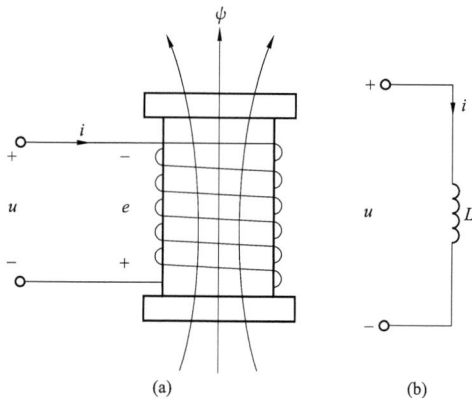

图 2-12 电感器及电感元件

图 2-12（a）线圈中有电流 i 通过时，将在线圈周围产生磁场，穿过内部每匝线圈的叫自感磁通，用 ϕ 表示，N 匝线圈磁通之和称为自感磁链，用 ψ 表示，即 $\psi = N\phi$。任一瞬间，线圈的自感磁链与电流在参考方向满足右手螺旋定则时，有

$$\psi = Li \qquad (2-29)$$

式中：L 称为线圈的自感系数，简称电感。

由式（2-29）可知电感 L 在数值上等于单位电流通过线圈时，所产生的自感磁链。在国际单位制中，电流的单位为安培（A）；磁链的单位为韦伯（Wb）；电感的单位为亨（H），工程实际中常用单位为毫亨（mH）、微亨（μH），换算关系为

$$1\text{mH} = 10^{-3}\text{H}, \quad 1\mu\text{H} = 10^{-6}\text{H} \qquad (2-30)$$

电感 L 的大小反映了电感元件通过电流时能够产生自感磁链的能力，是线圈的固有参数，其取值与线圈的形状、几何尺寸及磁介质的磁导率有关，而与电感中是否有电流无关。如果线圈的磁链与电流成线性关系，则其电感是一个恒定不变的常数，该电感元件为线性电感元件。否则为非线性电感元件。对于非铁磁材料作为磁介质的线圈，其磁导率为常数，可以看作是线性电感元件。例如，空心线圈就是一个线性电感元件，其电感就是一个常数。

（一）电感元件的时域特性

图 2-12 所示线圈中，如果通入的电流 i 是随时间变化的交变电流，则线圈中的自感磁链 ψ 也是随时间交变的。根据电磁感应定律，在线圈中会产生自感电动势，用 e 表示，根据

楞次定律，该电动势是用于阻碍线圈中交变电流的变化的。设电动势 e 与产生该电动势的磁链的参考方向满足右手螺旋定则，如图 2-12（a）所示，则有

$$e = -\frac{\mathrm{d}\psi}{\mathrm{d}t} = -L\frac{\mathrm{d}i}{\mathrm{d}t}$$

若取电压 u 与电流 i 为关联参考方向，则有电感元件的伏安关系为

$$u = -e = L\frac{\mathrm{d}i}{\mathrm{d}t} \tag{2-31}$$

由式（2-31）可知，任一瞬间电感电压的取值正比于该时刻电感电流随时间的变化率。对于直流电，电流是不随时间变化的常数，因此电感电压为零，此时电感元件相当于短路；对于交流电，电流大小及方向随时间变化，因此电感电压不为零。

在电压和电流关联参考方向下，线性电感元件吸收的功率为

$$p = ui = Li\frac{\mathrm{d}i}{\mathrm{d}t} \tag{2-32}$$

从 t_1 到 t_2 时间内，电感元件吸收的磁场能量为

$$W_L = \int_{t_1}^{t_2} p\mathrm{d}t = \int_{t_1}^{t_2} Li\frac{\mathrm{d}i}{\mathrm{d}t}\mathrm{d}t = \frac{1}{2}Li^2(t_2) - \frac{1}{2}Li^2(t_1) \tag{2-33}$$

由式（2-33）可知，当电流 $|i|$ 增加时，$W_L(t_2) > W_L(t_1)$，$W_L > 0$，表明电感元件吸收能量，并全部转换成磁场能量；当电流 $|i|$ 减少时，$W_L(t_2) < W_L(t_1)$，$W_L < 0$，表明电感元件释放能量，并且等于磁场能量的减少量。可见，电感元件并不把吸收的能量消耗掉，而是以磁场能量的形式存储起来。所以，电感元件是一种储能元件。同时，它也不会释放出多于它所储存的能量，因此它又是一种无源元件。

若取起始时刻为电流等于零的时刻，即 $i(t_1)=0$，即电感初始时刻储能为零，那么电感在任一时刻的储能只与该时刻电流有关，即

$$W_L(t) = \frac{1}{2}Li^2(t) \tag{2-34}$$

（二）电感元件的正弦交流特性

1. 电压、电流关系

在图 2-12（b）中，设 $i=\sqrt{2}I\sin(\omega t+\psi_i)$，由时域关系可得

$$u = L\frac{\mathrm{d}i}{\mathrm{d}t} = \sqrt{2}\omega LI\sin(\omega t + \psi_i + 90°)$$
$$= \sqrt{2}U\sin(\omega t + \psi_u) \tag{2-35}$$

比较上两式可知，电感元件的正弦电压、电流的三要素有如下关系。

（1）二者同频率。

（2）二者的振幅（或有效值）之间的数量关系为

$$U_m = \omega LI_m \quad 或 \quad U = \omega LI \tag{2-36}$$

即电感电压与电流有效值成正比，ωL 类似于电阻元件的参数 R，表征电感元件对正弦交流电的阻碍作用，称之为感抗，用 X_L 表示，即

$$X_L = \omega L = 2\pi fL \tag{2-37}$$

显然，感抗不仅与电感 L 有关，还与频率 f 有关。同一电感元件处于不同频率的电路中，对电流的阻碍作用是不同的。频率越高，其阻碍作用越强。在直流电路中，频率为零，

其感抗为零。所以电感元件具有"通直阻交"的特性。

（3）二者的相位关系为

$$\psi_u = \psi_i + 90° \tag{2-38}$$

即电感电压超前于电流 $90°$，相位差 $\varphi = \psi_u - \psi_i = 90°$。$u$、$i$ 的波形图如图 2-13 所示。

如果用相量表示电压、电流的关系，若 $\dot{I} = I\angle\psi_i$，则 $\dot{U} = U\angle\psi_u = IX_L\angle\psi_i + 90° = jX_L\dot{I}$。所以电感元件的电压、电流相量关系为

$$\dot{U} = jX_L\dot{I} \tag{2-39}$$

电感元件的相量形式的电路模型及电压电流的相量图如图 2-14 所示。

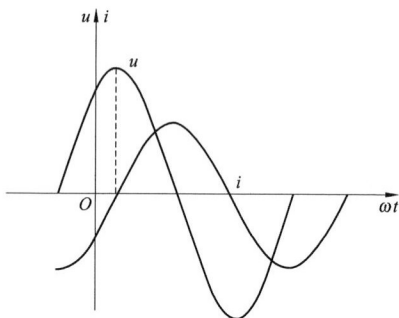

图 2-13　电感电压电流波形图

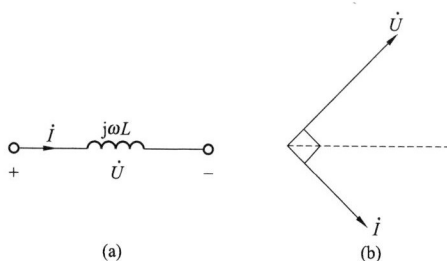

图 2-14　电感元件的相量模型及电压电流相量图
(a) 相量模型；(b) 相量图

2. 电感元件的功率

电感元件的瞬时功率

$$
\begin{aligned}
p &= ui = U_m\sin(\omega t + \psi_i + 90°)I_m\sin(\omega t + \psi_i) \\
&= 2UI\sin(\omega t + \psi_i)\cos(\omega t + \psi_i) \\
&= UI\sin2(\omega t + \psi_i) \tag{2-40}
\end{aligned}
$$

电感的平均功率，即有功功率

$$P = \frac{1}{T}\int_0^T p\,dt = \frac{1}{T}\int_0^T UI\sin2(\omega t + \psi_i)\,dt = 0 \tag{2-41}$$

由式（2-41）可知，电感元件的瞬时功率是随时间变化的，且有时大于零有时小于零，但在一个周期内的平均值为零。这表明电感元件在一个周期内吸收的功率等于释放的功率，不消耗电能量，与外电路间进行着能量交换。

为了衡量电感与外电路间这种能量互换的规模，引入无功功率的概念。定义电感的无功功率就是其能量交换的最大速率，即瞬时功率的最大值，用 Q_L 表示，即

$$Q_L = UI = I^2X_L = \frac{U^2}{X_L} \tag{2-42}$$

当 U、I、X_L 的单位分别为 V、A、Ω 时，无功功率单位是 var（乏），常用单位还有 kvar（千乏）。

无功功率与有功功率的物理意义不同，前者表示能量的交换，后者表示能量的消耗。无功功率不等于无用的功率，它是储能元件在交流电路中正常工作的必要条件。

【例 2-5】　有一电感 $L = 31.8\text{mH}$，接在电压有效值为 220V 的工频正弦交流电源上，

求感抗 X_L 及电路中电流有效值。若电源频率变为原来的两倍，电压有效值不变，电流有效值是否改变？

解　工频电源 $f=50\text{Hz}$，$\omega=2\pi f=314\text{rad/s}$

感抗　$X_L=2\pi fL=2\pi\times50\times31.8\times10^{-3}=10\Omega$

电流有效值　$I=\dfrac{U}{X_L}=\dfrac{220}{10}=22\text{A}$

若电源频率变为原来的两倍，则

感抗　　　　　$X_L=2\pi f'L=2\pi\times100\times31.8\times10^{-3}=20\Omega$

电流有效值　　　　$I=\dfrac{U}{X_L}=\dfrac{220}{20}=11\text{A}$

三、电容元件

在工程中，电容器应用非常广泛。电容器品种和规格很多，但其构成的基本原理是一致的。任何两个互相靠近而又彼此绝缘的导体都可以看成一个电容器，这两个导体称为电容器的电极，它们之间的绝缘物质称为电介质。在电容器的两端外加电压，在电容器的两极板上将聚集等量的异号电荷，在介质中建立起电场，并储存电场能量。电源移去后，电荷可以继续聚集在极板上，电场仍然存在。电容元件是实际电容器的理想化模型，它是一个只储存电场能量的理想元件。图 2-15（a）所示为实际的平板电容器，其图形符号如图 2-15（b）所示。

设电容元件电压参考方向由正极板指向负极板，则任一瞬间电荷量 q 与电容器两端电压满足

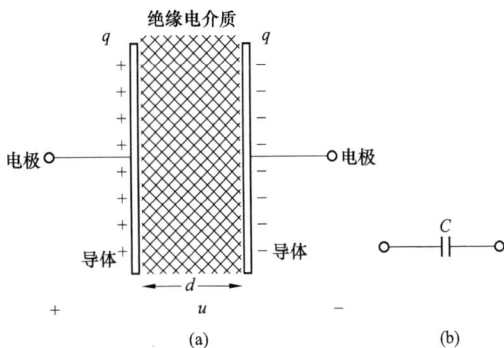

图 2-15　电容器及电容元件
（a）平板电容器；（b）电容元件

$$q=Cu \qquad (2-43)$$

式（2-43）中，C 称为电容量，简称电容。由式（2-43）可知，电容 C 在数值上等于单位电压作用下，极板上所聚集的电荷量。在国际单位制中，电压单位为 V（伏特）；电荷量单位为 C（库仑）；电容的单位为 F（法拉），工程实际中常用单位为 μF（微法）和 pF（皮法），换算关系为

$$\left.\begin{array}{l}1\mu\text{F}=10^{-6}\text{F}\\1\text{pF}=10^{-12}\text{F}\end{array}\right\} \qquad (2-44)$$

电容 C 的大小反映了电容元件储存电荷的能力，是电容器的固有参数，其取值与电容器的形状、几何尺寸、绝缘介质材料等有关，而与电容器是否有电荷无关。如果电容的电荷量与外加电压成线性关系，则其电容是一个恒定不变的常数，该电容元件为线性电容元件；否则为非线性电容元件。

（一）电容元件的时域特性

图 2-16 所示电容元件，设其电压电流为关联参考方向，在电容两端施加以电压 u，两极板上将聚集等量异号电荷 q；如

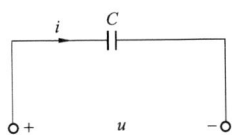

图 2-16　电容元件

果电压随时间变化，则电荷量随之发生变化，在电路中形成电流 i，根据电流定义式有

$$i = \frac{dq}{dt}$$

将式（2-43）代入得

$$i = C\frac{du}{dt} \tag{2-45}$$

由式（2-45）可知，任一瞬间电容元件的电流与该时刻电容电压随时间的变化率成正比。对于直流电，电压是不随时间变化的常数，因此电容电流为零，此时电容元件相当于开路；对于交流电，电压大小及方向随时间变化，因此电路中将出现一个连续的电流。上述特性称为电容元件的动态性质，即电容具有"隔直通交"的特性。

在电压和电流关联参考方向下，线性电容元件吸收的功率为

$$p = ui = Cu\frac{du}{dt} \tag{2-46}$$

从 t_1 到 t_2 时间内，电容元件吸收的电场能量为

$$W_C = \int_{t_1}^{t_2} p\,dt = \int_{t_1}^{t_2} Cu\frac{du}{dt}dt = \frac{1}{2}Cu^2(t_2) - \frac{1}{2}Cu^2(t_1) \tag{2-47}$$

由式（2-47）可知，当电压 $|u|$ 增加时，$W_C(t_2) > W_C(t_1)$，$W_C > 0$，表明电容元件吸收能量，并全部转换成电场能量；当电压 $|u|$ 减少时，$W_C(t_2) < W_C(t_1)$，$W_C < 0$，表明电容元件释放能量，并且等于电场能量的减少量。可见，电容元件并不把吸收的能量消耗掉，而是以电场能量的形式存储起来。所以，电容元件是一种储能元件。同时，它也不会释放出多于它所储存的能量，因此它又是一种无源元件。

若取起始时刻为电压等于零的时刻，即 $u(t_1) = 0$，即电容初始时刻储能为零，那么电容在任一时刻的储能只与该时刻电压有关，即

$$W_C(t) = \frac{1}{2}Cu^2(t) \tag{2-48}$$

（二）电容元件的正弦交流特性

1. 电压、电流关系

在图 2-16 中，设 $u = \sqrt{2}U\sin(\omega t + \psi_u)$，由时域关系可得

$$i = C\frac{du}{dt} = \sqrt{2}\omega CU\sin(\omega t + \psi_u + 90°)$$
$$= \sqrt{2}I\sin(\omega t + \psi_i) \tag{2-49}$$

比较上两式可知，电容元件的正弦电压、电流的三要素有如下关系。

（1）二者同频率。

（2）二者的振幅（或有效值）之间的数量关系为

$$U_m = \frac{1}{\omega C}I_m \quad \text{或} \quad U = \frac{1}{\omega C}I \tag{2-50}$$

即电容电压与电流有效值成正比，$\frac{1}{\omega C}$ 类似于电阻元件的参数 R，表征电容元件对正弦交流电的阻碍作用，称之为容抗，用 X_C 表示，即

$$X_C = \frac{1}{\omega C} = \frac{1}{2\pi fC} \tag{2-51}$$

显然，容抗不仅与电容 C 有关，还与频率 f 有关。同一电容元件处于不同频率的电路中，对电流的阻碍作用是不同的。频率越低，其阻碍作用越强。在直流电路中，频率为零，其容抗为无穷大。所以电容元件具有"通交阻直"的特性。

（3）二者的相位关系为

$$\varphi_i = \varphi_u + 90° \tag{2-52}$$

即电容电流超前于电压 $90°$，相位差 $\varphi = \varphi_u - \varphi_i = -90°$。$u$、$i$ 的波形图如图 2-17 所示。

如果用相量表示电压、电流的关系，若 $\dot{I} = I \angle \varphi_i$，则 $\dot{U} = U \angle \varphi_u = IX_C \angle \varphi_i - 90° = -jX_C \dot{I}$。所以电容元件的电压、电流相量关系为

$$\dot{U} = -jX_C \dot{I} \tag{2-53}$$

电容元件的相量形式的电路模型及电压电流的相量图如图 2-18 所示。

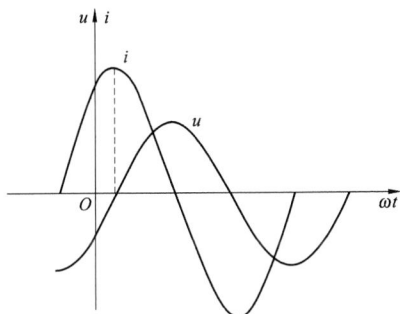

图 2-17 电容电压电流波形图

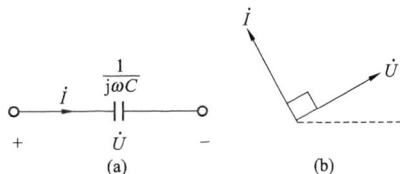

图 2-18 电容元件的相量模型及电压电流相量图
（a）相量模型；（b）相量图

2. 电容元件的功率

在电压电流关联参考方向下，电容元件的瞬时功率

$$\begin{aligned} p = ui &= U_m \sin(\omega t + \varphi_i - 90°) I_m \sin(\omega t + \varphi_i) \\ &= -2UI \sin(\omega t + \varphi_i) \cos(\omega t + \varphi_i) \\ &= -UI \sin 2(\omega t + \varphi_i) \end{aligned} \tag{2-54}$$

电容的平均功率，即有功功率

$$P = \frac{1}{T} \int_0^T p \, \mathrm{d}t = \frac{1}{T} \int_0^T -UI \sin 2(\omega t + \varphi_i) \mathrm{d}t = 0 \tag{2-55}$$

由式（2-55）可知，电容元件的瞬时功率是随时间变化的，且有时大于零有时小于零，但在一个周期内的平均值为零。这表明电容元件在一个周期内吸收的功率等于释放的功率，不消耗电能量，与外电路间进行着能量交换。

电容与电感类似，也是一个能量的交换元件。为了衡量电容与外电路间这种能量互换的规模，引出电容的无功功率，用 Q_C 表示，即

$$Q_C = -UI = -I^2 X_C = -\frac{U^2}{X_C} \tag{2-56}$$

在取相同参考正弦量的条件下，电容的无功功率为负，电感的无功功率为正，表明二者能量转换的过程相反，电感吸收能量的同时，电容释放能量，反之亦然。

【例 2-6】 图 2-16 所示电容，$C = 2\mu F$，电源电压 $u = 100\sqrt{2} \sin(314t + 50°) \mathrm{V}$，求容抗及电流 i。当电源有效值及初相不变，而频率变成 $500 \mathrm{Hz}$ 时，再求容抗及电流 i。

解 当电源电压 $u = 100\sqrt{2} \sin(314t + 50°)$ V 时，$\omega = 314 \mathrm{rad/s}$

容抗 $\qquad X_{\mathrm{C}} = \dfrac{1}{\omega C} = \dfrac{1}{314 \times 2 \times 10^{-6}} = 1592.4\Omega$

$$\dot{U} = 100\angle 50° \mathrm{V}$$

所以 $\qquad \dot{I} = \dfrac{\dot{U}}{-\mathrm{j}X_{\mathrm{C}}} = \dfrac{100\angle 50°}{-\mathrm{j}1592.4} = 0.063\angle 140° \mathrm{A}$

电容电流 $\quad i = 0.063\sqrt{2}\sin(314t + 140°)\mathrm{A}$

当 $f = 500\mathrm{Hz}$ 时，$\omega = 2\pi f = 2\pi \times 500 = 3140\mathrm{rad/s}$

容抗 $\qquad X_{\mathrm{C}} = \dfrac{1}{\omega C} = \dfrac{1}{3140 \times 2 \times 10^{-6}} = 159.24\Omega$

所以 $\qquad \dot{I} = \dfrac{\dot{U}}{-\mathrm{j}X_{\mathrm{C}}} = \dfrac{100\angle 50°}{-\mathrm{j}159.24} = 0.63\angle 140° \mathrm{A}$

电容电流 $\quad i = 0.63\sqrt{2}\sin(3140t + 140°)\mathrm{A}$

总结：比较 R、L、C 三个元件各自的正弦交流特性，可以发现三个元件的电压电流关系的相量形式是完全相似的，即它们均可写成如下的形式

$$\dot{U} = \dot{I}Z \qquad\qquad (2-57)$$

式（2-57）和时域形式的欧姆定律形式完全相似，因此称为欧姆定律的相量形式。只不过不同的元件具有不同的 Z 而已，我们称 Z 为各元件的复阻抗，单位为欧姆（Ω）。它是一个仅与元件参数和电源频率有关的常数，单一元件 R、L、C 的复阻抗为

$$\begin{aligned} Z_{\mathrm{R}} &= R \\ Z_{\mathrm{L}} &= \mathrm{j}\omega L = \mathrm{j}X_{\mathrm{L}} \\ Z_{\mathrm{C}} &= \dfrac{1}{\mathrm{j}\omega C} = -\mathrm{j}X_{\mathrm{C}} \end{aligned} \qquad (2-58)$$

第四节 基尔霍夫定律的相量形式

一、基尔霍夫电流定律的相量形式

在第一章中已经介绍过基尔霍夫电流定律的时域形式为

$$\sum i = 0$$

在正弦交流电路中，此式的各项电流均为同频率的正弦量，如果都用对应的相量表示，根据相量运算与对应正弦量运算的等价性，则这些电流的相量的代数和也为零，即

$$\sum \dot{I} = 0 \qquad\qquad (2-59)$$

式（2-59）为基尔霍夫电流定律的相量形式。它表明正弦电流用相量表示后，基尔霍夫电流定律仍然适用。

二、基尔霍夫电压定律的相量形式

基尔霍夫电压定律的时域形式为

$$\sum u = 0$$

同理，可得其相量形式为

$$\sum \dot{U} = 0 \qquad\qquad (2-60)$$

式（2-60）为基尔霍夫电压定律的相量形式。它表明正弦电压用相量表示后，基尔霍夫电压定律仍然适用。

由前面的分析可知，基尔霍夫定律的相量形式和欧姆定律的相量形式与直流电路中相应的方程完全相似，因此由基尔霍夫定律及欧姆定律导出的直流电路的定理及分析方法都可以推广到正弦交流电路的相量分析中。推广时只要把正弦量用它们的相量来表示，而电阻用阻抗来代替就行了。第五节以 RLC 串联电路为例来说明相量分析法。

第五节 电阻、电感和电容串联的正弦交流电路

图 2-19（a）所示为电阻、电感和电容串联的正弦交流电路。为了便于用相量法分析，画出其相量形式的电路模型如图 2-19（b）所示。

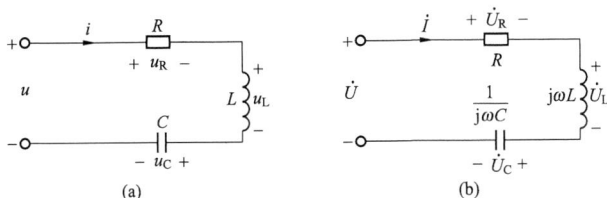

图 2-19 RLC 串联的正弦交流电路

一、总电压、电流相量关系

电路中电流及各元件电压相量的参考方向如图 2-19（b）所示。

根据基尔霍夫电压定律的相量形式，对图 2-19（b）可直接列出

$$\dot{U} = \dot{U}_R + \dot{U}_L + \dot{U}_C \tag{2-61}$$

又根据欧姆定律的相量形式有

$$\dot{U}_R = R\dot{I}$$

$$\dot{U}_L = jX_L\dot{I} \tag{2-62}$$

$$\dot{U}_C = -jX_C\dot{I}$$

将式（2-62）代入式（2-61），得

$$\dot{U} = \dot{U}_R + \dot{U}_L + \dot{U}_C = R\dot{I} + jX_L\dot{I} - jX_C\dot{I}$$

$$= \dot{I}[R + j(X_L - X_C)] = \dot{I}[R + jX] \tag{2-63}$$

令 $Z = R + jX$，则有

$$\dot{U} = Z\dot{I} \tag{2-64}$$

由式（2-64）可知，RLC 串联电路的总电压电流的相量关系也满足欧姆定律的相量形式。式中的 Z 称为电路的复阻抗，类似于单一元件 R、L、C 各自的复阻抗 R、jX_L 和 $-jX_C$。

二、复阻抗与电路的性质

由式（2-64）可得

$$Z = \frac{\dot{U}}{\dot{I}} \qquad\qquad (2-65)$$

即对于任一无源单口网络，在正弦激励下，端口电压与电流相量的比值称为该网络的复阻抗，用大写 Z 表示。复阻抗的单位是 Ω（欧姆），它是电路的一个复数参数，而不是表示正弦量的相量，因此复阻抗只用大写字母表示，而不加点。

复阻抗有极坐标和直角坐标两种表达形式，极坐标形式为

$$Z = \frac{\dot{U}}{\dot{I}} = |Z| \angle \varphi = \frac{U}{I} \angle (\psi_u - \psi_i) \qquad\qquad (2-66)$$

式中：$|Z|$ 称为复阻抗的模，单位是 Ω（欧姆）；φ 称为阻抗角。

根据复数相等的对应关系，式（2-66）又可写成如下形式

$$\left.\begin{array}{l} |Z| = \dfrac{U}{I} \\[2mm] \varphi = \psi_u - \psi_i \end{array}\right\} \qquad\qquad (2-67)$$

由式（2-67）可知，复阻抗的模等于电压有效值与电流有效值之比，阻抗角等于电压与电流相位差。

复阻抗的直角坐标形式为

$$Z = R + jX \qquad\qquad (2-68)$$

式中：实部 R 称为复阻抗的电阻分量，虚部 X 称为复阻抗的电抗分量，它们的单位都是 Ω（欧姆）。

复阻抗直角坐标形式与极坐标形式的互换公式为

$$\left.\begin{array}{l} |Z| = \sqrt{R^2 + X^2} \\[2mm] \varphi = \arctan \dfrac{X}{R} \end{array}\right\} \qquad\qquad (2-69)$$

$$\left.\begin{array}{l} R = |Z| \cos\varphi \\[2mm] X = |Z| \sin\varphi \end{array}\right\} \qquad\qquad (2-70)$$

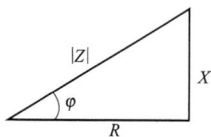

图 2-20　阻抗三角形

式（2-69）与式（2-70）可以用直角三角形表示，如图 2-20 所示。

在交流电路中，复阻抗的连接形式是多种多样的，其中最简单和最常用的是串联与并联。复阻抗的串并联计算规则和电阻电路中电阻的串并联计算规则相同。对于 RLC 串联电路，其复阻抗可直接由三个单一元件的复阻抗按照串联的规则相加而成，即

$$Z = R + jX_L - jX_C = R + j(X_L - X_C) = R + jX = |Z| \angle \varphi \qquad (2-71)$$

电路的复阻抗与电路的结构、参数及频率有关。当电路的结构、参数及频率不同时，复阻抗可能会出现三种情况。

① $\varphi > 0$（即 $X > 0$）时，电压超前电流，称复阻抗性质为感性，电路为感性电路。

② $\varphi < 0$（即 $X < 0$）时，电压滞后电流，称复阻抗性质为容性，电路为容性电路。

③ $\varphi = 0$（即 $X = 0$）时，电压与电流同相，称复阻抗性质为电阻性，电路为电阻性电路或谐振电路。

图 2-21 所示为 RLC 串联电路的复阻抗在三种不同情况下电路的相量图。

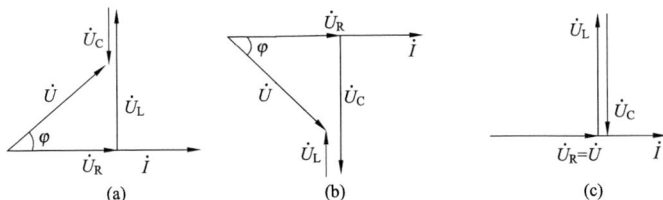

图 2-21 RLC 串联电路的相量图

(a) 感性；(b) 容性；(c) 电阻性

三、电路的功率

设电路中电流和电压的瞬时值分别为

$$i = I_\mathrm{m}\sin\omega t, \quad u = U_\mathrm{m}\sin(\omega t + \varphi)$$

则瞬时功率为

$$
\begin{aligned}
p = ui &= U_\mathrm{m}I_\mathrm{m}\sin(\omega t + \varphi)\sin\omega t \\
&= \frac{1}{2}U_\mathrm{m}I_\mathrm{m}\left[\cos\varphi - \cos(2\omega t + \varphi)\right] \\
&= UI\cos\varphi - UI\cos(2\omega t + \varphi)
\end{aligned} \tag{2-72}
$$

1. 有功功率（平均功率）P

$$P = \frac{1}{T}\int_0^T p\,\mathrm{d}t = \frac{1}{T}\int_0^T [UI\cos\varphi - UI\cos(2\omega t + \varphi)]\mathrm{d}t = UI\cos\varphi \tag{2-73}$$

式（2-73）适用于任意无源单口网络。若单口网络为单一元件 R、L 或 C，则其有功功率分别为

$$P_\mathrm{R} = UI\,(\varphi = 0), \quad P_\mathrm{L} = 0\left(\varphi = \frac{\pi}{2}\right), \quad P_\mathrm{C} = 0\left(\varphi = -\frac{\pi}{2}\right)$$

由图 2-21 所示的相量图可得

$$U\cos\varphi = U_\mathrm{R}$$

于是得出有功功率的另一种求法

$$P = UI\cos\varphi = U_\mathrm{R}I = I^2 R = \frac{U_\mathrm{R}^2}{R} = P_\mathrm{R} \tag{2-74}$$

在由电阻、电感和电容组成的正弦交流电路中，只有电阻是消耗功率的元件，因此，电路的有功功率 P 就是电阻的有功功率 P_R。

2. 无功功率 Q

由于电感元件和电容元件的能量储放，电路必然要和电源交换能量。在 RLC 串联电路中，L 和 C 流过同一电流，而它们的电压相位相反，因此，当电感吸收功率时，电容必定在释放功率；反之亦然。可见，电感元件和电容元件的无功功率有相互补偿的作用，而电源只与电路交换补偿后的差额部分。所以 RLC 串联电路的无功功率为

$$Q = Q_\mathrm{L} + Q_\mathrm{C} = U_\mathrm{L}I - U_\mathrm{C}I = (U_\mathrm{L} - U_\mathrm{C})I \tag{2-75}$$

由图 2-21 所示的相量图可得

$$U_\mathrm{L} - U_\mathrm{C} = U\sin\varphi$$

所以

$$Q = (U_\mathrm{L} - U_\mathrm{C})I = UI\sin\varphi = U_\mathrm{X}I = I^2 X = \frac{U_\mathrm{X}^2}{X} \tag{2-76}$$

式（2-76）是计算正弦交流电路无功功率的一般公式。对于单一元件 R、L、C，则其无功功率分别为

$$Q_R = 0(\varphi = 0), \quad Q_L = UI\left(\varphi = \frac{\pi}{2}\right), \quad Q_C = -UI\left(\varphi = -\frac{\pi}{2}\right)$$

3. 视在功率 S

在交流电路中，有功功率一般不等于电压和电流有效值的乘积，将电压和电流有效值的乘积定义为视在功率，用 S 表示，即

$$S = UI \tag{2-77}$$

由于有功功率 P、无功功率 Q 和视在功率 S 三者代表的意义不同，为了区别起见，各采用不同的单位。视在功率的单位是伏安（V·A）或千伏安（KV·A）。

视在功率常用于标称交流电源设备的容量。因为发电机、变压器等电源设备输出的有功功率与负载的性质有关，所以在电源设备的铭牌上只能标出额定电压 U_N 和额定电流 I_N 的乘积，即额定视在功率 S_N，以供选择。

有功功率 P、无功功率 Q 和视在功率 S 三者的关系为

$$S = \sqrt{P^2 + Q^2} \tag{2-78}$$

P、Q、S 的关系可以用一个直角三角形（功率三角形）来表示，如图 2-22 所示。

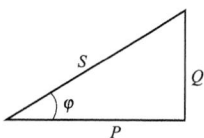

4. 功率因数

有功功率与视在功率的比值称为功率因数，显然

$$\frac{P}{S} = \cos\varphi \tag{2-79}$$

图 2-22　功率三角形

式（2-79）中，$\cos\varphi$ 称为电路的功率因数，φ 称为功率因数角，是电路总电压与总电流的相位差，也是电路的阻抗角。

RLC 串联电路是正弦交流电路中具有代表性的电路，前面对 RLC 串联电路分析所得的公式同样适用于其他任意正弦交流无源二端网络。

【例2-7】 RLC 串联电路如图 2-19（a）所示，已知 $R = 30\Omega$，$L = 32\text{mH}$，$C = 63.7\mu\text{F}$，交流电压源电压 $u = 220\sqrt{2}\sin(314t + 30°)\text{V}$，求：

（1）电流 i 及各元件电压（瞬时表达式）；

（2）电路的 $\cos\varphi$、S、P、Q；

（3）画相量图。

解 用相量法分析电路时，应首先画出原电路的相量模型。所谓相量模型，就是在电路图中，每一个电压与电流都用相量表示，元件 R、L、C 用其复阻抗表示。本例相量模型如图 2-19（b）所示。

（1）各元件阻抗分别为

$$Z_R = 30\Omega$$
$$Z_L = j\omega L = j314 \times 32 \times 10^{-3} \approx j10\Omega$$
$$Z_C = -j\frac{1}{\omega C} = -j\frac{10^6}{314 \times 63.7} \approx -j50\Omega$$

总阻抗为

$$Z = Z_R + Z_L + Z_C = 30 + j10 - j50 = 30 - j40 = 50\angle -53.13°\Omega$$

因为 $\varphi = -53.13° < 0$，所以电路为容性。

电压源电压的相量为 $\dot{U} = 220\angle 30°\text{V}$

所以 $\dot{I} = \dfrac{\dot{U}}{Z} = \dfrac{220\angle 30°}{50\angle -53.13°} = 4.4\angle 83.13°\text{A}$

$$\dot{U}_R = R\dot{I} = 30 \times 4.4\angle 83.13° = 132\angle 83.13°\text{V}$$

$$\dot{U}_L = Z_L\dot{I} = \text{j}10 \times 4.4\angle 83.13° = 44\angle 173.13°\text{V}$$

$$\dot{U}_C = Z_C\dot{I} = -\text{j}50 \times 4.4\angle 83.13° = 220\angle -6.87°\text{V}$$

电流 i 及各元件电压瞬时表达式分别为

$$i = 4.4\sqrt{2}\sin(314t + 83.13°)\text{A}$$

$$u_R = 132\sqrt{2}\sin(314t + 83.13°)\text{V}$$

$$u_L = 44\sqrt{2}\sin(314t + 173.13°)\text{V}$$

$$u_C = 220\sqrt{2}\sin(314t - 6.87°)\text{V}$$

(2) $\cos\varphi = \cos(-53.13°) = 0.6$

$$S = UI = 220 \times 4.4 = 968\text{V} \cdot \text{A}$$

$$P = S\cos\varphi = 968 \times 0.6 = 580.8\text{W}$$

$$Q = S\sin\varphi = 968 \times 0.8 = 774.4\text{var}$$

(3) 电路相量图如图 2-23 所示。

【例 2-8】 电路如图 2-24 所示，$R = 5\Omega$，$X_L = X_C = 5\Omega$ ，$\dot{U} = 20\angle 0°\text{V}$。
求：

(1) $\dot{I}_1$、$\dot{I}_2$、$\dot{I}$；

(2) 电路的 P 与 $\cos\varphi$。

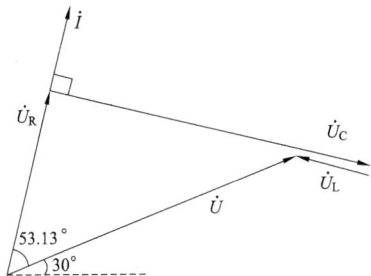

图 2-23 例 2-7 相量图

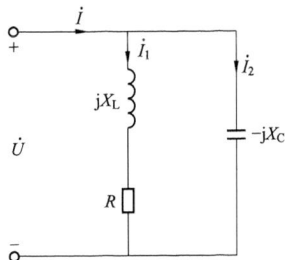

图 2-24 例 2-8 电路图

解   (1) $Z_1 = R + \text{j}X_L = 5 + \text{j}5 = 5\sqrt{2}\angle 45°\Omega$

$Z_2 = -\text{j}X_C = -\text{j}5\Omega$

$$\dot{I}_1 = \dfrac{\dot{U}}{Z_1} = \dfrac{20\angle 0°}{5\sqrt{2}\angle 45°} = 2\sqrt{2}\angle -45°\text{A}$$

$$\dot{I}_2 = \dfrac{\dot{U}}{Z_2} = \dfrac{20\angle 0°}{-\text{j}5} = 4\angle 90°\text{A}$$

$$\dot{I} = \dot{I}_1 + \dot{I}_2 = 2\sqrt{2}\angle -45° + 4\angle 90° = 2 - \text{j}2 + \text{j}4 = 2 + \text{j}2 = 2\sqrt{2}\angle 45°\text{A}$$

(2)　　　$\varphi = 0° - 45° = -45°, \cos\varphi = 0.707$

$$P = UI\cos\varphi = 20 \times 2\sqrt{2} \times 0.707 = 40\text{W}$$

或　$P = I_1^2 R = (2\sqrt{2})^2 \times 5 = 40\text{W}$

对于正弦交流电路的分析，画出其相量模型后，就可以相量的形式用直流电路的所有分析方法进行分析。如对于复杂的正弦交流电路，可以用支路电流法、叠加定理等方法去分析，读者可自行练习。

第六节 功率因数的提高

一、提高功率因数的意义

1. 提高电源设备的利用率

在正弦交流电路中，负载从发电机或变压器等电源设备接受的有功功率为

$$P = UI\cos\varphi = S\cos\varphi$$

显然，有功功率除了与发电机和变压器等设备的容量有关外，还与负载的功率因数有关。负载的功率因数取决于负载的参数。对于电阻性负载（例如白炽灯、电炉等），其功率因数为 1；对其他负载来说，其功率因数介于 0 与 1 之间。当功率因数不等于 1 时，电路中发生能量交换，出现无功功率 $Q = UI\sin\varphi$。这样，当发电机和变压器容量一定时，负载的功率因数越低，发电机或变压器供给的有功功率就越少，而无功功率却越大。无功功率越大，即电路中能量交换规模越大，则电源设备的能量就不能充分利用，设备的利用率也就越低。因此，为了充分利用电源设备的容量，应该设法提高电网的功率因数。

2. 降低线路损耗

当电源电压及输送的有功功率一定时，由 $I = \dfrac{P}{U\cos\varphi}$ 可知，功率因数越低，输电线路的电流就越大，则线路上的功率损耗也就越大。因此，提高功率因数，可以降低线路损耗。

3. 提高供电质量

当功率因数较低时，输电线路上的大电流不仅使线路上的功率损耗增大，同时使线路上的压降增大。线路上的压降的增大将导致负载电压低于电源电压，降低了供电质量。为了使负载电压与电源电压更接近，显然应提高功率因数。

二、提高功率因数的方法

生产中使用的电气设备多为感性负载，它们的功率因数一般较低。例如异步电动机的功率因数在额定负载时一般约为 0.6～0.8，轻载时会更低。负载自身的功率因数是不可改变的，对于一个感性负载，要维持正常工作，必须和外电路交换能量。而能与其进行能量交换的除电源外，还有储能元件电容。因此，对于感性负载，提高电网功率因数最常用的方法是在感性负载两端并联电容器。

图 2-25（a）所示为感性负载电路，即负载电流在相位上滞后电压 φ。为了提高功率因数，在负载两端并联一只电容器 C，电路相量图如图 2-25（b）所示。由相量图可以看出，并联电容器后，由于电容器的电流 i_C 在相位上超前电压 90°，与感性负载的无功电流相位相反，抵消了一部分无功电流，而有功电流不变，从而使总电流 i' 比原总电流 i 减小，且总电

压与总电流的夹角由原来的 φ 减小为 φ'，提高了功率因数。

并联电容器的电容量计算式为

$$C = \frac{P}{\omega U^2}(\tan\varphi - \tan\varphi') \quad (2-80)$$

式中：P 是感性负载的有功功率；ω 是电源角频率；U 是负载两端的电压；φ、φ' 分别是并联电容前、后的功率因数角。

需要注意的是，并联电容器后，感性负载的工作状态没有发生变化，是因为其所加电压和负载参数没有改变。但线路电流减小了，即电源的视在功率 S 减小了。由于电容不消耗有功功率，因此电路的有功功率 P 也没有改变。所以，电源的利用率 $\dfrac{P}{S}$，即 $\cos\varphi$ 提高了。我们所说的提高功率因数，是指提高电源或电网（即整个电路）的功率因数，不是提高某个感性负载的功率因数。

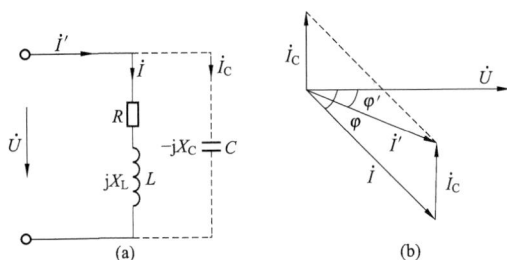

图 2-25 提高功率因数的方法

第七节 电路的谐振

在含有电感和电容的正弦交流电路中，电路两端的电压与电流一般是不同相的。如果通过调节电路的参数或电源的频率而使它们同相，则称此时电路中发生了谐振。谐振时，电路的阻抗角为零，或电路的复阻抗的虚部为零，即

$$\varphi = 0 \quad 或 \quad \mathrm{Im}[Z] = 0$$

谐振是交流电路中的一种特殊现象，研究谐振的目的就是要认识这种客观现象，并在生产上充分利用谐振的特征，同时又要预防它所产生的危害。

根据发生谐振电路的连接方式的不同，谐振分为串联谐振与并联谐振。本节将讨论这两种谐振的条件、特征和谐振电路的频率特性。

一、串联谐振

发生在电阻、电感、电容串联电路中的谐振叫做串联谐振。

1. 串联谐振的条件

图 2-26（a）所示为电阻、电感、电容串联电路，在正弦电压作用下，其复阻抗为

$$Z = R + j(X_L - X_C)$$

可见，串联谐振的条件为

$$X_L = X_C \quad 或 \quad \omega L = \frac{1}{\omega C} \quad (2-81)$$

由谐振条件可知，谐振时电源角频率 ω_0 为

$$\omega_0 = \frac{1}{\sqrt{LC}} \quad (2-82)$$

谐振频率 f_0 为

$$f_0 = \frac{1}{2\pi\sqrt{LC}} \quad (2-83)$$

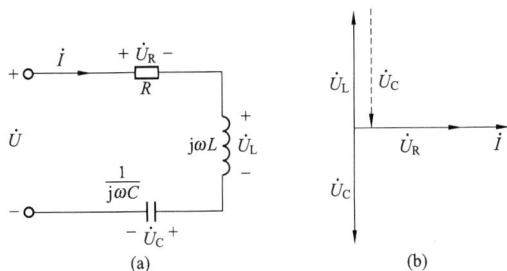

图 2-26 串联谐振
(a) 电路图；(b) 相量图

由式（2-81）可知，当电源频率一定时，可以通过改变电路的参数（L 或 C）使电路发生谐振；当电路参数（L 或 C）一定时，也可以用改变频率的办法使电路发生谐振。

2. 串联谐振的特征

（1）电路的阻抗最小，电流最大。串联谐振时，$X=0$，电路阻抗模 $|Z|=\sqrt{R^2+(X_L-X_C)^2}=R$，其值最小，并等于电路的电阻。因此，在电源电压一定的条件下，电路中的电流在谐振时达到最大值，用 I_0 表示，即

$$I_0 = \frac{U}{|Z|} = \frac{U}{R} \qquad (2-84)$$

图 2-27 画出了电路阻抗模和电流随频率变化的曲线。

（2）串联谐振也称为电压谐振。串联谐振时

$$U_L = U_C = X_L I_0 = X_C I_0 = \frac{X_L}{R}U \qquad (2-85)$$

若 $X_L=X_C \gg R$，则电感和电容上的电压（$U_L=U_C$）将远大于电路的端电压（U）。

这种高电压可能导致电容器或电感线圈的绝缘击穿，因此电力工程中应避免谐振的发生。但在无线电工程上则常利用串联谐振获得高电压。

因为串联谐振时，电感与电容电压可能比电源电压高许多倍，所以串联谐振也叫电压谐振，相量图如图 2-26（b）所示。

（3）品质因数 Q。定义谐振时 U_L 或 U_C 与电源电压 U 的比值为品质因数，用 Q 表示，即

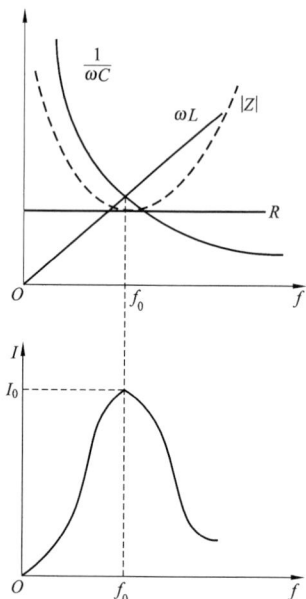

图 2-27 阻抗模和电流随频率变化的曲线

$$Q = \frac{U_C}{U} = \frac{U_L}{U} = \frac{1}{\omega_0 CR} = \frac{\omega_0 L}{R} = \sqrt{\frac{L}{R^2 C}} \qquad (2-86)$$

品质因数 Q 的大小表示在谐振时电容或电感元件上的电压相对电源电压的倍数。例如，$Q=100$，$U=10\text{V}$，那么在谐振时电容或电感元件上的电压就高达 1000V。

（4）电路具有选择性。由图 2-27 可以看出，只有当频率 $f=f_0$（谐振）时电流才最大，当频率 f 偏离 f_0 时，电流都减小，说明谐振电路具有从不同频率的电流中选择一个频率电流的能力，即具有选择性。例如，在接收机中就是利用串联谐振来选择信号的。它的作用是将需要收听的信号从天线所收到的许多频率不同的信号之中选出来，其他不需要的信号则尽量地加以抑制。

当谐振曲线比较尖锐时，稍有偏离谐振频率 f_0 的信号，就大大减弱。也就是说，谐振曲线越尖锐，选择性就越好。此外，也可用通频带宽度来表征电路的选择性，如图 2-28 所示。规定，在电流 I 值等于最大值 I_0 的 70.7% 处频率的上下限之间的宽度称为通频带宽度，即

$$\Delta f = f_2 - f_1 \qquad (2-87)$$

通频带宽度越小，表明谐振曲线越尖锐，电路的频率选择性就越好。谐振曲线的尖锐或平坦与 Q 值也有关，Q 值越大，谐振曲线越尖锐，电路的频率选择性就越好，如图 2-29

所示。

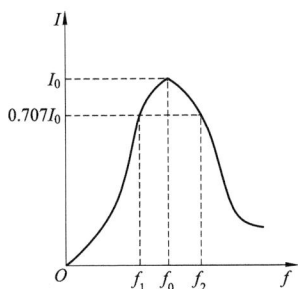

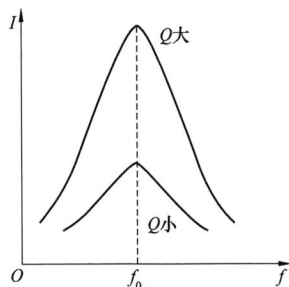

图 2-28　通频带宽度　　　　　　　图 2-29　Q 与谐振曲线的关系

【例 2-9】 某收音机的输入回路（调谐回路）可以用 RLC 串联电路作为其模型，已知 $L=260\mu\text{H}$，当电容调到 100pF 时发生串联谐振，求该电路的谐振频率。若要收听 640kHz 的电台广播，电容 C 应为多大？（设 L 不变）

解 $f_0 = \dfrac{1}{2\pi\sqrt{LC}} = \dfrac{1}{2\pi\times 3.14\times\sqrt{260\times 10^{-6}\times 100\times 10^{-12}}} = 990\text{kHz}$

$C = \dfrac{1}{\omega^2 L} = \dfrac{1}{(2\pi f)^2 L} = \dfrac{1}{(2\times 3.14\times 640\times 10^3)^2\times 260\times 10^{-6}} \approx 238\text{pF}$

二、并联谐振

发生在电阻、电感、电容并联电路中的谐振称为并联谐振。工程上常采用电感线圈和电容器组成的并联谐振电路，如图 2-30（a）所示。

1. 并联谐振的条件

图 2-30（a）所示电路谐振时的相量图如图 2-30（b）所示。由相量图可知

$$I_1\sin\varphi_1 = I_\text{C}$$

又

$$I_1\sin\varphi_1 = \frac{U}{|Z_1|}\times\frac{\omega L}{|Z_1|} = \frac{\omega L U}{R^2 + (\omega L)^2}$$

$$I_\text{C} = \omega C U$$

所以

$$\frac{\omega L U}{R^2 + (\omega L)^2} = \omega C U$$

显然并联谐振的条件为

$$C = \frac{L}{R^2 + (\omega L)^2} \tag{2-88}$$

整理可得并联谐振时的角频率为

$$\omega_0 = \sqrt{\frac{1}{LC} - \left(\frac{R}{L}\right)^2} = \frac{1}{\sqrt{LC}}\sqrt{1 - \frac{CR^2}{L}} \tag{2-89}$$

在实际中，往往采用损耗很小的谐振回路，这时 R 较小，若忽略不计，则

$$\omega_0 \approx \frac{1}{\sqrt{LC}} \tag{2-90}$$

与串联谐振频率近似相等。

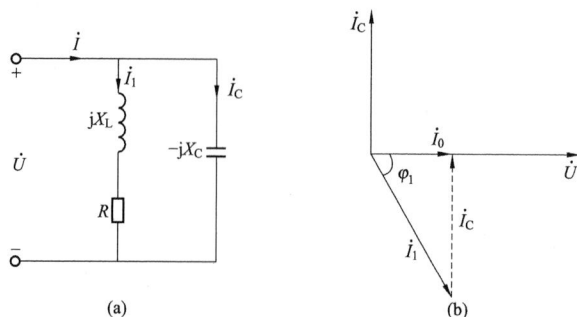

图 2 - 30 电容器与线圈并联电路的谐振

2. 并联谐振的特征

(1) 总电流最小，阻抗最大。由相量图可知，谐振时 $\dot{I}_C$ 与 $\dot{I}_1$ 的无功分量大小相等、方向相反，二者正好完全抵消，使得总电流 I_0 为最小，因此阻抗 $|Z_0| = U/I_0$ 最大。

因为

$$I_0 = I_1 \cos\varphi_1 = \frac{U}{|Z_1|} \times \frac{R}{|Z_1|} = \frac{RU}{R^2 + (\omega L)^2}$$

所以

$$|Z_0| = \frac{U}{I_0} = \frac{R^2 + (\omega L)^2}{R} = \frac{L}{R \times \dfrac{L}{R^2 + (\omega L)^2}}$$

又谐振时

$$C = \frac{L}{R^2 + (\omega L)^2}$$

所以

$$|Z_0| = \frac{L}{RC} \qquad (2-91)$$

(2) 并联谐振也称电流谐振。谐振时电感线圈与电容器各支路电流分别为

$$I_1 = \frac{U}{\sqrt{R^2 + (\omega_0 L)^2}} \approx \frac{U}{\omega_0 L} = \frac{1}{\omega_0 RC} \frac{RCU}{L} = \frac{1}{\omega_0 RC} I_0 \qquad (2-92)$$

$$I_C = \omega_0 CU = \frac{\omega_0 L}{R} \frac{RCU}{L} = \frac{\omega_0 L}{R} I_0 \qquad (2-93)$$

当 $\omega_0 L \gg R$ 时，由式 (2-90)、式 (2-92)、式 (2-93) 可知 $I_1 \approx I_C \gg I_0$，即在谐振时两条并联支路的电流近似相等，可能比总电流大许多倍，因此并联谐振也称电流谐振。

(3) 品质因数 Q。定义谐振时 I_1 或 I_C 与总电流 I_0 的比值为品质因数，用 Q 表示，即

$$Q = \frac{I_C}{I_0} = \frac{I_1}{I_0} = \frac{1}{\omega_0 CR} = \frac{\omega_0 L}{R} \qquad (2-94)$$

(4) 电路具有选择性。并联谐振适合于具有高内阻的信号源电路，此时电路端口相当于一恒流源，当电路发生谐振时，阻抗最大，则该信号在谐振电路两端获得最大电压。而对于非谐振频率信号，其电压均减小。在无线电工程和工业电子技术中，经常利用并联谐振时阻抗模高的特点来选择信号或消除干扰。

第八节 三 相 电 路

由三个幅值相等、频率相同、相位互差120°的单相交流电源所构成的电源，称为三相电源。由三相电源供电的电路，称为三相电路。

目前世界上绝大多数国家的电力系统都采用三相制供电方式，这是由于三相电路在发电、输电和用电等方面较单相电路有许多技术、经济上的优点。例如，在电机尺寸相同的情况下，三相发电机的输出功率高；在输送距离和功率一定时，采用三相制可以节省材料，降低输电成本；常用的三相交流异步电动机，是以三相交流电作为电源，与单相电动机相比，具有结构简单、价格低廉、性能良好和使用维护方便等优点。

一、三相电源

1. 三相电源的产生

三相电源通常都是由三相交流发电机所产生的。图 2-31（a）是三相发电机示意图，图中 AX、BY、CZ 是完全相同而彼此相隔120°的三个定子绕组，分别称为 A、B、C 相绕组，其中 A、B、C 分别称为线圈的始端，X、Y、Z 分别称为线圈的末端。当转子（磁极）以均匀角速度 ω 按顺时针方向旋转时，三个绕组依次切割磁通，将会产生幅值相同、频率相同，相位互差120°的三相对称正弦感应电压，它们分别是 u_A、u_B、u_C，若以 u_A 为参考正弦量，其波形如图 2-31（b）所示。这三个绕组就相当于三相电源中的三个独立正弦电压源，如图 2-32（a）所示，它们的电压分别为

$$
\left.
\begin{aligned}
u_A &= \sqrt{2}U\sin(\omega t) \\
u_B &= \sqrt{2}U\sin(\omega t - 120°) \\
u_C &= \sqrt{2}U\sin(\omega t + 120°)
\end{aligned}
\right\} \tag{2-95}
$$

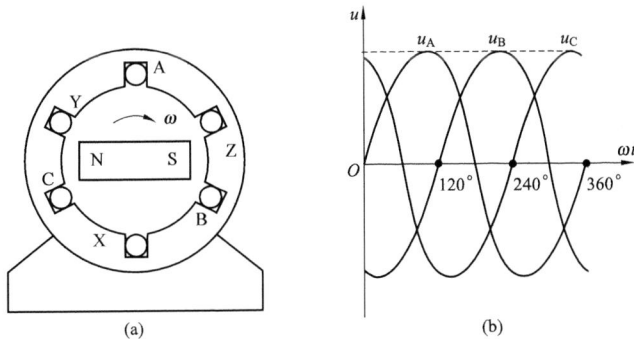

图 2-31 三相交流发电机

(a) 三相发电机；(b) 三相发电机电压波形

其相量表达式为

$$
\left.
\begin{aligned}
\dot{U}_A &= U\angle 0° \\
\dot{U}_B &= U\angle -120° \\
\dot{U}_C &= U\angle 120°
\end{aligned}
\right\} \tag{2-96}
$$

相量图如图 2-32 (b) 所示。

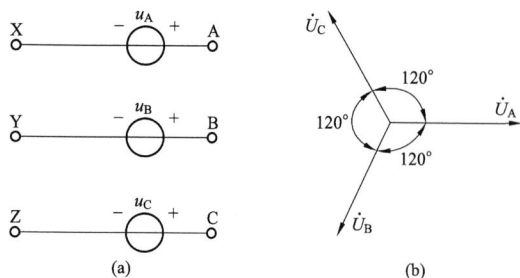

图 2-32　对称三相电压

(a) 三相电源；(b) 相量图

2. 三相电源的特点

(1) 三相电源具有对称性，即三个电压满足同幅值、同频率和相位互差 120°。

(2) 任一瞬间对称三相电源三个正弦电压的瞬时值之和或相量之和均为零，即

$$u_A + u_B + u_C = 0 \qquad (2-97)$$

$$\dot{U}_A + \dot{U}_B + \dot{U}_C = 0 \qquad (2-98)$$

(3) 工程上将三相电压达到最大值的先后次序称为相序。如果 A 相超前于 B 相，B 相超前于 C 相，就称为正序（顺序）；相反，如果 A 相滞后于 B 相，B 相滞后于 C 相，就称为负序（逆序）。图 2-31 (b) 中的对称三相电压为正序，以后分析中，若无特殊说明，均指正序。

为使电力系统能够安全可靠地运行，通常统一规定技术标准，一般在配电盘上用黄色标出 A 相，用绿色标出 B 相，用红色标出 C 相。

3. 三相电源的连接

三相电源有星形（Y）和三角形（△）两种连接方式。

(1) 星形（Y）连接。三相电源的星形接法如图 2-33 (a) 所示。将三个电压源的负极性端 X、Y、Z 连接在一起形成一个公共点 N，从正极性端 A、B、C 引出三条输出线，这种连接方式称作三相电源的星形连接。N 称作电源的中性点，简称中点，从中点引出的导线称为中性线。从正极性端 A、B、C 引出的三条输出线称为端线或相线，俗称火线。端线（相线）与中性线间的电压称为相电压，分别记为 $\dot{U}_{AN}$、$\dot{U}_{BN}$、$\dot{U}_{CN}$ 或简记为 $\dot{U}_A$、$\dot{U}_B$、$\dot{U}_C$。端线之间的电压称为线电压，用 $\dot{U}_{AB}$、$\dot{U}_{BC}$、$\dot{U}_{CA}$ 表示。

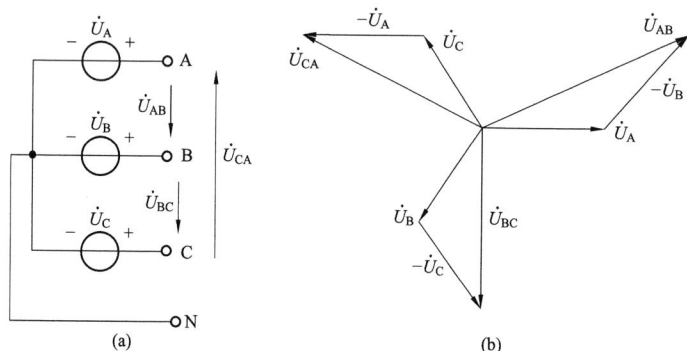

图 2-33　电源的星形连接

这种星形（Y）连接可以提供两种电路连接的供电方式，一种是采用三根端线和一根中性线组成的供电方式，称为三相四线制。另一种是只用三根端线组成的供电方式，称为三相三线制。三相四线制供电系统可以输送两种电压，即相电压和线电压；三相三线制供电系统只可以输送一种电压，即相电压。

由图 2-33 (a)，根据 KVL，可知线电压与相电压的相量关系为

$$\dot{U}_{AB} = \dot{U}_{AN} - \dot{U}_{BN} = \dot{U}_A - \dot{U}_B$$

$$\dot{U}_{BC} = \dot{U}_{BN} - \dot{U}_{CN} = \dot{U}_B - \dot{U}_C \qquad (2-99)$$

$$\dot{U}_{CA} = \dot{U}_{CN} - \dot{U}_{AN} = \dot{U}_C - \dot{U}_A$$

由此可得各相电压、线电压的相量图如图 2-33 (b) 所示。

从图 2-33 (b) 可以看出，对称三相电源作丫连接时，线电压也是对称的，线电压有效值是相电压有效值的 $\sqrt{3}$ 倍，线电压在相位上超前相应相电压 30°，即

$$\left.\begin{array}{l} \dot{U}_{AB} = \sqrt{3}\,\dot{U}_A \angle 30° \\[4pt] \dot{U}_{BC} = \sqrt{3}\,\dot{U}_B \angle 30° \\[4pt] \dot{U}_{CA} = \sqrt{3}\,\dot{U}_C \angle 30° \end{array}\right\} \qquad (2-100)$$

对称三相电源相电压的有效值常用 U_P 表示，线电压用 U_L 表示，则线电压与相电压的大小关系可表示为

$$U_L = \sqrt{3}U_P \qquad (2-101)$$

(2) 三角形（△）连接。三相电源的三角形接法如图 2-34 所示。将三相电源的三个绕组依次首尾相接，连接成一个回路，再从首端 A、B、C 分别引出端线向负载供电，这种连接方式称为三相电源的三角形连接。在电源三角形连接中不能引出中性线，因此只有一种供电方式：三相三线制。

在电源三角形连接中线电压、相电压的概念与星形连接中相同。从图 2-34 可以看出，电源为三角形连接时，线电压等于相电压，即 $\dot{U}_{AB} = \dot{U}_A$，$\dot{U}_{BC} = \dot{U}_B$，$\dot{U}_{CA} = \dot{U}_C$。

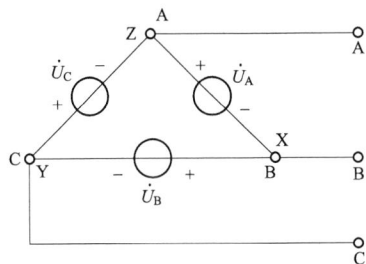

图 2-34　三相电源的三角形连接

应当注意，对称三相电源作三角形连接时，如果接线正确，因为 $\dot{U}_A + \dot{U}_B + \dot{U}_C = 0$，所以在没有输出情况下，电源内部没有环流。但是如果其中一相接反，则三角形回路内可能形成很大环流，严重损坏电源装置。

二、三相负载

根据使用方法和电力系统的不同，负载可分成两类：一类是像电灯这样有两根出线的称为单相负载，如电风扇、洗衣机、冰箱、电视机等都是单相负载；另一类是像三相电动机这样有三个接线端子的负载称为三相负载。实际上三相负载内部是由三个单相负载按照一定方式连接而成，因此用三个单相负载也可以组成一组三相负载。当每相负载的阻抗都相等时，称为对称三相负载；否则称为不对称三相负载。三相负载也有星形与三角形两种连接方式。

1. 三相负载的星形连接

三相负载的星形连接如图 2-35 所示。它的接线原则与电源的星形连接相似，三个负载的公共连接点称为负载中性点，用 N' 表示，将 N' 与 N 连接在一起就形成中性线，有中性线的电路称为三相四线制电路，没有中性线的电路称为三相三线制电路。

一般来说，单相负载可以采用三相四线制的供电方式，即从三相中引出一相的供电方

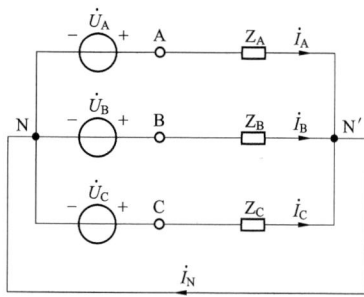

图 2-35　三相负载的星形连接

式。各单相负载均以并联方式接入电路，负荷较大时将其平均分成三组，分别接入各相电路中。三相负载作星形连接时，若负载对称，可用三相三线制；若负载不对称，可用三相四线制。

流过每相负载的电流称为负载相电流，流过端线的电流称为线电流。显然负载星形连接时，线电流等于相电流。中性线上流过的电流称为中性线电流，三相四线制电路中（见图 2-35），在图示电流参考方向下，中性线电流为

$$\dot{I}_{\text{N}} = \dot{I}_{\text{A}} + \dot{I}_{\text{B}} + \dot{I}_{\text{C}} \qquad (2\text{-}102)$$

负载两端的电压称为负载相电压，端线间电压称为线电压。对称三相负载作星形连接时，线电压与相电压关系与对称电源星形连接时相同。

2. 三相负载的三角形连接

三相负载的三角形连接如图 2-36（a）所示。将三个负载首尾相接，连接成一个三角形，三角形的三个顶点分别与电源的三根端线连接，就称为三相负载的三角形连接。

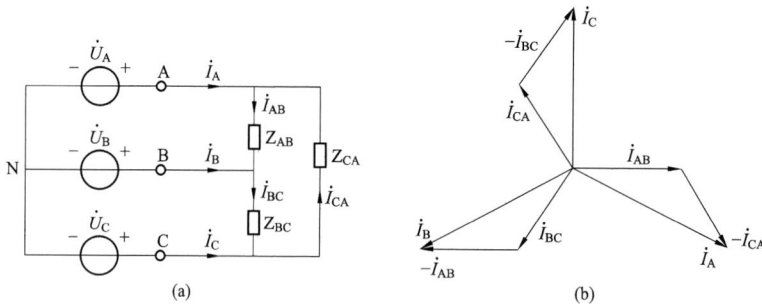

图 2-36　三相负载的三角形连接
（a）负载为三角形连接；（b）线电流与相电流关系

由图 2-36（a）可知，三角形连接的各相负载接在两根相线之间，因此，负载的相电压就是线电压。若忽略线路压降，则有电源的线电压与负载的线电压相等，即

$$U_{\text{L}} = U_{\text{P}} \qquad (2\text{-}103)$$

设各相负载相电流分别为 $\dot{I}_{\text{AB}}$、$\dot{I}_{\text{BC}}$、$\dot{I}_{\text{CA}}$，线电流分别为 $\dot{I}_{\text{A}}$、$\dot{I}_{\text{B}}$、$\dot{I}_{\text{C}}$，参考方向一般如图 2-36（a）所示。根据 KCL，有

$$\dot{I}_{\text{A}} = \dot{I}_{\text{AB}} - \dot{I}_{\text{CA}}$$
$$\dot{I}_{\text{B}} = \dot{I}_{\text{BC}} - \dot{I}_{\text{AB}} \qquad (2\text{-}104)$$
$$\dot{I}_{\text{C}} = \dot{I}_{\text{CA}} - \dot{I}_{\text{BC}}$$

线电流与相电流的相量图如图 2-36（b）所示，由相量图可知，当负载为三角形连接时，如果相电流对称，线电流也是对称的，并且线电流有效值 I_{L} 是相电流有效值 I_{P} 的 $\sqrt{3}$ 倍，即 $I_{\text{L}} = \sqrt{3} I_{\text{P}}$，线电流相位滞后于相应相电流30°，即

$$\dot{I}_A = \sqrt{3}\,\dot{I}_{AB}\angle-30°$$

$$\dot{I}_B = \sqrt{3}\,\dot{I}_{BC}\angle-30° \qquad\qquad (2-105)$$

$$\dot{I}_C = \sqrt{3}\,\dot{I}_{CA}\angle-30°$$

三、三相电路的计算

三相电路就是由三相电源和三相负载组成的系统。根据电源和负载为星形连接或三角形连接，三相电路有Y—Y连接、Y—△连接以及△—Y和△—△连接四种形式。在忽略导线阻抗的情况下，如果三相电源、三相负载都对称，则称为对称三相电路；只要电源或者负载有一个不对称，就称为不对称三相电路。

1. 对称三相电路的计算

三相电路是具有三个电压源的复杂正弦交流电路，所以前面介绍的正弦交流电路的分析方法对三相电路完全适用，但在分析对称三相电路时，可以利用它的一些特点来简化分析计算。

图 2-37（a）所示为Y—Y连接的三相四线制对称电路。图中 Z 为负载阻抗，三相电源 $\dot{U}_A$、$\dot{U}_B$、$\dot{U}_C$ 对称，三相负载相等均为 Z 也对称，因此，此电路为一对称三相电路。其相电压、相电流、线电流及中性线电流的特点如下。

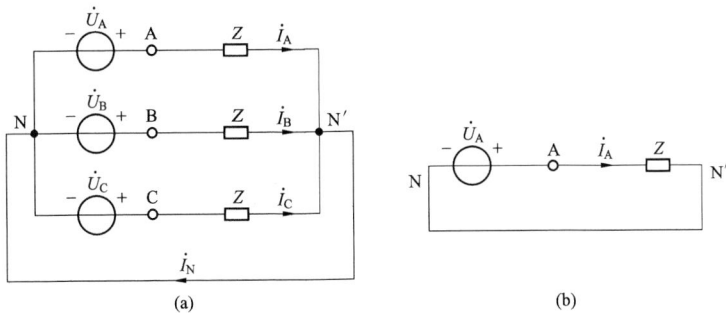

图 2-37 Y—Y连接的三相四线制对称电路

（1）在忽略导线阻抗的情况下，中性点间电压 $\dot{U}_{N'N}=0$，因此负载相电压等于对应的电源相电压。由于电源相电压对称，因此负载相电压也对称。

（2）各相电流分别为 $\dot{I}_A=\dfrac{\dot{U}_A}{Z}$、$\dot{I}_B=\dfrac{\dot{U}_B}{Z}$、$\dot{I}_C=\dfrac{\dot{U}_C}{Z}$，显然相电流也是对称的。

（3）星形连接线电流等于相电流。

（4）因为各相电流对称，所以中性线电流为 $\dot{I}_N=\dot{I}_A+\dot{I}_B+\dot{I}_C=0$，因此对称三相电路中，中性线不起作用，可以不装设中性线。

（5）各相电压、电流都是和电源电压同相序的对称量。

根据上述特点，对于对称三相电路，只要分析计算三相中的任一相，其他两相的电压、电流就可根据对称性顺序写出。即对称三相电路可归结为一相来计算。在分析计算时，从原三相电路中任意画出一相，然后无论原电路中有无中性线，都将中性点 N′ 与 N 用虚设的、阻抗为零的中性线连起来，如图 2-37（b）所示。对于其他连接方式的对称三相电路，上述归结为一相的计算方法仍然适用。

【例2-10】 图2-38（a）所示对称电路中，电源相电压为220V，负载$Z=(30+j60)$ Ω，求：

（1）各负载相电流、线电流；

（2）若负载改为三角形连接，如图2-38（b）所示，求相电流、线电流。

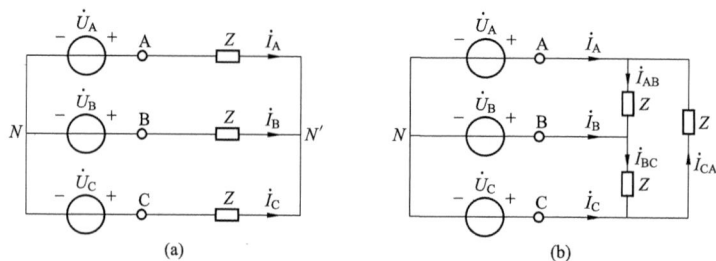

图2-38 ［例2-10］图

解 （1）由于三相电路对称，负载为Y连接，所以负载相电压等于电源相电压。取A相为计算相，设$\dot{U}_A=220\angle0°\text{V}$，则

$$\dot{I}_A = \frac{\dot{U}_A}{Z} = \frac{220\angle0°}{30+j60} = \frac{220\angle0°}{67.08\angle63.43°} = 3.28\angle-63.43°\text{A}$$

由对称性可知

$$\dot{I}_B = 3.28\angle176.57°\text{A}$$

$$\dot{I}_C = 3.28\angle56.57°\text{A}$$

线电流与相电流相同。

（2）三相负载为△连接时，负载相电压等于电源线电压。电源为Y连接，所以

电源侧线电压为　$U_L=\sqrt{3}\times220=380\text{V}$

因此，负载相电压为　　　　　　　$U_P=U_L=380\text{V}$

取AB相进行计算，其相电压

$$\dot{U}_{AB} = 380\angle30°\text{V}$$

则相电流

$$\dot{I}_{AB} = \frac{\dot{U}_{AB}}{Z} = \frac{380\angle30°}{67.08\angle63.43°} = 5.66\angle-33.43°\text{A}$$

由对称性可知

$$\dot{I}_{BC} = 5.66\angle-153.43°\text{A}$$

$$\dot{I}_{CA} = 5.66\angle86.57°\text{A}$$

根据线电流与相电流的关系，可得

$$\dot{I}_A = 5.66\sqrt{3}\angle-63.43° = 9.80\angle-63.43°\text{A}$$

由对称性可知

$$\dot{I}_B = 9.80\angle176.57°\text{A}$$

$$\dot{I}_{\mathrm{C}} = 9.80\angle 56.57°\mathrm{A}$$

2. 不对称三相电路计算

在实际低压供电系统中，三相负载一般是不对称的。因此一般采用Y—Y连接的三相四线制接法。对于不对称的三相负载，其各相电压仍然对称，但各相电流就不再对称了，因此中性线电流不为零，此时就不能省去中性线，否则会影响电路正常工作，甚至造成事故。所以三相四线制中除尽量使负载平衡运行之外，中性线上不准安装保险丝和开关。对于不对称三相电路的分析，可按复杂正弦交流电路的分析方法逐相分别计算。

【例 2 - 11】 图 2 - 39 所示为三相四线制照明供电线路，对称电源线电压为 380V，A、B、C 相分别同时接有 10 盏、30 盏和 50 盏 220V、60W 的白炽灯，求：

(1) 正常工作时的中性线电流。

(2) 中性线突然断开时的各相灯泡端电压。

解 白炽灯等效电阻为

$$R = \frac{U^2}{P} = \frac{220^2}{60} = 806.7\Omega$$

各相等效阻抗分别为

$$R_{\mathrm{A}} = \frac{R}{10} = 80.7\Omega$$

$$R_{\mathrm{B}} = \frac{R}{30} = 26.9\Omega$$

$$R_{\mathrm{C}} = \frac{R}{50} = 16.1\Omega$$

(1) 正常工作时，因为有中性线，故 $\dot{U}_{\mathrm{N'N}} = 0$，各负载相电压对称，且相电压为

$$U_{\mathrm{P}} = \frac{380}{\sqrt{3}}\mathrm{V} = 220\mathrm{V}$$

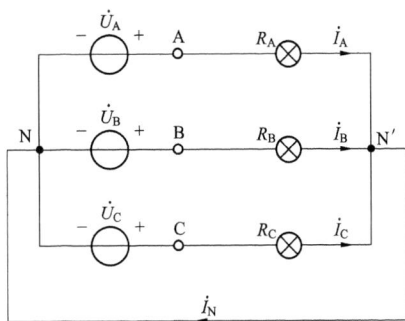

图 2 - 39 ［例 2 - 11］图

设 $\dot{U}_{\mathrm{AN'}} = 220\angle 0°\mathrm{V}$，则

$$\dot{U}_{\mathrm{BN'}} = 220\angle -120°\mathrm{V}$$

$$\dot{U}_{\mathrm{CN'}} = 220\angle 120°\mathrm{V}$$

各相（线）电流分别为

$$\dot{I}_{\mathrm{A}} = \frac{\dot{U}_{\mathrm{AN'}}}{R_{\mathrm{A}}} = \frac{220\angle 0°}{80.7}\mathrm{A} = 2.7\angle 0°\mathrm{A}$$

$$\dot{I}_{\mathrm{B}} = \frac{\dot{U}_{\mathrm{BN'}}}{R_{\mathrm{B}}} = \frac{220\angle -120°}{26.9}\mathrm{A} = 8.2\angle -120°\mathrm{A}$$

$$\dot{I}_{\mathrm{C}} = \frac{\dot{U}_{\mathrm{CN'}}}{R_{\mathrm{C}}} = \frac{220\angle 120°}{16.1} = 13.7\angle 120°\mathrm{A}$$

中性线电流为

$$\dot{I}_{\mathrm{N}} = \dot{I}_{\mathrm{A}} + \dot{I}_{\mathrm{B}} + \dot{I}_{\mathrm{C}} = 9.5\angle 150.2°\mathrm{A}$$

(2) 当中性线突然断开时，根据 KCL，有

$$\dot{I}_{\mathrm{A}} + \dot{I}_{\mathrm{B}} + \dot{I}_{\mathrm{C}} = 0$$

$$\dot{I}_A = \frac{\dot{U}_A - \dot{U}_{N'N}}{R_B}$$

又

$$\dot{I}_B = \frac{\dot{U}_B - \dot{U}_{N'N}}{R_B}$$

$$\dot{I}_C = \frac{\dot{U}_C - \dot{U}_{N'N}}{R_C}$$

将 $\dot{I}_A$、$\dot{I}_B$、$\dot{I}_C$ 的表达式代入 KCL 方程，整理可求得两中性点间电压为

$$\dot{U}_{N'N} = \frac{\frac{\dot{U}_A}{R_A} + \frac{\dot{U}_B}{R_B} + \frac{\dot{U}_C}{R_C}}{\frac{1}{R_A} + \frac{1}{R_B} + \frac{1}{R_C}} = \frac{\frac{220\angle 0°}{80.7} + \frac{220\angle -120°}{26.9} + \frac{220\angle 120°}{16.1}}{\frac{1}{80.7} + \frac{1}{26.9} + \frac{1}{16.1}} = 84.7\angle 149.9° \text{V}$$

各负载端电压分别为

$$\dot{U}_{AN'} = \dot{U}_A - \dot{U}_{N'N} = 296\angle 0° - 84.7\angle 149.9° = 296\angle -8.23° \text{V}$$

$$\dot{U}_{BN'} = \dot{U}_B - \dot{U}_{N'N} = 220\angle -120° - 84.7\angle 149.9° = 236\angle -99° \text{V}$$

$$\dot{U}_{CN'} = \dot{U}_C - \dot{U}_{N'N} = 220\angle 120° - 84.7\angle 149.9° = 153\angle 104° \text{V}$$

从上述计算中可以看出，三相灯泡端电压不对称，有的相电压高于 220V，有的相电压低于 220V，三相负载都不能正常工作。所以，不对称三相负载星形连接，应采用三相四线制形式。此时，各相负载可独立正常工作，如果某一相负载发生故障，另外两相不受任何影响，仍可以正常工作。

四、三相电路的功率

1. 有功功率

三相电路中三相负载吸收的总有功功率等于各相有功功率之和，即

$$P = P_A + P_B + P_C$$
$$= U_A I_A \cos\varphi_A + U_B I_B \cos\varphi_B + U_C I_C \cos\varphi_C \tag{2-106}$$

式中：U_A、U_B、U_C、I_A、I_B、I_C 分别为各相电压与各相电流的有效值；φ_A、φ_B、φ_C 分别为各相负载的阻抗角。

如果三相电路对称，则有

$$P = 3U_P I_P \cos\varphi = \sqrt{3} U_L I_L \cos\varphi \tag{2-107}$$

2. 无功功率

与三相有功功率相似，三相负载的无功功率为

$$Q = Q_A + Q_B + Q_C$$
$$= U_A I_A \sin\varphi_A + U_B I_B \sin\varphi_B + U_C I_C \sin\varphi_C \tag{2-108}$$

如果三相电路对称，则有

$$Q = 3U_P I_P \sin\varphi = \sqrt{3} U_L I_L \sin\varphi \tag{2-109}$$

3. 视在功率

三相电路的视在功率为

$$S = \sqrt{P^2 + Q^2} \tag{2-110}$$

在对称情况下，有

$$S = 3U_PI_P = \sqrt{3}U_LI_L \qquad (2-111)$$

4. 功率因数

三相电路的功率因数为

$$\cos\varphi = \frac{P}{S} \qquad (2-112)$$

【例 2 - 12】 有一台三相电动机，绕组为三角形连接且接于线电压为 380V 的电源上，从电源取用的功率 $P=12$kW，功率因数 $\cos\varphi=0.85$。求：

(1) 电动机的相电流和线电流；

(2) 若电动机改为星形连接，仍接于线电压为 380V 的电源上，那么其相电流、线电流和功率将如何改变？

解 (1) 三角形连接时，电动机绕组的相电压等于线电压。由式 $P=3U_PI_P\cos\varphi$ 可得

$$I_P = \frac{P}{3U_P\cos\varphi} = \frac{12\times10^3}{3\times380\times0.85} = 12.4\text{A}$$

线电流为

$$I_L = \sqrt{3}I_P = \sqrt{3}\times12.4 = 21.4\text{A}$$

(2) 星形连接时，每相绕组相电压为

$$U_P = \frac{U_L}{\sqrt{3}} = \frac{380}{\sqrt{3}} = 220\text{V}$$

即相电压是三角形连接时的 $\dfrac{1}{\sqrt{3}}$，因为相电流 $I_P = \dfrac{U_P}{|Z|}$，且每相阻抗未变，所以相电流也是三角形连接时的 $\dfrac{1}{\sqrt{3}}$，即

$$I_P = \frac{12.4}{\sqrt{3}} = 7.2\text{A}$$

电动机绕组为星形连接时，线电流等于相电流，故线电流为

$$I_L = I_P = 7.2\text{A}$$

功率为

$$P = \sqrt{3}U_LI_L\cos\varphi = \sqrt{3}\times380\times7.2\times0.85 = 4028.1\text{W} \approx 4.0\text{kW}$$

从计算结果可以看出：星形连接时的有功功率是三角形连接时的 $\dfrac{1}{3}$。

习　　题

2 - 1　正弦电流 $i=10\sin(628t+60°)$ A，求电流的有效值 I、频率 f 和初相位 ψ_i。

2 - 2　正弦电压 $u=100\sqrt{2}\sin(314t-60°)$ V，写出其相量式，画出其相量图。

2 - 3　已知 $u=60\sqrt{2}\sin(314t-75°)$ V，$i=10\sin(314t+50°)$ A。求二者的相位差，并说明二者的相位关系。

2 - 4　正弦量的相量图如图 2 - 40 所示，已知：$U=220$V，$I_1=10$A，$I_2=5\sqrt{2}$A，频率 $f=50$Hz。试写出各正弦量的三角函数式及相量式。

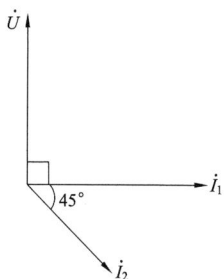

图 2-40　题 2-4 图

2-5　把一个 100Ω 的电阻元件接到频率为 100Hz、电压有效值为 10V 的正弦电源上，通过电阻的电流是多少？如保持电压有效值不变，电源频率改变为 500Hz，则电阻电流是否改变？

2-6　把一个 100mH 的电感元件接到频率为 100Hz、电压有效值为 10V 的正弦电源上，通过电感的电流是多少？如保持电压有效值不变，电源频率改变为 500Hz，则电感电流是否改变？

2-7　一线圈接到 220V 的直流电源时电流为 11A，接在 220V、50Hz 的交流电源上时电流为 5A，试求该线圈的 R、L 值。

2-8　RC 串联的正弦交流电路中，外加电源电压 $u=220\sqrt{2}\sin(314t+60°)$ V，$R=60\Omega$，$C=39.8\mu\text{F}$。求：

(1) Z、$\dot{I}$、$\dot{U}_R$、$\dot{U}_C$；

(2) P、Q、S、$\cos\varphi$；

(3) 画相量图。

2-9　某无源二端网络的端口电压、电流相量（关联参考方向）分别为 $\dot{U}=220\angle30°$V，$\dot{I}=4.4\angle-20°$A。求：

(1) 等值复阻抗 Z；

(2) 最简电路模型；

(3) 说明电路的性质。

2-10　在电阻、电感、电容元件串联的电路中，已知 $R=30\Omega$，$L=127\text{mH}$，$C=40\mu\text{F}$，电源电压 $u=220\sqrt{2}\sin(314t+30°)$ V。求电路中的电流 $\dot{I}$ 及各部分电压 $\dot{U}_R$、$\dot{U}_L$ 和 $\dot{U}_C$。

2-11　如图 2-41 所示电路，$R=30\Omega$，$X_L=40\Omega$，$X_C=50\Omega$，$\dot{U}=220\angle0°$V。求：

(1) $\dot{I}_1$、$\dot{I}_2$ 及 $\dot{I}$；

(2) 电路的等值复阻抗 Z；

(3) 有功功率 P 和无功功率 Q。

2-12　如图 2-42 所示电路，已知 $R=200\Omega$，$C=2.5\mu\text{F}$，$L=0.1\text{H}$，$i_R=\sqrt{2}\sin\omega t$ V，$\omega=2\times10^3\text{rad/s}$。求：

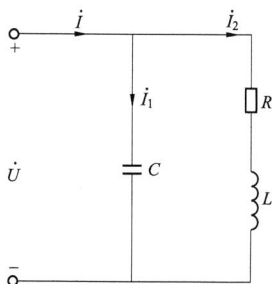

图 2-41　题 2-11 图

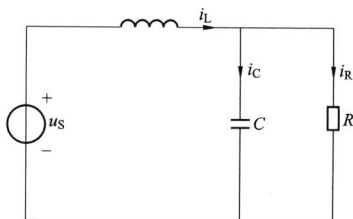

图 2-42　题 2-12 图

(1) $\dot{I}_C$、$\dot{I}_L$及$\dot{U}_S$；

(2) $\cos\varphi$、P。

2-13 将一个 $L=4\text{mH}$，$R=50\Omega$ 的线圈和一只电容器串联，接在 $U=25\text{V}$ 的交流电源上。当电源频率为 200kHz 时电路发生谐振，求：

(1) 电容器的大小；

(2) 此时电路中的电流和电容器上的电压。

2-14 有一盏 40W 的日光灯，使用时灯管与镇流器串联接在 220V 的交流电源上。已知灯管工作时属纯电阻负载，灯管两端的电压等于 110V。此时电路的功率因数是多少？若将功率因数提高到 0.9，应并联多大电容？

2-15 一对称三相正弦交流电源，已知 $u_B=220\sqrt{2}\sin(314t+30°)$ V。试写出：

(1) u_A、u_C 的表达式；

(2) u_A、u_B、u_C 的相量式；

(3) 若三相电源星形连接，写出线电压 $\dot{U}_{AB}$、$\dot{U}_{BC}$、$\dot{U}_{CA}$；

(4) 画出相电压、线电压的相量图。

2-16 在三相四线制电路中，为什么中性线上不允许接入保险丝和开关？

2-17 一三相对称负载 $Z=6+\text{j}8\Omega$ 接成Y形，接于线电压有效值为 380V 的对称三相电源上。求：

(1) 有中性线时负载的相电压、相电流及线电流；

(2) 无中性线时负载的相电压、相电流及线电流；

(3) 无中性线，若 A 相断开时，B、C 相的电压、电流。

2-18 如果将题 2-17 中的负载接成三角形，接于线电压有效值为 220V 的对称三相电源上。试求负载相电压、相电流及线电流，并与题 2-17 结果比较。

2-19 在负载为三角形连接的对称三相电路中，每相负载由 R 和 X_L 串联组成。已知线电压 $\dot{U}_{AB}=380\angle0°\text{V}$，线电流 $\dot{I}_A=6.58\angle-83.1°\text{A}$。求 R、X_L 的数值及三相负载消耗的总功率 P。

2-20 线电压为 380V 的对称三相电源接入一三相交流电动机，电动机各相绕组的额定电压不同，则其接线方式就不同。判断下列两种情况下电动机三相绕组的接线方式。

(1) 每相绕组额定电压为 220V；

(2) 每相绕组额定电压为 380V。

相关知识链接：电磁系、电动系仪表

一、电磁系仪表

电磁系仪表结构有吸引型和推斥型两种形式。现以常用的推斥型测量机构为例，说明其结构与工作原理。

1. 电磁系仪表的结构

推斥型电磁系仪表的结构如图 2-43 所示，它的固定不动部分有圆形线圈和安放在线圈内壁的固定铁片；可动部分包括转轴、指针、弹簧、阻尼簧片及固定在转轴上的可动铁片。

固定铁片与可动铁片是接近的。

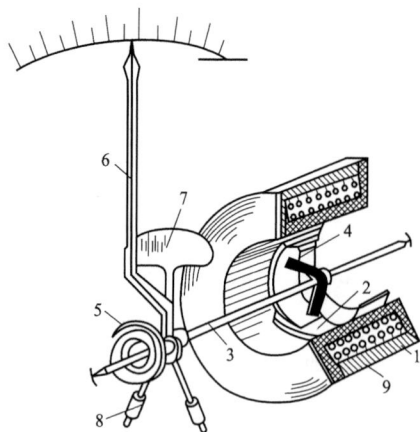

图 2-43　电磁系仪表的结构示意图
1—固定线圈；2—固定铁片；3—转轴；
4—可动铁片；5—游丝；6—指针；
7—阻尼簧片；8—平衡锤；9—磁屏蔽

2. 电磁系仪表的工作原理

当线圈中通有电流时，产生磁场，两铁片均被磁化，同一侧的极性是相同的，因而相互排斥，由于固定铁片不动，因而可动铁片受推斥力作用而带动转轴和指针转动。在线圈通有交流电的情况下，由于两铁片的极性同时改变，因此仍然产生推斥力。所以这种测量机构可以交直流两用。

可以近似地认为，作用在电磁系测量机构的转动转矩 T 是和通入线圈的电流 I 的平方成正比的。若通入的为正弦交流电，则其平均转矩和交流电流有效值的平方成正比，即

$$T = k_1 I^2 \tag{2-113}$$

在转动转矩的作用下，指针发生偏转，同时螺旋弹簧被扭紧而产生阻转矩 T_C，其大小与指针的偏转角 α 成正比，即

$$T_C = k_2 \alpha \tag{2-114}$$

当阻转矩与转动转矩平衡时，指针停止转动，这时有

$$T = T_C \tag{2-115}$$

即

$$\alpha = \frac{k_1}{k_2} I^2 = k I^2 \tag{2-116}$$

由式（2-116）可知，指针的偏转角与直流电流或交流电流的有效值的平方成正比，因此这类仪表的表盘标尺刻度是不均匀的。

推斥型电磁系仪表中产生阻尼力的是空气阻尼器，其阻尼力矩由与转轴相连的翼片在小室中移动而产生。

3. 电磁系仪表的使用

电磁系仪表可以交直流两用，但一般常用来测量交流电压和电流。

电磁系仪表作电流表使用时，其固定线圈可选用截面较大的导线制作，因而可直接测量大电流，但量程通常仍不超过 100A。如果要测量数值较大的交流电流，可配用电流互感器来扩大量程。电磁式电流表不能用分流器扩大量程，这是因为一方面电磁式电流表的电流只通过固定线圈而不通过螺旋弹簧，因此，本身允许通过较大电流；另一方面，交流电流的分配不仅与电阻有关，而且与电感有关，因此分流器很难做得精确。

电磁系仪表作电压表使用时，其固定线圈可选用截面较小的导线制作，且匝数较多，再串联不同的分压电阻后，就制成了不同量程的电压表。要测量数值更高的交流电压，应采用电压互感器来扩大量程。

二、电动系仪表

1. 电动系仪表的结构

电动系仪表的结构如图 2-44 所示。它有两组线圈，即建立磁场的固定线圈和在磁场中偏转的可动线圈。固定线圈分为两个部分，平行排列，这样可以获得均匀的磁场；可动线圈与指针及空气阻尼器的叶片都固定在转轴上，放置在固定线圈的两部分之间，可动线圈中的电流也是通过螺旋弹簧引入的。

2. 电动系仪表的工作原理

固定线圈和可动线圈都必须通入电流。当固定线圈中通有电流 i_1 时，在其内部产生磁场，可动线圈中通入电流 i_2 时，磁场将对电流 i_2 产生电磁力 F，从而使可动线圈受到转矩的作用而发生偏转，指针也随着发生偏转。任何一个线圈中的电流方向发生改变，指针偏转方向就随着改变；两个线圈中的电流同时改变方向，偏转方向不变。因此，电动系仪表可以交直流两用。

当通入两线圈的电流为直流电流时，作用在可动线圈上的转动转矩与两线圈中的电流的乘积成正比，即

$$T = kI_1I_2 \qquad (2-117)$$

当通入两线圈的电流为交流电流时，作用在可动线圈上的转动转矩的瞬时值与两线圈中的电流的瞬时值的乘积成正比。但仪表可动部分的偏转是取决于平均转矩的，其平均转矩为

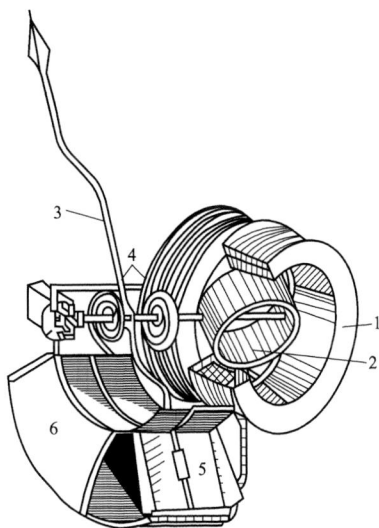

图 2-44 电动系仪表的结构示意图
1—定圈；2—动圈；3—指针；4—游丝；
5—空气阻尼器叶片；6—空气阻尼器外盒

$$T = k'I_1I_2\cos\varphi \qquad (2-118)$$

式中：I_1、I_2 分别为正弦交流电流 i_1 和 i_2 的有效值；φ 为 i_1 和 i_2 之间的相位差。

在转动转矩的作用下，指针发生偏转，同时螺旋弹簧被扭紧而产生阻转矩 T_C，其大小与指针的偏转角 α 成正比，即

$$T_C = k_2\alpha \qquad (2-119)$$

当阻转矩与转动转矩平衡时，指针停止转动，这时有

$$T = T_C \qquad (2-120)$$

即

$$\alpha = kI_1I_2（直流） \qquad (2-121)$$

$$\alpha = kI_1I_2\cos\varphi（交流） \qquad (2-122)$$

3. 电动系仪表的使用

电动系仪表可用在交流或直流电路中测量电流、电压及功率等。

(1) 电动系仪表作电流表使用时，将固定线圈和可动线圈直接串联起来接入被测电路，

就构成了一个简单的电动系电流表，如图 2-45 所示。由于可动线圈电流需经螺旋弹簧引入，因此这种直接串联的电流表只能用于测量 0.5A 以下的电流。如果要测量较大电流，可将两个线圈并联，或给可动线圈并联分流电阻来扩大量程。电动系电流表指针的偏转角与被测电流的平方成正比，因此，其表盘的标尺刻度是不均匀的。其起始部分刻度较密，靠近上量限部分较疏。

（2）电动系仪表作电压表使用时，将固定线圈和可动线圈串联起来后，再和附加电阻串联就构成了一个简单的电动系电压表，如图 2-46 所示。由于线圈的电流与被测电压成正比，因此，电动系电压表指针的偏转角与被测电压的平方成正比，所以其表盘的标尺刻度也是不均匀的。

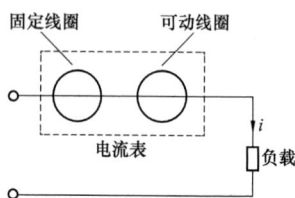

图 2-45 电动系电流表原理图   图 2-46 电动系电压表原理图

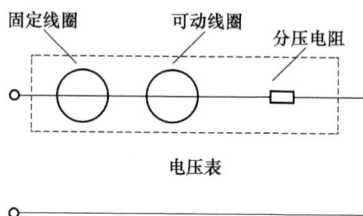

（3）电动系仪表作功率表使用时，其固定线圈与负载串联，可动线圈与附加电阻串联后再与负载并联。因此，通常称固定线圈为电流线圈或串联线圈，可动线圈为电压线圈或并联线圈。在测量线路中，功率表的接线如图 2-47 所示，其中，水平粗实线表示电流线圈，竖细实线表示电压线圈。

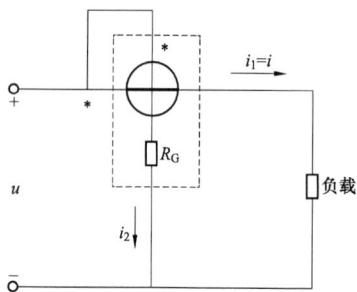

图 2-47 电动系功率表接线原理图

为了防止接线错误而导致功率表反偏，在功率表的电压线圈和电流线圈上各有一端标有相同的记号如"＊"或"±"等，这两端均应连在电源的同一端。否则，指针将反向偏转，不能读出功率的数值。

功率表量程的改变是通过改变其电压量程和电流量程来实现的。改变电压量程的方法和电压表一样，改变串接的分压电阻值即可。电流线圈通常由两个相同的线圈组成，改变其连接方式（串联或并联），即可改变其电流量程，两线圈并联时的量程是串联时的两倍。

电动系功率表可以测量交、直流电路的功率，采取措施后，其标度尺刻度近似均匀。

4. 三相功率的测量

根据三相电路连接方式及负载对称情况的不同，三相负载有功功率的测量可以采用一瓦特表法、两瓦特表法和三瓦特表法来测量。

（1）三瓦特表法。对于三相四线制供电的星形连接三相不对称负载（即 Y0 接法），可用三只瓦特表分别测量各相负载的有功功率 P_A、P_B、P_C，测量电路如图 2-48 所示，则三相

负载的总有功功率为三只瓦特表读数之和，即

$$\sum P = P_A + P_B + P_C$$

（2）一瓦特表法。对于星形连接的对称三相负载，其各相功率相等，因此，只需用一只功率表测量某一相功率即可，则三相总功率等于某一相有功功率的 3 倍。

（3）二瓦特表法。三相三线制供电系统中，不论三相负载是否对称，也不论负载是Y接法还是△接法，都可采用两只瓦特表测量三相负载的总有功功率，测量电路如图 2-49 所示。若两个功率表的读数分别为 P_1、P_2，则三相负载总有功功率 P 等于两只瓦特表读数 P_1 和 P_2 的代数和，即 $P = P_1 + P_2$。

图 2-48 三瓦特表测量三相有功功率

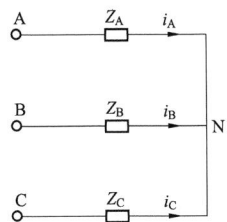

证明：设三相三线制电路中负载为星形连接，如图 2-50 所示。其三相瞬时功率为

$$p = p_A + p_B + p_C = u_A i_A + u_B i_B + u_C i_C$$

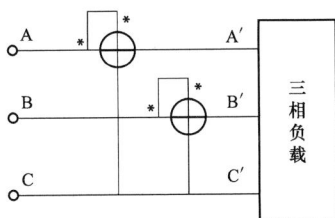

图 2-49 二瓦特表测量三相有功功率　　图 2-50 负载星形连接的三相三线制电路

因为

$$i_A + i_B + i_C = 0$$

所以

$$p = u_A i_A + u_B i_B - u_C (i_A + i_B)$$
$$= (u_A - u_C) i_A + (u_B - u_C) i_C$$
$$= u_{AC} i_A + u_{BC} i_C = p_1 + p_2$$

则三相平均功率为

$$P = \frac{1}{T} \int_0^T p \, dt = \frac{1}{T} \int_0^T (p_1 + p_2) \, dt$$
$$= \frac{1}{T} \int_0^T (u_{AC} i_A + u_{BC} i_C) \, dt$$
$$= U_{AC} I_A \cos\varphi_1 + U_{BC} I_C \cos\varphi_2$$
$$= P_1 + P_2$$

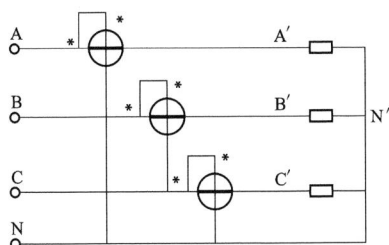

显然，两功率表的读数之和即为三相总功率。

同理可以证明，两只功率表可以接在任意两端线中，其电压线圈的另一端接在没有接电流线圈的第三条端线上即可。

需要说明的是，用两只功率表测三相功率时，每一只功率表的读数没有确定的意义，而两只表读数的代数和是三相负载的总功率。

实操项目二　日光灯电路的安装及功率因数的提高

一、实训目的

(1) 了解日光灯的结构，掌握日光灯电路的工作原理，学会日光灯的安装接线。

(2) 掌握提高感性负载功率因数的方法。

(3) 进一步加深对交流电路中电压、电流相位关系的理解。

(4) 熟悉交流电压表、电流表和功率表的使用。

二、实训器材

(1) 交流电压表、电流表和功率表各一只。

(2) 自耦调压器一台。

(3) 日光灯（40W/220V）一个、镇流器（40W）一个、电容器箱（耐压630V）一个。

(4) 交流电流插头一个、导线若干。

三、实训内容及步骤

1. 实训内容

(1) 日光灯电路的接线及测量。

(2) 功率因数的提高。

2. 实训步骤

(1) 按图2-51组成实训电路。开关S断开，调节自耦变压器的输出电压为220V，观察日光灯的启动过程。测量总电流I、有功功率P、各元件电压、负载电流I_L及$\cos\varphi$，测量结果记入表2-1中。

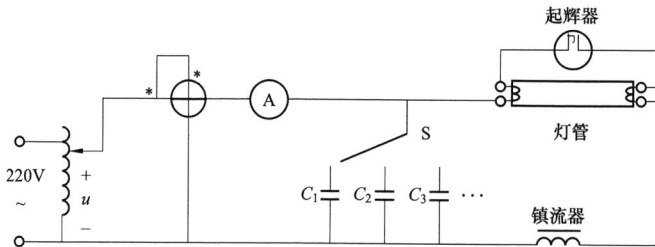

图2-51　日光灯电路实训电路图

(2) 保持自耦变压器的输出电压220V不变，闭合开关S接入电容，从小到大增加电容容量值，测量不同电容值时的总电流I、有功功率P、各元件电压及负载电流I_L、电容器电流I_C及$\cos\varphi$，并记入表2-1中。

表 2 - 1				提高感性负载功率因数实训数据					
$C(\mu F)$	$P(W)$	$U(V)$	$U_C(V)$	$U_L(V)$	$U_D(V)$	$I(A)$	$I_C(A)$	$I_L(A)$	$\cos\varphi$
0									
0.47									
1									
1.47									
2.2									
2.67									
3.2									
3.67									
4.3									
4.77									
5.3									
5.87									
6.5									
7.5									

四、实训注意事项

(1) 本实训用 220V 交流电源，务必注意用电和人身安全。接好实训电路后，必须经指导教师检查后方可通电。

(2) 注意日光灯电路的正确接线，镇流器必须和灯管串联，以免烧坏灯管。接线正确，日光灯仍不能起辉时，应检查起辉器及其接触是否良好。

(3) 注意功率表的正确接线方法：电压线圈并联接入，电流线圈串联接入电路中。

(4) 测试结束后，应先将调压器旋转手柄旋转至零位，再切断交流电源。

(5) 在实训过程中，一直要保持自耦变压器的输出电压为 220V，以便对实训数据进行比较。

实操项目三 三相电路的测量

一、实训目的

(1) 掌握三相负载的星形连接和三角形连接。

(2) 验证星形电路和三角形电路的线电压与相电压，线电流与相电流之间的关系。

(3) 体会三相四线制供电系统中中性线的作用。

(4) 掌握二瓦特表法测量三相电路有功功率的方法。

二、实训器材

(1) 交流电压表、电流表（各一只）和功率表（两只）。

(2) 三相自耦调压器一台。

(3) 三相电路实验板、白炽灯组（220V/25W）若干个。

（4）交流电流插头一个、导线若干。

三、实训内容及步骤

1. 实训内容

（1）测量负载星形连接（有中性线、无中性线）时的电流和电压。

（2）测量负载三角形连接时的电流和电压。

（3）用二瓦特表法测量三相三线制电路的有功功率。

2. 实训步骤

（1）三相负载为星形连接。按图 2-52 所示将白炽灯组连接成星形负载，并接至三相电源。旋转三相调压器的旋转手柄，调节调压器的输出，使输出的三相线电压为 220V。

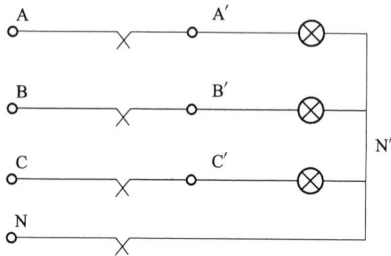

图 2-52 负载星形连接实训电路

1）在有中性线的情况下（即三相四线制），测量三相负载对称和不对称时的各相电流、中性线电流，并测量负载各线电压、相电压和电源中性点 N 到负载中性点 N′ 的电压 $U_{NN'}$，将数据记入表 2-2 中，并观察各灯亮暗程度是否一致，注意观察中性线的作用。

2）在无中性线的情况下（即三相三线制），测量三相负载对称和不对称时的各相电流，各线电压、相电压和 $U_{NN'}$，将数据记入表 2-2 中。

表 2-2　　　　　　　　　　　负载为星形连接时的实训数据

中性线连接	每相灯组数			线电压（V）			相电压（V）			相电流（A）			中性线电流 I_0(A)	中性点间电压 $U_{NN'}$(V)	亮度观察
	A′	B′	C′	$U_{A'B'}$	$U_{B'C'}$	$U_{C'A'}$	$U_{A'N'}$	$U_{B'N'}$	$U_{C'N'}$	I_A	I_B	I_C			
有	1	1	1												
	1	2	1												
	1	1	断												
无	1	1	1												
	1	2	1												
	断	1	1												

（2）三相负载为三角形连接。按图 2-53 改接线路，将白炽灯组连接成三角形，并接至三相电源。调节三相调压器的输出电压，使输出的三相线电压为 220V。测量三相负载对称和不对称时的各相电流、线电流和各相电压，将数据记入表 2-3 中，并记录各灯的亮度。

注意在三相电源出线端分别引入 A、B、C 相电流插口，配合交流电流插头实现对线电流的测量。

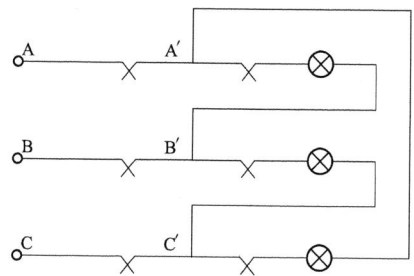

图 2-53 负载三角形连接实验电路

表 2-3			负载为三角形连接时的实训数据								观察亮度
每相灯组数			相电压（V）			线电流（A）			相电流（A）		
$A'-B'$	$B'-C'$	$C'-A'$	$U_{A'B'}$	$U_{B'C'}$	$U_{C'A'}$	I_A	I_B	I_C	$I_{A'B'}$	$I_{B'C'}$	$I_{C'A'}$
1	1	1									
1	2	1									

（3）用二瓦特表法测量三相三线制供电系统中三相负载的有功功率。

1）测量三相灯组负载为星形连接时的功率。将图 2-52 中的中性线断开，再按图 2-54 所示连接电路，检查接线无误后，接通三相电源，调节三相调压器的输出，使线电压为 220V，按表 2-4 的内容进行测量计算，并将数据记入表中。

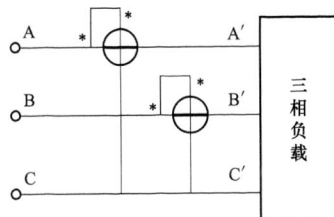

图 2-54 用二瓦特表测量三相有功功率

2）测量三相灯组负载为三角形连接时的功率。将图 2-53 按图 2-54 所示接入两只功率表，检查接线无误后，接通三相电源，调节三相调压器的输出，使线电压为 220V，按表 2-4 的内容进行测量计算，并将数据记入表中。

表 2-4　　　　　　　三相三线制三相负载有功功率实训数据

负载情况	开灯盏数			测量数据		计算值
	A 相	B 相	C 相	P_1（W）	P_2（W）	ΣP（W）
Y 接对称负载	1	1	1			
Y 接不对称负载	1	2	1			
△接对称负载	1	1	1			
△接不对称负载	1	2	1			

四、实训注意事项

（1）本实训采用线电压为 380V 的三相交流电源，经调压器输出线电压为 220V，实训时要注意人身安全，不可触及导电部件，防止意外事故发生。

（2）每次接线完毕，确认正确无误后由指导教师检查后方可接通电源。实训中必须严格遵守"先接线、后通电"，"先断电、后拆线"的安全实验操作规则。

（3）接通三相交流电源之前，三相调压器的旋转手柄必须在 0V 的位置，通电后缓慢地将调压器手柄沿顺时针方向旋转，调节输出电压至所需电压值。实训完毕时应注意先将调压器的旋转手柄转回 0V 的位置，再切断三相电源。

第三章　变压器电动机及其控制电路

变压器和电动机在电能的传输和使用上起着非常重要的作用，它们都是利用磁场来实现能量的转换，而磁场通常是由通电线圈产生，所以在分析研究变压器和电动机的工作原理时既要掌握电路理论，又要具有一定的磁场知识。本章主要介绍变压器和电动机的基本结构、工作原理和运行特性，以及电动机的一些基本电气控制线路。

第一节　交流铁芯线圈及电磁铁

一、交流铁芯线圈

将线圈绕在铁芯上便成为铁芯线圈。根据线圈所接电源的性质，铁芯线圈分为直流铁芯线圈和交流铁芯线圈。

直流铁芯线圈通入直流电时，由于其产生的磁场恒定不变，不会在铁芯线圈中产生感应电动势，也不会在铁芯中产生磁滞和涡流损耗，因而其特性比较简单。

交流铁芯线圈通入交流电时，在铁芯线圈中产生交变的磁通，从而在铁芯线圈中产生感应电动势，同时在铁芯中产生磁滞和涡流损耗，因而其特性比直流铁芯线圈复杂。

下面对交流铁芯线圈进行简单的分析。

1. 电磁关系

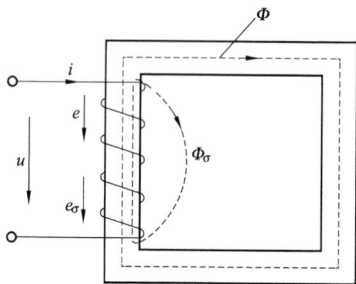

图 3-1　交流铁芯线圈电路

交流铁芯线圈如图 3-1 所示，设线圈匝数为 N，当线圈中通入交流电 i 时，磁动势 $F=Ni$ 将在线圈中产生交变的磁通，其中绝大部分通过铁芯而闭合，这部分磁通称为主磁通 Φ。还有少部分磁通通过空气而闭合，这部分磁通称为漏磁通 Φ_σ。这两部分磁通分别在线圈中产生主磁感应电动势 e 和漏磁电动势 e_σ。这个电磁关系可表述如下：

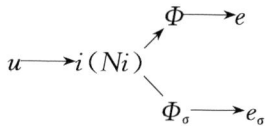

$$u \longrightarrow i(Ni) \begin{array}{c} \nearrow \Phi \longrightarrow e \\ \searrow \Phi_\sigma \longrightarrow e_\sigma \end{array}$$

因为漏磁通主要不通过铁芯，所以漏磁通 Φ_σ 与励磁电流 i 之间可以认为呈线性关系，即铁芯线圈的漏磁电感

$$L_\sigma = \frac{N\Phi_\sigma}{i} = 常数 \tag{3-1}$$

主磁通通过铁芯，所以主磁通 Φ 与励磁电流 i 之间不存在线性关系，即铁芯线圈的主磁电感 L 不是一个常数。因此，铁芯线圈是一个非线性电感元件。

2. 电压电流关系

由基尔霍夫电压定律可得铁芯线圈交流电路的电压、电流关系方程，即

$$u = Ri + (-e) + (-e_\sigma) = Ri + (-e) + L_\sigma \frac{\mathrm{d}i}{\mathrm{d}t} \qquad (3-2)$$

当交流电为正弦量时，式 (3-2) 可用相量表示为

$$\dot{U} = R\dot{I} + (-\dot{E}) + \mathrm{j}X_\sigma\dot{I} \qquad (3-3)$$

其中，$X_\sigma = \omega L_\sigma$，称为漏磁感抗，它是由漏磁通 Φ_σ 引起的；R 是铁芯线圈的电阻。

一般情况下，线圈的电阻 R 和漏磁通 Φ_σ 均较小，因而其上的电压降也较小，与主磁电动势比较起来，可以忽略不计。于是

$$\dot{U} \approx -\dot{E} \qquad (3-4)$$

设主磁通 $\Phi = \Phi_\mathrm{m}\sin\omega t$，则

$$e = -N\frac{\mathrm{d}\Phi}{\mathrm{d}t} = -N\frac{\mathrm{d}(\Phi_\mathrm{m}\sin\omega t)}{\mathrm{d}t} = -N\omega\Phi_\mathrm{m}\cos\omega t$$

$$= 2\pi f N\Phi_\mathrm{m}\sin(\omega t - 90°) = E_\mathrm{m}\sin(\omega t - 90°) \qquad (3-5)$$

式中，$E_\mathrm{m} = 2\pi f N\Phi_\mathrm{m}$，是主磁电动势 e 的幅值，它的有效值 E 为

$$E = \frac{E_\mathrm{m}}{\sqrt{2}} = \frac{2\pi f N\Phi_\mathrm{m}}{\sqrt{2}} = 4.44 f N\Phi_\mathrm{m} \qquad (3-6)$$

于是，有

$$U \approx E = 4.44 f N\Phi_\mathrm{m} \qquad (3-7)$$

式 (3-7) 是分析变压器、交流电机等电器设备常用的重要公式。

3. 功率损耗

交流铁芯线圈中的功率损耗 ΔP 包括铜损耗 ΔP_cu 和铁损耗 ΔP_Fe 两部分。铜损耗 ΔP_cu 是指线圈电阻上的损耗功率，其大小为 $\Delta P_\mathrm{cu} = I^2 R$；铁损耗 ΔP_Fe 是指铁芯中的磁滞和涡流损耗。

(1) 磁滞损耗。在铁磁材料的内部存在许多磁化小区，称为磁畴，每个磁畴就像一块小磁铁。在无外磁场作用时，各个磁畴排列混乱，对外不显示磁性。在外磁场的作用下，磁畴逐渐转向外磁场的方向，呈有规则的排列，显示出很强的磁性。在交流磁场中，铁芯被反复磁化，磁性材料内部的磁畴反复取向排列产生功率损耗，并使铁芯发热，这种损耗就是磁滞损耗。

可以证明：在交流电的频率一定时，磁滞损耗与磁滞回线所包围的面积呈正比。因此，为了减小涡流损耗，应选用磁滞回线狭小的磁性材料制造铁芯。硅钢就是变压器和电机中常用的铁芯材料，它的磁滞损耗较小。

(2) 涡流损耗。磁性材料的铁芯既能导磁又能导电，当铁芯中有交变的磁通穿过时，在铁芯中也会产生感应电动势和感应电流，这种感应电流称为涡流，如图 3-2 (a) 所示。它在垂直于磁通方向的平面内呈漩涡状流动，涡流的存在使铁芯发热，造成功率损耗，这种损耗就是涡流损耗。

可以证明，涡流损耗与电源频率、最大磁感应强度成正比，且与铁芯材料的形状及磁导率等因数有关。为了减小涡流损耗，交流磁路的铁芯用很薄的涂有绝缘漆的硅钢片叠压而

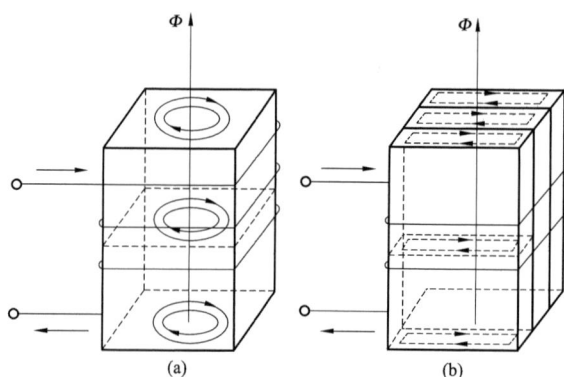

图 3-2　铁芯中的涡流
(a) 整块铁芯中的涡流；(b) 硅钢片中的涡流

成，大大减小了涡流和涡流损耗，如图 3-2（b）所示。

涡流在有些场合也有有用的一面，比如中频感应加热炉就是利用涡流来进行金属的冶炼的。

二、电磁铁

电磁铁是利用通电的铁芯线圈吸引衔铁或保持某种机械零件、工件于固定位置的一种电器。其基本工作原理是利用载流铁芯线圈产生的电磁吸力带动其他机械装置产生联动，实现控制要求。

电磁铁主要由线圈、铁芯及衔铁三部分组成。铁芯和衔铁一般用软磁材料制成，铁芯一般是静止的，线圈总是装在铁芯上，开关电器的电磁铁的衔铁上还装有弹簧。常见电磁铁的结构形式如图 3-3 所示。

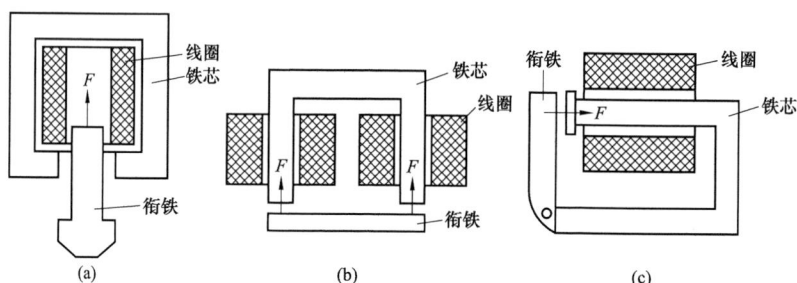

图 3-3　电磁铁的几种结构形式

当线圈通电后，铁芯和衔铁被磁化，成为极性相反的两块磁铁，它们之间产生电磁吸力。当电磁吸力大于弹簧的反作用力时，衔铁开始向着铁芯方向运动。当线圈中的电流为零或小于某一定值时，电磁吸力小于弹簧的反作用力，衔铁将在弹簧的作用下返回原来的释放位置。

电磁铁根据使用电源类型分为直流电磁铁和交流电磁铁。

1. 直流电磁铁

直流电磁铁用直流电源来励磁，直流电磁铁的磁通不变，在铁芯中不会产生感应电动势，无铁损耗，铁芯用整块软钢制成，其电磁吸力为

$$F = \frac{10^7}{8\pi} \frac{\Phi^2}{S} \tag{3-8}$$

在吸合过程中，直流电流不变，但磁阻减小，因此磁通增大，电磁吸力也增大。

2. 交流电磁铁

交流电磁铁用交流电源来励磁，由于磁通是交变的，因此除了在线圈电阻上产生损耗外，在铁芯中也要产生磁滞损耗和涡流损耗。为了减小铁损，交流电磁铁的铁芯由硅钢片叠成。

交流电磁铁的励磁电流是交变的，它所产生的磁场也是交变的，因此电磁力的大小也是交变的。

设电磁铁空气隙处的磁通为 $\Phi = \Phi_m \sin\omega t$，则交流电磁铁的电磁吸力为

$$f = \frac{1}{2}F_m - \frac{1}{2}F_m \cos 2\omega t \tag{3-9}$$

式中，$F_m = \dfrac{10^7}{8\pi} \dfrac{\Phi_m^2}{S}$ 为电磁吸力的最大值。在计算时只考虑吸力的平均值，其平均值为

$$F = \frac{1}{T}\int_0^T f \mathrm{d}t = \frac{1}{2}F_m = \frac{10^7}{16\pi} \frac{\Phi_m^2}{S} \tag{3-10}$$

由式（3-9）可知，交流电磁铁的电磁吸力是脉动的，其值在零与最大值 F_m 之间脉动，如图3-4所示。因而衔铁以两倍电源频率在颤动，引起噪声，同时触点容易损坏。为了消除这种现象，可在磁极的部分端面上套一个短路环以减弱振动，如图3-5所示。由于磁通是交变的，在短路环上便产生感应电流，以阻碍磁通的变化，从而使两部分磁极中的磁通 Φ_1 与 Φ_2 之间产生一相位差，所以磁极各部分的吸力就不会同时为零，从而减弱了衔铁的振动及噪声。

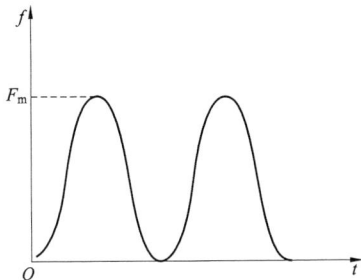

图 3-4　交流电磁铁的电磁吸力

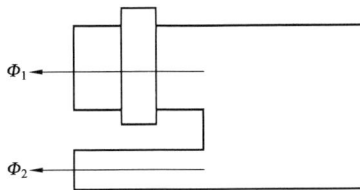

图 3-5　交流电磁铁的短路环

由式（3-10）可知，交流电磁铁在吸合衔铁的过程中，电磁吸力的平均值也基本不变。因为在外加电源电压一定的条件下，交流磁路中磁通的最大值基本不变，即 $\Phi_m = \dfrac{U}{4.44fN}$。但随着气隙的减小以致消失，磁路的磁阻显著减小，磁动势也必然减小，所以吸合后的励磁电流要比吸合前显著减小。因此，交流电磁铁在工作时衔铁和铁芯之间一定要吸合好，否则线圈中会长期通过较大电流而过热烧毁。另外，交流电磁铁也不宜过分频繁操作。

第二节　变　压　器

变压器是一种利用电磁感应进行电能传递的静止电气设备，它可以实现同频率交流电的电压、电流和阻抗的变换，在电力系统和电子线路中应用广泛。

在输电方面，为了减小电能在传输过程中的损耗，需要利用变压器提高送电电压。在用电方面，为了保证用电的安全和合乎用电设备的电压要求，还要利用变压器将电压降低，并进行电能的分配。在电子线路中，除用于电源变压器外，还可用来耦合电路、传递信号和实现阻抗匹配等。此外，还有一些特殊的变压器，如自耦变压器、互感器及各种专用变压器（用于电焊、电炉及整流）等。

变压器的种类很多，但其基本结构和工作原理是类似的。

一、变压器的结构

变压器的主要组成部分是铁芯和绕组，两部分合称器身。除此之外，还有一些其他的配套结构部件。

1. 铁芯

铁芯是变压器的主磁路，又是它的机械骨架。铁芯由铁芯柱及连接铁芯柱的铁轭两部分组成，铁芯柱上套装绕组，铁轭的作用是使整个磁路闭合。为了提高磁路的导磁性能和减小磁滞和涡流损耗，铁芯采用0.35mm厚的涂有绝缘漆的硅钢片叠成。

按照铁芯的构造型式，变压器可分为心式和壳式两种。心式铁芯呈"口"字形，线圈包着铁芯，如图3-6（a）所示。功率大的变压器多采用心式结构，以减小铁芯体积，节省材料。壳式铁芯呈"日"字形，铁芯包着线圈，如图3-6（b）所示。小型变压器采用壳式结构，可省去专门的保护包装外壳。

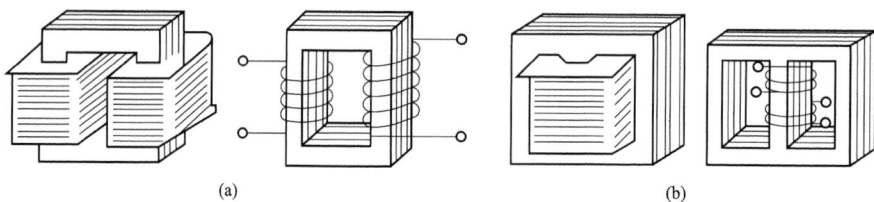

图3-6　变压器的铁芯类型
（a）心式；（b）壳式

2. 绕组

绕组是变压器的电路部分，由绝缘铜线或铝线绕制而成。通常变压器至少有两组绕组（也有三组），电压高的称为高压绕组，电压低的称为低压绕组。根据高、低压绕组在铁芯柱上排列方式的不同，变压器绕组可分为同心式和交叠式两种。同心式的高、低压绕组同心地套在铁芯柱上，为了便于绝缘，通常低压绕组靠近铁芯，高压绕组放在外面，中间用绝缘纸筒隔开，如图3-7（a）所示。这是因为低压绕组和铁芯间所需的绝缘比较简单。绝缘是变压器制造的主要问题，线圈的匝间和层间都要绝缘良好，线圈和铁芯以及不同线圈之间更要绝缘良好。交叠式的高低压绕组绕成饼状，沿铁芯轴向交叠放置，一般两端靠近铁轭处放置低压绕组,有利于绝缘,如图3-7(b)所示。

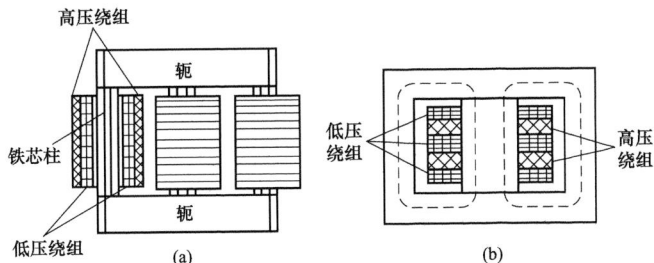

图3-7 变压器的绕组类型

(a)同心绕组;(b)交叠绕组

3.其他配套构件

变压器除了铁芯和绕组等主要部件外,还有其他一些部件,如油浸式变压器还有油箱、变压器油、散热油管、储油柜、分接开关、绝缘套管、继电保护装置等附属部件。

二、变压器的工作原理

下面以单相变压器为例介绍变压器的工作原理。

单相变压器只有两个绕组,其中与电源相连的绕组称为一次绕组,与负载相连的绕组称为二次绕组。图3-8所示为单相变压器的结构示意图和电路符号。图中,设变压器一次绕组匝数为N_1,二次绕组匝数为N_2。

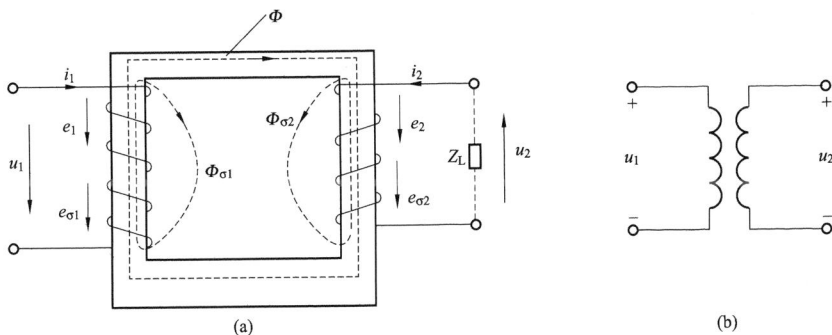

图3-8 单相变压器的结构示意图与电路符号

(a)结构示意图;(b)电路符号

当一次绕组接入交流电压u_1时,一次绕组中便有交流电流i_1流过,一次绕组的磁动势$N_1 i_1$产生的磁通绝大部分通过铁芯而闭合,并在二次绕组中产生感应电动势;如果二次绕组接有负载,二次绕组中便有电流i_2通过,二次绕组的磁动势$N_2 i_2$产生的磁通绝大部分也通过铁芯而闭合。因此,铁芯中的磁通是由一、二次绕组的磁动势共同产生的合成磁通,称为主磁通,用Φ表示。主磁通分别在一次绕组和二次绕组中产生主磁感应电动势e_1、e_2。此外,一次、二次绕组的磁动势还分别产生沿绕组和空气闭合的漏磁通$\Phi_{\sigma1}$和$\Phi_{\sigma2}$,漏磁通在各自的绕组中分别产生漏磁感应电动势$e_{\sigma1}$和$e_{\sigma2}$。

下面分别讨论变压器的电压变换、电流变换及阻抗变换特性。

1. 电压变换

设一次绕组和二次绕组中各电压、电流、感应电动势的参考方向如图 3-8 所示。

一次绕组的电压方程与铁芯线圈电压方程相似，根据式（3-7），有

$$U_1 \approx E_1 = 4.44 f N_1 \Phi_{\mathrm{m}} \qquad (3-11)$$

类似的，二次绕组的电压方程为

$$e_2 + e_{\sigma 2} = R_2 i_2 + u_2 \qquad (3-12)$$

用相量表示，则为

$$\dot{E}_2 = R_2 \dot{I}_2 + (-\dot{E}_{\sigma 2}) + \dot{U}_2 = R_2 \dot{I}_2 + \mathrm{j} X_2 \dot{I}_2 + \dot{U}_2 \qquad (3-13)$$

式中：R_2 和 $X_2 = \omega L_{\sigma 2}$ 分别为二次绕组的电阻和感抗。感应电动势 e_2 的有效值为 $E_2 = 4.44 f N_2 \Phi_{\mathrm{m}}$。

当变压器空载时，$\dot{I}_2 = 0$，则有

$$\dot{E}_2 = \dot{U}_{20} \qquad (3-14)$$

式中：$\dot{U}_{20}$ 为空载时二次绕组的端电压。

据此可以得到变压器的电压变换关系为

$$\frac{U_1}{U_{20}} \approx \frac{E_1}{E_2} = \frac{N_1}{N_2} = K \qquad (3-15)$$

式中：K 为变压器的变比，即一次、二次绕组的匝数比。显然，当电源电压 U_1 一定时，改变匝数比即可改变二次电压 U_2。

当变压器有载时，由于二次绕组的电阻压降和漏电动势也较小，因此有

$$U_2 \approx E_2 = 4.44 f N_2 \Phi_{\mathrm{m}} \qquad (3-16)$$

此时仍然有

$$\frac{U_1}{U_2} \approx \frac{E_1}{E_2} = \frac{N_1}{N_2} = K \qquad (3-17)$$

由此可知，不论变压器空载还是有载，一次、二次绕组的电压比均约等于匝数比 K，这就是变压器的电压变换作用。变比在变压器的铭牌上注明，它表示一次、二次绕组的额定电压之比。所谓二次绕组的额定电压是指一次绕组加上额定电压时二次绕组的空载电压。由于变压器有内阻抗电压降，二次绕组的空载电压一般较满载时高 5%～10%。

2. 电流变换

由 $U_1 \approx E_1 = 4.44 f N_1 \Phi_{\mathrm{m}}$ 可知，当电源电压 U_1 和频率 f 不变时，E_1 和 Φ_{m} 也基本不变。因此，有负载时产生主磁通的一次、二次绕组的合成磁动势（$i_1 N_1 + i_2 N_2$）和空载时的磁动势 $i_0 N_1$ 基本相等，即

$$i_1 N_1 + i_2 N_2 \approx i_0 N_1 \qquad (3-18)$$

用相量形式表示为

$$\dot{I}_1 N_1 + \dot{I}_2 N_2 \approx \dot{I}_0 N_1 \qquad (3-19)$$

变压器的空载电流 i_0 是励磁用的，用来建立主磁通 Φ_{m}。由于铁芯的磁导率较高，因此空载电流是很小的。它的有效值 I_0 在一次绕组额定电流 $I_{1\mathrm{N}}$ 的 10% 以内，可忽略不计。于是式（3-19）可简化为

$$\dot{I}_1 N_1 \approx -\dot{I}_2 N_2 \qquad (3-20)$$

据此可以得到变压器的电流变换关系为

$$\frac{I_1}{I_2} \approx \frac{N_2}{N_1} = \frac{1}{K} \tag{3-21}$$

式（3-21）表明，变压器一次、二次绕组的电流之比近似等于它们的匝数比的倒数。当负载增加时，二次绕组的电流 I_2 和磁动势 $I_2 N_2$ 随着增加，则一次绕组的电流 I_1 和磁动势 $I_1 N_1$ 也必须相应增大，以抵偿二次绕组的电流和磁动势对主磁通的影响，从而维持主磁通的最大值基本不变。

3. 阻抗变换

如果在变压器的二次侧接有负载 Z_L，如图 3-9 所示，则有

$$\frac{U_2}{I_2} = |Z_L| \tag{3-22}$$

则从一次侧看进去的等效阻抗 Z' 为

$$|Z'| = \frac{U_1}{I_1} = \frac{KU_2}{I_2/K} = K^2 \frac{U_2}{I_2} = K^2 |Z_L| \tag{3-23}$$

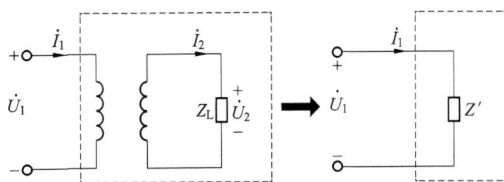

图 3-9　负载阻抗的等效变换

式（3-23）表明，负载阻抗模 $|Z_L|$ 折算到一次侧的等效阻抗模 $|Z'|$ 的大小与匝数比的平方呈正比。因此，在电子电路中，常利用变压器的阻抗变换作用来实现阻抗匹配，即利用阻抗变换使负载阻抗与信号源内阻相同，使负载上得到最大的输出功率。

三、变压器的额定值

每台变压器上都有铭牌，上面标明变压器的型号、额定值等技术参数。

型号表示变压器的结构特点、额定容量和高压侧电压等级。如变压器型号 S7-315/10 的含义为：S 表示三相，7 为设计序号，315 表示变压器的额定容量为 315kVA，10 表示变压器高压侧额定电压为 10kV。

额定值是指生产厂商按照国家标准，能使变压器正常工作的允许参数。变压器的额定值主要有以下几个。

1. 额定电压 U_{1N}/U_{2N}

额定电压是根据变压器的绝缘强度和允许温升所规定的。U_{1N} 是指一次侧外加额定电压。U_{2N} 是指一次侧外加额定电压 U_{1N} 时，二次侧的空载电压。对于三相变压器来说，额定电压均指线电压。额定电压的单位为 V 或 kV。

2. 额定电流 I_{1N}/I_{2N}

额定电流是根据变压器的允许温升所规定的。I_{1N} 是指一次绕组额定电流，I_{2N} 是指二次绕组额定电流。对于三相变压器来说，额定电流均指线电流。额定电流的单位为 A 或 kA。

3. 额定容量 S_N

额定容量 S_N 是变压器在额定工况下输出的视在功率，单位为 VA 或 kVA。

额定电压、额定电流、额定容量间的关系为

单相变压器　　　　　　　　$$S_N = U_{1N} I_{1N} = U_{2N} I_{2N} \tag{3-24}$$

三相变压器　　　　　　　　$$S_N = \sqrt{3} U_{1N} I_{1N} = \sqrt{3} U_{2N} I_{2N} \tag{3-25}$$

四、变压器的外特性和效率

1. 外特性

当一次绕组电压 U_1 和负载功率因数 $\cos\varphi_2$ 一定时,二次绕组电压 U_2 与负载电流 I_2 的关系称为变压器的外特性,即 $U_2 = f(I_2)$。图 3-10 所示为变压器的外特性曲线。由图可知,变压器的输出电压 U_2 随负载电流 I_2 的增大而略有降低,下降的程度与负载的功率因数有关。下降的原因是因为一、二次绕组有一定的内阻抗压降,它随负载电流的增大而增大,从而使输出电压降低。

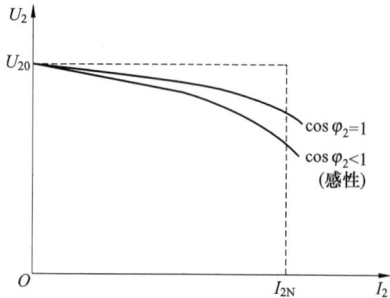

图 3-10 变压器的外特性

变压器二次绕组输出电压随负载变化的程度用电压调整率 ΔU 来描述。电压调整率定义为:从空载到满载 $(I_2 = I_{2N})$ 二次绕组电压变化的数值与空载电压比值的百分数,即

$$\Delta U = \frac{U_{20} - U_2}{U_{20}} \times 100\% \qquad (3-26)$$

电力变压器的电压调整率一般为 $2\% \sim 3\%$。电压调整率是变压器的一个重要的运行性能指标,它的大小反映了变压器输出电压的稳定程度。

2. 效率

变压器的输出功率 P_2 和输入功率 P_1 是不等的,这是因为变压器自身也要消耗功率,变压器的功率损耗包括两部分,即铁损耗 ΔP_{Fe} 和铜损耗 ΔP_{Cu}。铜损耗是一次、二次绕组流过电流时产生的损耗,与负载的大小有关;铁损耗是交变的主磁通反复穿过铁芯时引起的损耗,它包括磁滞损耗和涡流损耗两部分,当电源电压不变时,主磁通的幅值是基本不变的,因此只与主磁通幅值有关的铁损耗也是不变的。

变压器的效率是指输出功率 P_2 与输入功率 P_1 的比值,用 η 表示,即

$$\eta = \frac{P_2}{P_1} \times 100\% = \frac{P_2}{P_2 + \Delta P_{Cu} + \Delta P_{Fe}} \times 100\% \qquad (3-27)$$

变压器的效率不是一个常数,它随负载的变化而变化。效率与负载的关系曲线如图 3-11 所示。由图可知,当负载在 50% 额定负载以上时效率较高,且变化平缓,在 75% 额定负载左右,效率达到最大值。故变压器运行时不宜负载过轻,长期空载时应断开电源。大型电力变压器的效率可高达 $98\% \sim 99\%$。

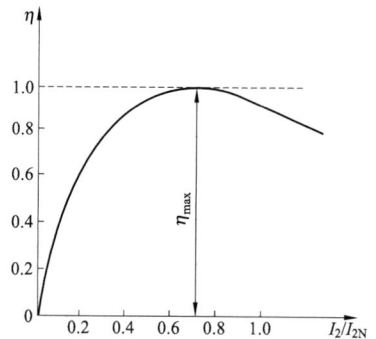

图 3-11 变压器效率曲线

五、其他类型的变压器

1. 三相变压器

由于三相变压器比总容量相同的三个单相变压器成本低、占地少,因此电力变压器一般都采用三相变压器。三相变压器的工作原理与单相变压器的基本相同。其结构示意图如图 3-12 所示。三相变压器的一次绕组和二次绕组,都有三个绕组,它们可以分别接成星形和三角形,如图 3-13 所示。星形连接用 Y(y) 表示,三角形连接用 D(d) 表示。因此,三相变压器的绕组共有四种连接方式:Yy,Yd,Dy,Dd。其中第一个字符表示

高压绕组的接法，第二个字符表示低压绕组的接法。我国现在通常采用 Yyn、Yd 及 YNd 三种连接方式。其中 YN、yn 表示星形连接，且在中性点处有中性线引出。

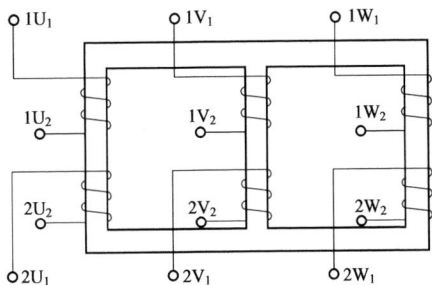

图 3-12　三相变压器的结构示意图

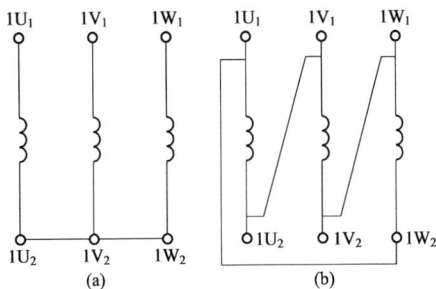

图 3-13　三相变压器绕组的接法
(a) 星形连接；(b) 三角形连接

2. 自耦变压器

前面介绍的变压器均为双绕组变压器，其特点是每相都有彼此绝缘的高、低压两个绕组。而自耦变压器只有一个绕组，一次、二次绕组共用一个绕组，二次绕组是一次绕组的一部分，其原理图和外形图如图 3-14 所示。一次、二次绕组电压之比、电流之比与双绕组变压器相同，即

$$\frac{U_1}{U_2} = \frac{N_1}{N_2} = K, \quad \frac{I_1}{I_2} = \frac{N_2}{N_1} = \frac{1}{K} \tag{3-28}$$

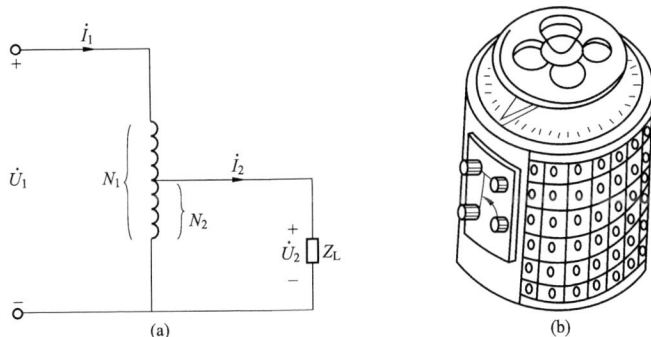

图 3-14　自耦变压器
(a) 原理图；(b) 外形图

自耦变压器的电压变比 K 较小，一般为 $1.25 \sim 2$，在传输的功率中，一部分是一、二次绕组间的电磁感应分量，另一部分是一、二次绕组电路直接传输的分量。因此，在同等容量的条件下，自耦变压器比普通变压器体积小、结构简单、损耗小、效率高。但自耦变压器的安全性较差，因为低压电路和高压电路直接有电的联系，一旦在共用绕组上发生断线，则一次侧的高压将全部加在负载上，使负载承受高压，容易发生触电事故。实际工作中变比很大的电力变压器（$K \geqslant 2.5$）和输出电压为 12V、36V 的安全灯变压器都不采用自耦变压器。

实验室中常用的调压器就是一种可改变二次绕组匝数的自耦变压器。

3. 仪用互感器

仪用互感器是专供仪表使用的特殊变压器，它包括电压互感器和电流互感器。互感器的作用是可以将待测的高电压或大电流按比例缩小，以便于测量，因为当实际电路中的电压、电流较大时，通常测量仪表的量程是不够的。此外，它还可以将测量仪表与高压电路隔开，以保证人身和设备的安全。仪用互感器与普通变压器的工作原理相同，但仪用互感器的损耗小，变比精确。

电压互感器的结构和用法与普通变压器相似，如图 3-15（a）所示。一次绕组并联在待测负载两端，二次绕组接有电压表，且一次绕组匝数大于二次绕组匝数。其一次、二次绕组的电压之比

$$\frac{U_1}{U_2} = \frac{N_1}{N_2} = K_U$$

即

$$U_1 = K_U U_2 \tag{3-29}$$

式中：$K_U = \dfrac{N_1}{N_2}$ 称为电压互感器的电压变比。电压表测得的电压 U_2 乘以 K_U 即为一次电压 U_1。$U_2 \ll U_1$，为了与电压表配套，电压互感器的二次额定电压设计为 100V。

在使用电压互感器时，二次绕组不允许短接，以免电流过大而烧坏绕组。

电流互感器的用法如图 3-15（b）所示。一次绕组串联在待测回路中，二次绕组与电流表或其他仪表及继电器的电流线圈相连接。一次绕组匝数很少（只有一匝或几匝），二次绕组匝数较多。其一次、二次绕组电流之比

$$\frac{I_1}{I_2} = \frac{N_2}{N_1} = K_I$$

即

$$I_1 = K_I I_2 \tag{3-30}$$

式中：$K_I = \dfrac{N_2}{N_1}$ 称为电流互感器的电流变比。电流表测得的电流 I_2 乘以 K_I 即为一次电流 I_1。$I_2 \ll I_1$，为了与二次仪表配套，电流互感器的二次额定电流设计为 5A 或 1A。

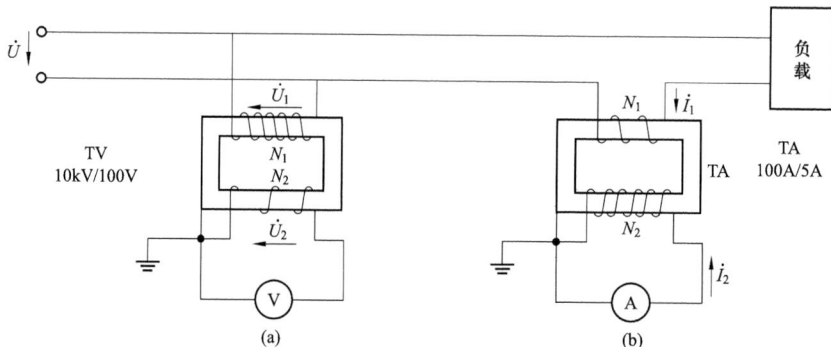

图 3-15　仪用互感器的接线

（a）电压互感器；（b）电流互感器

在使用电流互感器时，二次绕组电路是不允许断开的。这是因为它的一次绕组电流 I_1 的大小决定于负载的大小，不是决定于二次绕组电流 I_2 的大小。当二次绕组电路断开时，

二次绕组电流和磁动势立即消失，但是一次绕组电流未变。这时铁芯内的主磁通全部由一次绕组的磁动势 $N_1 I_1$ 产生，使铁芯内产生很强的磁通，从而在二次绕组中产生过高的感应电动势而发生危险，同时也使铁损耗大大增加，使铁芯发热到不能容许的程度。

此外，为了防止互感器一、二次绕组间因绝缘损坏而发生危险，要求铁芯及二次绕组的一端必须接地。

第三节　电　动　机

电动机的作用是把电能转换成机械能，从而拖动各种生产机械的运动。按照电源的种类电动机分交流电动机和直流电动机两大类。交流电动机可分为异步电动机和同步电动机，异步电动机又可分为三相异步电动机和单相异步电动机。三相异步电动机由于具有结构简单、运行可靠、维修方便、价格低廉等优点，被广泛应用于工业生产中。

本节仅介绍三相交流异步电动机。

一、三相异步电动机的结构

三相异步电动机由定子和转子两部分组成，两部分中间存在气隙，如图 3-16 所示。

1. 定子

定子是电动机的静止部分，由定子铁芯、定子绕组和机座构成。

机座用来固定和支撑定子铁芯，并承受运行过程中的各种电磁力，一般用铸铁或钢板制成。

定子铁芯是电动机磁路的一部分。铁芯一般用表面涂有绝缘漆的硅钢片冲叠而成，以减小铁芯中的损耗。铁芯内周均匀开槽，用以嵌放定子绕组。

定子绕组是定子的电路部分，其作用是接入三相交流电源，产生旋转磁场。定子绕组由三个对称绕组组成，分别称为 U 相绕组、V 相绕组和 W 相绕组，每相绕组的两个接线端子分别引到机座外壳的接线盒中，首端用 1 标记，末端用 2 标记。使用时，根据电源电压和电动机额定电压，定子绕组可作星形或三角形连接，如图 3-17 所示。

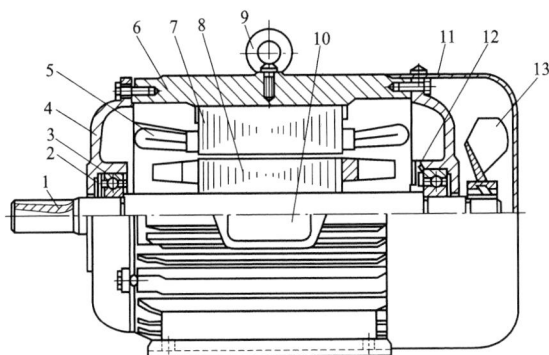

图 3-16　三相笼型异步电动机的结构

1—轴；2—弹簧片；3—轴承；4—端盖；5—定子绕组；
6—机座；7—定子铁芯；8—转子铁芯；9—吊攀；
10—接线盒；11—风罩；12—轴承内盖；13—风扇

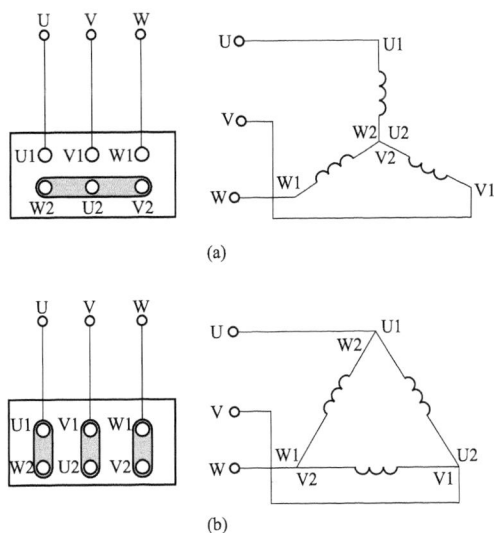

图 3-17　定子三相绕组的连接
(a) 星形连接；(b) 三角形连接

2. 转子

转子是电动机的旋转部分，由转子铁芯、转子绕组和转轴等主要部件组成。

转子铁芯也是电动机磁路的一部分。转子铁芯为圆柱形，固定在转轴或转子支架上，铁芯也用表面涂有绝缘漆的硅钢片冲叠而成，外圆周均匀开槽，用以嵌放转子绕组。

转子绕组是转子的电路部分，其作用是产生感应电动势、流过感应电流、形成电磁转矩。转子绕组有两种结构：笼型转子和绕线型转子。

笼型转子：在转子铁芯的槽中放置铜条或浇铸铝液，其两端用端环连接，就形成转子绕组。如果抽掉转子铁芯，导条和短路环的形状就像一个笼子，因此称为笼型转子，如图 3 - 18 所示。

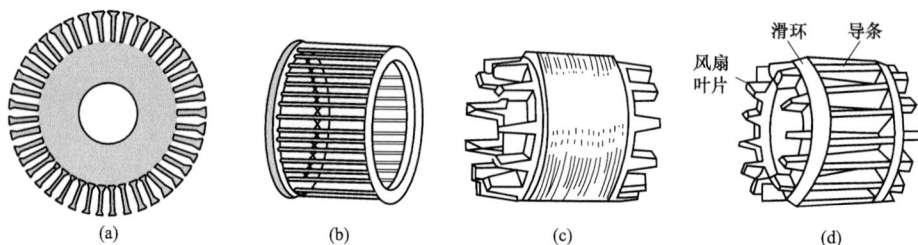

图 3 - 18　笼型转子

(a) 转子冲片；(b) 铜排转子；(c) 转子铁芯；(d) 铸铝转子

绕线型转子：与定子绕组一样也是三相对称绕组。但只能连接成星形，其首端连接到三个固定在轴上的滑环上，再通过电刷与外电路星形连接的三相变阻器相连，如图 3 - 19 所示，来改善电动机的启动和调速性能。

二、三相异步电动机的转动原理

三相异步电动机接上三相电源后，电动机就会转动。为了说明其转动原理，先来看下面的演示试验。

图 3 - 20 所示是一个装有手柄的蹄形磁铁，磁极间放有一个可以自由转动的、由铜条组成的笼型转子，磁极和转子之间没有任何机械联系。当摇动磁极时，发现转子跟着磁极一起同方向转动，摇得快，转子转得也快；摇得慢，转子转得也慢；反摇，转子马上反转。

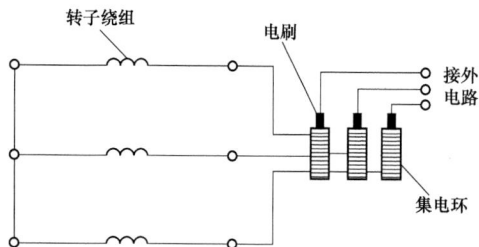

图 3 - 19　绕线转子示意图

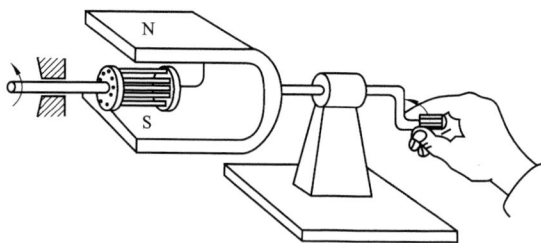

图 3 - 20　异步电动机原理演示

从这一演示试验可以看出，转子之所以转动，是因为有一个旋转磁场，且转子跟着磁场转动。异步电动机的转动原理与此相似，但旋转磁场的产生不是由磁铁旋转而形成的，而是三相定子绕组通入对称三相电流形成的。

1. 旋转磁场的产生

将定子的三相绕组接入三相对称交流电源，于是在三相绕组中流过三相对称电流，三相对称电流共同作用合成一旋转磁场。旋转磁场的转速为

$$n_1 = \frac{60f}{p} \tag{3-31}$$

式中：n_1 为旋转磁场速度，r/min；f 为定子电流频率，Hz；p 为合成磁场的磁极对数，与每相定子绕组的个数和布置有关。

旋转磁场的旋转方向取决于定子绕组中三相电流的相序，磁场方向总是由电流相序在前的绕组轴线转向电流相序在后的绕组轴线。

2. 转子转动原理

当三相定子绕组通入对称三相电流后，在定子内产生一个转速为 n_1 的合成旋转磁场，该磁场从定子侧穿过气隙进入转子，与最初处于静止状态的转子相切割，在转子绕组中感应出正弦电动势 $\dot{E}_2$，并在闭合绕组中形成电流 $\dot{I}_2$。转子电流 $\dot{I}_2$ 又与主磁场相互作用，产生电磁力，使得转子圆周上所有的导体对转轴中心形成电磁转矩 T。在电磁转矩的作用下，转子开始顺着旋转磁场的方向旋转，直到稳定。

3. 转差率

电动机转子转动的方向与旋转磁场的方向相同，但转子的转速 n 不可能达到与旋转磁场的速度相等，即 $n < n_1$。这是因为，如果二者相等，则转子导体与旋转磁场之间就没有相对运动，转子导体中就不会产生感应电动势和感应电流，也就不会有电磁转矩使转子转动了。因此，转子转速与旋转磁场转速之间必须要有差别，这就是异步电动机的由来。

转差率就是用来表示转子转速 n 与旋转磁场转速 n_1 相差的程度，用 s 表示，即

$$s = \frac{\Delta n}{n_1} = \frac{n_1 - n}{n_1} \tag{3-32}$$

式中：n_1 为旋转磁场的转速，也称同步转速。

n 为电动机转子的转速，n 与 n_1 同方向。

转差率是异步电动机的一个重要的物理量。在启动初始瞬间，$n=0$，则 $s=1$，这时转差率最大。随着转子速度的提高，转差率逐渐减小，当转子速度达到稳定时，转差率也稳定不变。通常异步电动机在额定负载时的转差率约为 $1\% \sim 9\%$，即异步电动机在额定负载时的转子转速接近于旋转磁场转速。

【例 3-1】 有一台三相异步电动机，电源频率为 50Hz，额定负载时的转子转速为 $n_N = 1470\text{r/min}$，求其转差率 s_N。

解　由于异步电动机转子转速接近于旋转磁场转速，因此其同步转速 $n_1 = 1500\text{r/min}$。由转差率定义可知

$$s_N = \frac{n_1 - n_N}{n_1} = \frac{1500 - 1470}{1500} = 0.02 = 2\%$$

三、三相异步电动机的电磁转矩与机械特性

促使电动机转子转动的直接动力是转子上受到了电磁转矩的作用，因此，电磁转矩是三相异步电动机的重要物理量之一。而电磁转矩与转差率的变化关系又称为机械特性，它是分析电动机运行特性的基础。

1. 电磁转矩

异步电动机的电磁转矩 T 是由旋转磁场的每极磁通 Φ 与转子电流 I_2 相互作用而产生的，而转子电流 $\dot{I}_2$ 比转子电动势 $\dot{E}_2$ 滞后 φ_2 角。因此，电磁转矩不仅与磁通 Φ 及转子电流 I_2 有关，还与转子回路的功率因数 $\cos\varphi_2$ 有关。而转子电流 I_2 及转子回路的功率因数 $\cos\varphi_2$ 均与转差率 s（即转子转速 n）有关。所以，电磁转矩也一定与转差率 s（即转子转速 n）有关。二者的函数关系为（推导略）

$$T = K \frac{sR_2U_1^2}{R_2^2 + (sX_{20})^2} \tag{3-33}$$

式中：K 是一常数，与电动机的结构有关；U_1 为定子绕组相电压；R_2 为转子一相绕组的电阻；X_{20} 为转子不动时，转子一相绕组的漏电抗，当电源频率 f 不变时，X_{20} 为定值；s 为转差率。

2. 机械特性

由式（3-33）可知，在电源电压 U_1 和转子电阻 R_2 一定时，电磁转矩 T 仅随转差率 s 而变化，电磁转矩 T 与转差率 s 的关系曲线 $T=f(s)$，称为电动机的转矩特性，如图 3-21（a）所示。将图 3-21（a）沿顺时针方向旋转 $90°$，将 s 折算为转子转速 n，再将表示 T 的横轴移下，即可得到 $n=f(T)$ 的曲线，如图 3-21（b）所示。该曲线称为电动机的机械特性曲线。

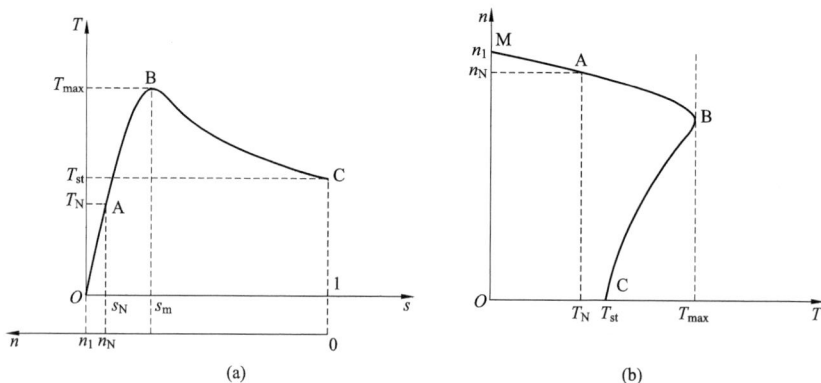

图 3-21　异步电动机的转矩特性和机械特性
(a) 转矩特性；(b) 机械特性

为了分析电动机的运行性能，在机械特性曲线上，需要讨论三个主要转矩。

（1）额定转矩 T_N。在额定电压 U_N、额定负载 P_N、额定转速 n_N 时电动机的电磁转矩称为额定转矩 T_N。额定转矩的计算式为

$$T_N = \frac{P_N}{\omega_N} = \frac{60P_N}{2\pi n_N} = 9550\frac{P_N}{n_N} \text{N·m} \tag{3-34}$$

式中：P_N 的单位为 kW；n_N 的单位为 r/min；ω_N 为额定的机械角速度，rad/s。

（2）最大转矩 T_{max}。机械特性曲线上电磁转矩的最大值称为最大转矩，它是电动机运行的临界转矩。对应于最大转矩的转差率为 s_m，它可由 $\dfrac{dT}{ds}$ 求得，即

$$s_m = \frac{R_2}{X_{20}} \tag{3-35}$$

再将 s_m 代入式（3-33）中，则得

$$T_{\max} = K \frac{U_1^2}{2X_{20}} \qquad (3-36)$$

当负载转矩大于最大转矩时，则电动机将因带不动负载而发生所谓闷车现象。闷车后，电动机电流马上升高六七倍，电动机严重过热，甚至烧坏，这是不允许的。而如果过载时间较短，电动机不至于立即过热，也是允许的。因此，最大转矩也表示电动机的短时允许过载能力。通常把最大转矩与额定转矩的比值称为过载系数，用 λ 表示，即

$$\lambda = \frac{T_{\max}}{T_{\mathrm{N}}} \qquad (3-37)$$

过载系数是衡量电动机过载能力的一个重要指标，一般可从电动机的技术数据中查到。一般三相异步电动机的过载系数为 $1.8 \sim 2.3$。

在选用电动机时，必须考虑可能出现的最大负载转矩，它必须小于电动机的最大转矩。否则，就要重选电动机。

（3）启动转矩 T_{st}。电动机在刚接通电源瞬间（$s=1$，$n=0$）的转矩称为启动转矩 T_{st}。将 $s=1$ 代入式（3-33）中，得

$$T_{\mathrm{st}} = K \frac{R_2 U_1^2}{R_2^2 + X_{20}^2} \qquad (3-38)$$

由式（3-38）可见，启动转矩与电源电压的平方成正比，与转子电阻 R_2 有关。当电源电压减小时，启动转矩会减小；当转子电阻适当增大时，启动转矩会增大。

欲使电动机能够启动，应使启动转矩大于负载转矩。启动转矩越大，电动机启动越快。

总结：

1）异步电动机的机械特性曲线可分为 MB 和 BC 两个性质不同的区域。在 MB 区，T 随 n 的升高而减小，在 BC 区，T 随 n 的升高而增大。

2）在 MB 区，只要负载转矩小于最大转矩，电动机均能自动调节 T 和 n，维持稳定运行。例如，假设电动机工作于 MB 区的某一点，当负载增加时，其转子转速将下降，由曲线可见，随着转子转速的下降，相应的电磁转矩在增大，当增大到与新的负载转矩达到平衡时，电动机转子稳定运转，反之亦然。

3）而在 BC 区，电动机无法稳定运行。如当电动机负载增大到大于最大转矩时，电动机一直减速，进入 BC 区，转速进一步减小，而电磁转矩也随着减小，因此，不可能达到转矩的平衡。此时，若不及时切断电源，电动机将被烧毁。

综上所述，异步电动机机械特性曲线的 MB 区为稳定运行区，BC 区为不稳定运行区。在 MB 区，其机械特性曲线是比较平坦的，也就是说，当负载变化时其转速变化不大，这样的机械特性称为"硬"机械特性。

【例 3-2】　一台四极三相异步电动机，电源频率为 50Hz，额定转差率 $s_{\mathrm{N}}=0.033$，额定机械功率为 10kW，过载系数为 2，求其额定转矩和最大转矩。

解　由题意知，电动机磁极对数 $p=2$，所以同步转速

$$n_1 = \frac{60f}{P} = \frac{60 \times 50}{2} = 1500 \mathrm{r/min}$$

则额定转速

$$n_{\mathrm{N}} = (1-s_{\mathrm{N}})n_1 = (1-0.033) \times 1500 = 1450 \mathrm{r/min}$$

额定转矩为

$$T_N = 9550 \frac{P_N}{n_N} = 9550 \times \frac{10}{1450} \approx 65.9 \text{N} \cdot \text{m}$$

最大转矩为

$$T_{max} = \lambda T_N = 2 \times 65.9 = 131.8 \text{N} \cdot \text{m}$$

四、三相异步电动机的启动、反转、调速与制动

异步电动机的使用，主要包括启动、反转、调速与制动。

（一）启动

电动机的启动是指定子绕组接入交流电源，转子从静止到稳定运行的过程。

启动时的定子电流称为启动电流。当电动机刚接通电源时，转子尚未转动，此时旋转磁场以同步转速切割转子绕组，在转子绕组上产生很大的感应电流，同时在定子绕组上相应出现很大的启动电流，其值约为额定电流的5~7倍。因启动时间较短，只要不是频繁启动，启动电流对电动机本身影响不大，但可能引起电网电压显著下降，影响其他用电设备的正常工作。

另外，由于启动时转子回路的功率因数很低，因此启动转矩并不大，使启动速度变慢，甚至不能启动。

为了使电动机顺利启动，要求电动机在启动时应有足够的启动转矩，即保证启动转矩大于负载转矩；同时要尽量减小启动电流。为此，电动机应该采用适当的启动方法。

1. 笼型电动机的启动

（1）直接启动。直接启动就是在额定电压下的启动，因此直接启动又称为全压启动。

直接启动是最简单的启动方法，其优点是启动转矩比降压启动时大、设备简单、操作方便；缺点是启动电流很大，使得线路压降增大，影响其他设备的正常运行。一般小容量电动机或在电源容量足够大时，应优先采用直接启动。在发电厂中，因为电源容量大，一般三相异步电动机都是直接启动。不允许直接启动的电动机，应采用降压启动。

（2）降压启动。降压启动就是在启动时通过一定方法降低定子绕组上的电压，当转速接近额定转速时，再加上额定电压运行。降压启动虽然降低了启动电流，但由于电磁转矩与电压的平方成正比而使启动转矩减小了，因此，降压启动只适用于空载或轻载启动。常用的降压启动方法有以下几种。

1）定子串电阻或电抗降压启动。定子串电阻降压启动原理如图3-22所示。启动时，转换开关S拨向启动位置，三相电阻被串入定子回路，降低了加在定子绕组上的启动电压，从而使启动电流减小，电动机开始降压启动。当转速升高到接近额定转速时，转换开关S拨向运行位置，三相电阻被切除，电动机恢复全压运行。

2）星—三角（Y—△）降压启动。启动时，先将三相定子绕组接成星形，待转速升高到一定值后，再改接成三角形，Y—△降压启动原理如图3-23所示。

采用Y—△降压启动时，启动电流和启动转矩都减小为直接启动的1/3（读者可自行分析）。这种启

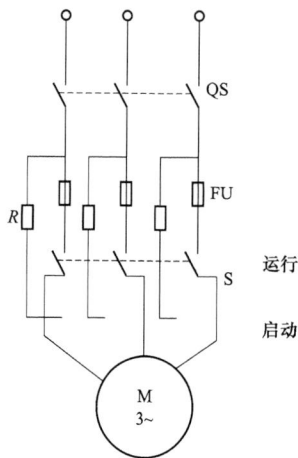

图3-22 笼型电动机定子串电阻启动

动方法只适用于正常运行时定子绕组为三角形连接的电动机。

3）自耦变压器降压启动。自耦变压器降压启动是利用自耦变压器降低加在定子绕组上的电压而减小启动电流的。自耦变压器降压启动原理如图 3-24 所示。

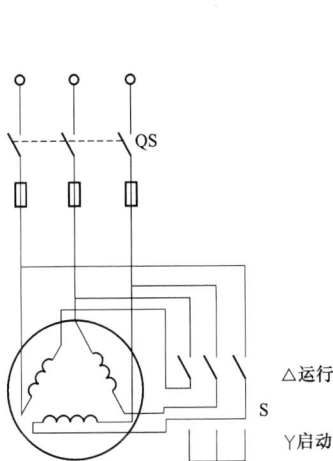

图 3-23 笼型电动机星—三角降压启动

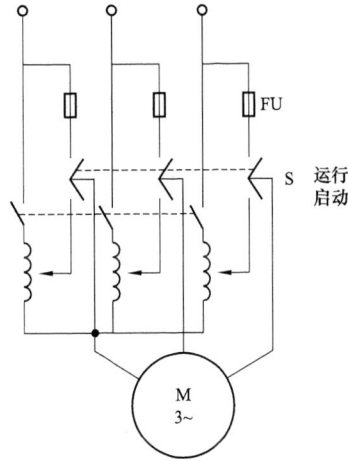

图 3-24 笼型电动机自耦变压器降压启动

启动时，转换开关 S 拨向启动位置，电源通过自耦变压器接入定子绕组，电动机开始降压启动。当转速升高到接近额定转速时，转换开关 S 拨向运行位置，自耦变压器被切除，电动机恢复全压运行。

采用自耦变压器降压启动时，启动电流和启动转矩都减小为直接启动的 $1/K^2$（K 为自耦变压器的变比）。这种启动方法适用于容量较大的或正常运行时定子绕组为星形连接不能采用星—三角降压启动的笼型电动机。

为了满足不同的使用需求，启动用自耦变压器的二次绕组有不同的抽头可供选择。例如 QJ2 型提供的抽头有 0.4、0.6、0.8；QJ3 型提供的抽头有 0.55、0.64、0.73。

2. 绕线型异步电动机的启动

绕线型异步电动机可以采用转子串电阻的方法启动。在启动前，先将转子三相绕组的三个首端分别通过滑环和电刷与外电路星形连接的启动变阻器相连，如图 3-25 所示，启动时，先将变阻器全部投入，可以限制启动电流，同时在一定范围内还可提高启动转矩，随着转速的升高，逐渐短接变阻器电阻，最后将变阻器全部退出，电动机进入正常运转。

绕线型异步电动机的转子绕组串电阻启动，既可减小启动电流，又能增大启动转矩，适宜频繁启动，要求启动转矩大的场合，如卷扬机、锻压机、起重机及转炉等。

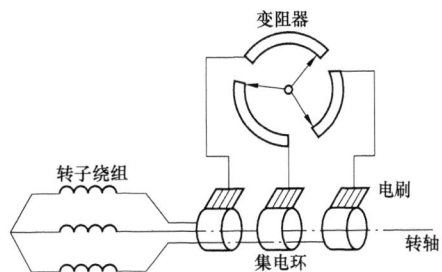

图 3-25 绕线型电动机转子绕组串电阻启动

（二）反转

因为三相异步电动机的转子旋转方向与旋转磁场方向一致，而旋转磁场方向又取决于定子三相绕组中的电流相序，因此，要改变电动机转子的旋转方向，只需将与电动机相接的电源三相引线中的任意两相对调即可。

（三）调速

为了满足生产过程对不同速度的要求，需要对电动机进行调速。由式（3-31）、式（3-32）可知

$$n = (1-s)n_1 = (1-s)\frac{60f}{p} \tag{3-39}$$

由上可知，要改变异步电动机的转速，可以采用改变磁极对数 p（变极调速）、改变电源频率 f（变频调速）及改变转差率 s（变转差率）三种方法来实现。

1. 变极调速

由式（3-31）可知，改变磁极对数 p 就可改变旋转磁场的速度 n_1，从而改变转子的速度。而磁极对数 p 与定子绕组的结构和接法有关，因此改变定子绕组的结构和连接方式，即可使磁极对数改变，进而改变电动机的转速。因为磁极对数的改变是成对的，所以电动机的转速也是成倍变化的。这是一种有级调速。

变极调速只能用于笼型电动机调速，其优点是所需设备简单，稳定性好；缺点是绕组抽头较多，且只能实现电动机转速成倍的变化，不能连续、平滑地调速。常用于金属切削机床或其他不要求均匀调速的生产机械上。

2. 变频调速

改变电动机的电源频率 f，也可以改变旋转磁场的速度 n_1，从而改变转子的速度。电源频率的改变可以通过变频器来完成，其基本原理为先利用整流电路将工频三相交流电转变为直流电，再由逆变装置将直流电转变为电压和频率均可调的三相交流电。

变频调速的调速范围宽，且平滑性好，可连续（无级）调速，稳定性好，是笼型电动机调速的发展方向。

3. 变转差率调速

改变转差率，可以直接改变电动机的转速。而转差率的改变可以通过改变定子电压或在转子回路串电阻等措施来完成。

（1）改变定子电压调速。图3-26为笼型异步电动机在不同定子电压时的机械特性曲线。由图可以看出，保持负载不变时，降低定子电压，电动机转速有所下降，但调速的范围较小。并且电压的降低会导致电磁转矩的较多下降，因此这种方法只能适用于特殊条件下电动机的调速。

（2）转子回路串电阻调速。这种方法仅适用于绕线型电动机。图3-27所示为绕线型异步电动机转子串入不同电阻时的机械特性曲线。由图可以看出，保持负载不变时，不同的转子电阻，对应着不同的转子速度；且转子电阻越大，电动机的转速越低。此方法与启动时转子回路串电阻情况一样，但启动变阻器不可用于调速，另有专用调速变阻器。

这种调速方法的优点是设备简单，并可在一定范围内调速，且在轻载时调速范围窄；缺点是在转子回路串电阻后增加了功率损耗。常用于运输、起重机械中的绕线型电机中。

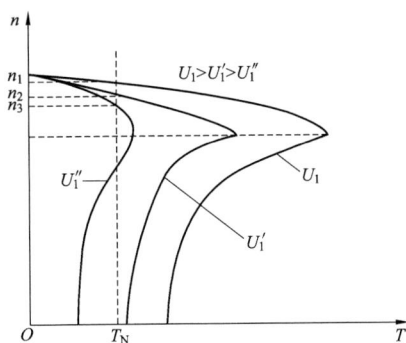

图 3-26　笼型异步电动机在不同定子
电压时的机械特性

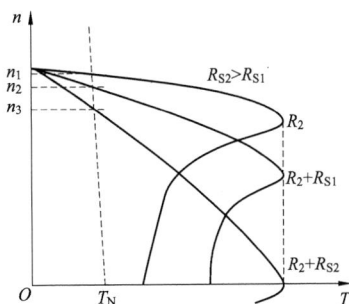

图 3-27　绕线型异步电动机转子
串入不同电阻时的机械特性

（四）制动

当电动机切断电源后，由于其转动部分有惯性，因此电动机还会继续转动一定时间才会停止。为了缩短辅助工时，提高机械设备的生产率和保证安全生产，往往要求电动机能够迅速停车或反转。这就需要对电动机制动。制动的实现有电气制动和机械制动两种方法。机械制动是在电动机断电后采用电磁制动器使电动机迅速停止运转；电气制动是采用电气方法让电动机产生与转向相反的电磁转矩来降低转速。常用的电气制动方法有能耗制动、反接制动和反馈制动三种方法。

1. 能耗制动

这种制动方法是在电动机切断三相交流电源的同时，立即给定子绕组通入直流电流，其接线如图 3-28 所示。这时电动机原有的旋转磁场已不复存在，只有直流电产生的一个静止不动的磁场。由于惯性的作用，转子仍按原方向转动，则与静止的磁通相切割，产生感应电动势和感应电流，进而产生电磁力形成电磁转矩，如图 3-28 所示。此电磁转矩与转子原来的转动方向相反，起到了制动的作用，使转子迅速停转。制动转矩的大小与直流电流的大小有关，直流电流的大小一般为电动机额定电流的 $0.5 \sim 1$ 倍。

因为这种制动是将转子的动能转换成电能，消耗在转子绕组的电阻上，达到制动的效果，所以又称为能耗制动。

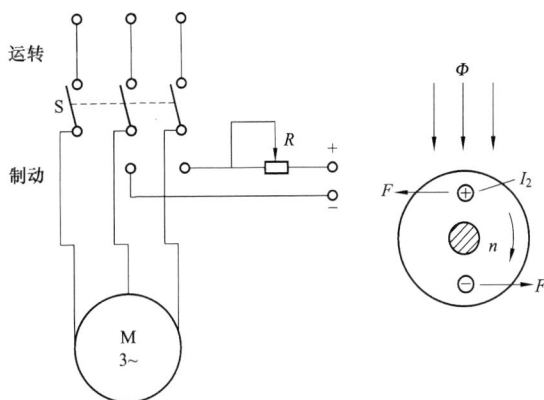

图 3-28　能耗制动电路及原理

能耗制动的特点是：能量消耗小，制动平稳，无冲击作用，但需要直流电源。

2. 反接制动

反接制动是在电动机需要停车时，将接到电源的三根导线中的任意两根的一端对调位置，即给它接上反相序电源，使旋转磁场反向旋转，而转子由于惯性仍按原方向转动，这时产生的转矩方向与转子原有的转向相反，如图 3-29 所示，起到制动的作用。当转速接近零时，利用某种控制电器将电源自动切断，否则电动机将会反转。

在反接制动时，由于反相序旋转磁场与转子的相对转速（n_1+n）很大，所以转子和定子电流都很大。为了限制反接制动电流，对功率较大的电动机在制动时必须在定子回路（笼型电动机）或转子回路（绕线型电动机）中串入限流电阻。

反接制动的特点是：结构简单，制动效果好。但在制动过程中冲击猛烈，容易损坏传动部件。

3. 反馈制动

反馈制动用于限制电动机的转速而不是停转。

当转子转速 n 超过旋转磁场转速 n_1 时，此时的转矩也是制动的，如图 3-30 所示，起阻止电动机加速的作用。经常发生在起重机下放重物、牵引机下坡行驶、多速电动机从高速到低速的过程中，在此过程中，电动机工作于发电状态，把负载的动能转化为电能，反送给电网，所以称为反馈制动。

反馈制动是电动机自身所具有的，不需要其他附加装置。但只有在 $n>n_1$ 的条件下才能实现制动。

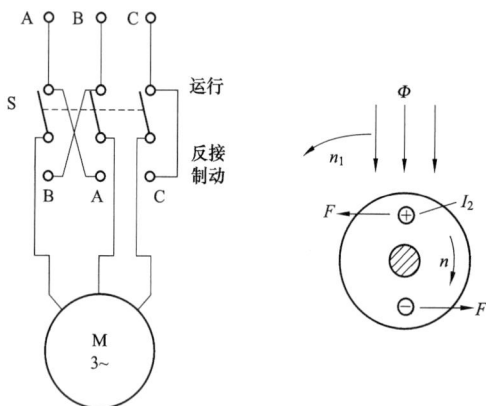

图 3-29　反接制动电路及原理

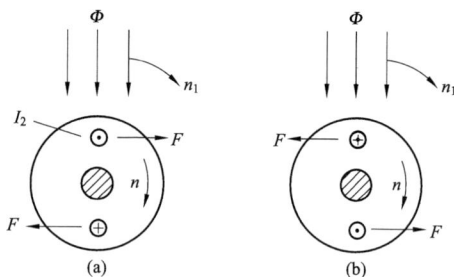

图 3-30　反馈制动原理
（a）$n<n_1$；（b）$n>n_1$

五、三相异步电动机的铭牌

电动机外壳上装有电动机的铭牌，上面标明电动机的基本性能数据。要正确使用电动机，必须要看懂铭牌。现以 Y3-132M-4 型电动机为例，简述铭牌上各项内容的含义。

三相异步电动机		
型号　Y3-132M-4	功率　7.5kW	频率　50Hz
电压　380V	电流　15.6A	接法　△
转速　1440r/min	绝缘等级　F	工作方式　连续
年　月　编号		××电机厂

1. 型号

为了适应不同用途和不同工作环境的需要，电动机制成不同的系列，每种系列用不同的型号表示。例如 Y3-132M-4 的含义如下：

```
              Y  3—132  M—4
三相异步电动机┘      │    │   └磁极数
                      │    └机座长度代号
第 3 次更新设计┘      └机座中心高度(mm)
```

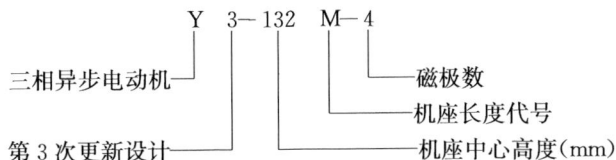

其中，机座长度分长、中、短三种类型，分别用字母 L、M、S 来表示。

表 3-1 为部分异步电动机的产品名称和代号及其汉字意义。

表 3-1　　　　　　　　　异步电动机的产品名称和代号及其汉字意义

产品名称	新代号	汉字意义	老代号
异步电动机	Y, Y2, Y3	异	J, JQ
绕线转子异步电动机	YR	异绕	JR, JRQ
防爆型异步电动机	YB	异爆	JB, JBS
高启动转矩异步电动机	YQ	异启	JQ, JQO

2. 接法

接法是指定子三相绕组的接法，有星形和三角形两种接法。

3. 额定电压

额定电压是指电动机在额定运行时定子绕组上应加的线电压值。一般规定电动机的电压不应高于或低于额定值的 5%。三相异步电动机的额定电压有 380V，3000V 及 6000V 等多种。

4. 额定电流

额定电流是指电动机在额定运行时流过定子绕组的线电流值。

5. 额定转速

额定转速为电动机在额定电压、额定频率和额定负载下运行时转子的转速。

6. 额定功率

额定功率是指在额定状态下运行时电动机轴上输出的功率。

7. 绝缘等级

绝缘等级是按电动机绕组所用的绝缘材料在使用时容许的极限温度来分级的，如表 3-2 所示。

表 3-2　　　　　　　　　　　　绝缘等级和极限温度

绝缘等级	A	E	B	F	H
极限温度/℃	105	120	130	155	180

8. 工作方式

按运行状态对电动机温升的影响，电动机的运行方式分为八种，用字母 S1～S8 分别表示，可归纳为连续、短时和断续周期三大类工作方式。

此外，还有一些其他技术数据如效率 η、功率因数 $\cos\varphi$、过载能力（T_{max}/T_N）、启动电流 I_{st} 和启动转矩 T_{st} 等可以从产品目录中查出。

第四节　常用低压电器

电器的种类繁多，构造各异，功能多样，广泛用于各种电能生产与供应系统及电能使用系统中。按照电器在实际电路中的工作电压等级的不同，电器可分为高压电器和低压电器两大类。本节主要介绍电气控制系统中常用的一些低压电器的结构、动作原理和使用方法。

一、低压电器概述

低压电器是指工作在交流电压1200V及以下，或直流电压1500V及以下电路中的电器。

（一）低压电器的分类

低压电器的种类很多，其分类方法也有多种。

（1）按操作方式分类。按操作方式分有手动电器和自动电器两大类。手动电器是指需要人工直接操作才能完成指令任务的电器，如开关、按钮、主令电器等。自动电器是指按照电器本身的参数变化或外来信号自动完成指令任务的电器，如接触器、断路器及各种继电器等。

（2）按用途分类。按用途分有控制电器和保护电器两大类。控制电器是用来控制电路接通和断开及控制电动机的各种运行状态，如刀开关、按钮、接触器等。保护电器是用于保护电源及线路或用电设备的电器，如熔断器、热继电器等。

（3）按执行机理分类。按执行机理分可分为有触点电器和无触点电器两大类。有触点电器具有机械可分动的动触点和静触点，利用触点的接触和分离来实现电路的通断。无触点电器无触点，主要利用晶体管的开关效应，即导通和截止来实现电路的通断。

（4）按动作原理分类。按动作原理分有电磁式电器和非电量控制电器。电磁式电器是根据电磁感应原理来工作的，如交流接触器、电磁式继电器等。非电量控制电器是根据非电量（压力、温度、时间等）的变化而工作的电器，如按钮、行程开关、热继电器、时间继电器等。

（二）低压电器的基本结构

低压电器种类繁多，但从结构上看一般都具有两个基本组成部分，即感受部分与执行部分。感受部分接受外界输入的信号，并通过转换、放大与判断作出有规律的反应。在电磁式电器中，感受部分大多由电磁机构组成；在手动控制电器中，感受部分通常是操作手柄。执行部分根据感受部分作出的反应而动作，执行电路的接通、断开等控制。对于有触点的电磁式电器，执行部分是触头系统。对于低压断路器类的低压电器，还具有中间部分，它将感受和执行部分联系起来，使它们协同一致，按一定规律动作。

二、常用低压电器

（一）低压开关电器

低压开关广泛应用于各种电器控制线路中，常用来作为电源的引入开关，也可以直接控制小容量电动机的启动和停止，实现对电源的接通、分断、隔离与保护作用。常用的低压开关有刀开关、组合开关、断路器等。

1. 刀开关

刀开关俗称闸刀开关，是手动控制电器，主要作用是隔离电源，或作不频繁的接通和断开电路，是一种结构最简单而应用最广泛的低压电器。

刀开关一般都是与熔丝或熔断器一起组成具有保护作用的开关电器，常用的刀开关有开启式负荷开关和封闭式负荷开关。

（1）开启式负荷开关。开启式负荷开关由刀开关和熔丝组合而成，瓷底板上装有进线座、静触头、熔丝、出线座及两个或三个刀片式的触刀（动触头），外面装有胶盖，以保证操作人员不会触及带电部分，且在分断电路时防止电弧灼伤操作人员。图3-31（a）是HK系列开启式负荷开关的结构及外形图。其在电气原理图中的图形和文字符号如图3-31（b）所示。

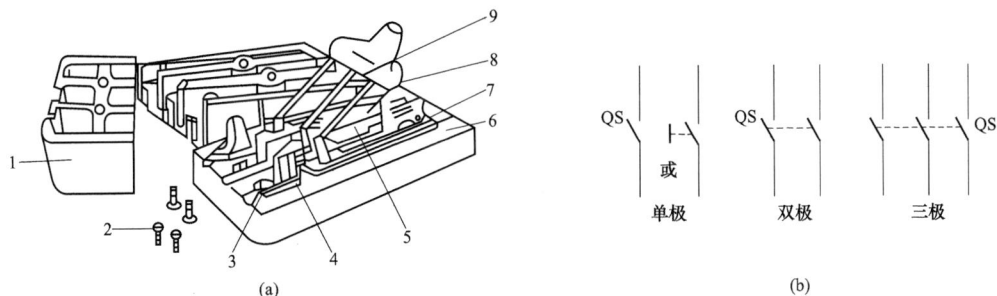

图3-31　HK系列开启式负荷开关

（a）结构；（b）符号

1—胶盖；2—胶盖固定螺母；3—进线座；4—静触头；5—熔丝；

6—瓷底板；7—出线座；8—动触头；9—瓷柄

开启式负荷开关有两极和三极两种。一般用于额定电压为交流380V、50Hz的电气照明装置中，也可用于短路电流不大的线路中作不频繁带负荷操作和短路保护用。由于这种开关没有专门的灭弧装置，易被电弧灼伤而出现接触不良等故障，因此不宜用于频繁操作和带负载的电路。

选用开启式负荷开关时应从以下几方面考虑。

1）额定电压的选择：开启式负荷开关用于照明电路时，可选用额定电压为220V或250V的两极式开关；用于小容量三相异步电动机时，可选用额定电压为380V或500V的三极式开关。

2）额定电流的选择：当开启式负荷开关用于普通负载（如照明或电热设备）时，开关的额定电流应等于或大于开断电路中各个负载额定电流的总和；当开启式负荷开关被用于控制电动机时，考虑到电动机的启动电流可达额定电流的5～7倍，因此不能按照电动机的额定电流来选用，应把开关的额定电流选得大一些，根据经验，负荷开关的额定电流一般可选为电动机额定电流的3倍左右。

3）熔丝的选择：对于变压器、电热器和照明电路，熔丝的额定电流应大于或稍大于实际负载电流；对于配电线路，熔丝的额定电流应等于或略小于线路的安全电流；对于电动机，熔丝的额定电流一般为电动机额定电流的1.5～2.5倍，在重载或全压启动的场合，应取较大的数值，在轻载或减压启动的场合，应取较小的数值。

开启式负荷开关在安装和使用时应注意以下几点。

1）一般应垂直安装在控制屏或开关板上，不能横装或倒装。

2）合闸状态下的手柄必须向上，以防止闸刀松动或其他原因引起自动合闸，造成触电事故。

3）接线时电源进线应接在上面，即与静触头的接线端子连接，负载应接在下面，即与出线座上的接线端子连接，不可接反。这样接线可使拉闸后，动触头和熔丝均不带电，从而保证操作者在更换熔丝时的安全。

4）开启式负荷开关用于控制电动机时，应将开关的熔丝用铜导线短接，另加熔断器作短路保护。

（2）封闭式负荷开关。封闭式负荷开关又称铁壳开关。常用的 HH 系列封闭式负荷开关由刀开关、熔断器、灭弧装置、操动机构及金属外壳组成，其中三把闸刀固定在一根绝缘轴上，由手柄操作。为了迅速熄灭电弧，在开关上装有速断弹簧，加快了开关的拉、合闸速度，使电弧快速熄灭。为了保证用电安全，在开关的外壳上还装有机械联锁装置，开关合闸时，箱盖不能打开，而箱盖打开时，开关不能合闸。图 3-32 为封闭式负荷开关的结构图。其图形和文字符号与开启式相同。

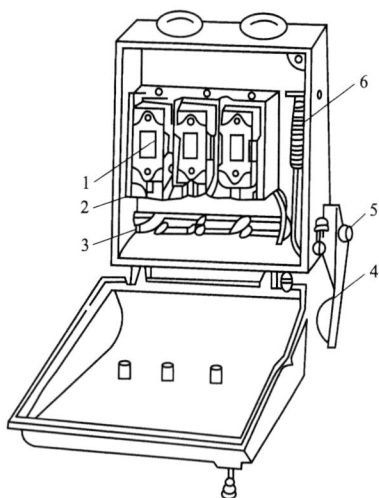

图 3-32　封闭式负荷开关

1—熔断器；2—夹座；3—闸刀；
4—手柄；5—转轴；6—速动弹簧

封闭式负荷开关适用于各种配电设备中，手动不频繁地分断和接通负载电路或控制小功率三相异步电动机的直接启动与停止。

封闭式负荷开关的选用原则如下。

1）与控制对象配合：由于封闭式负荷开关不带过载保护，只有熔断器用作短路保护，因此一般只用额定电流为 60A 及以下等级的封闭式负荷开关作为小容量异步电动机非频繁直接启动的控制开关。

2）额定电流的选择：当封闭式负荷开关用于控制一般照明、电热电路时，开关的额定电流应等于或大于被控制电路中各个负载额定电流之和；当用作控制异步电动机时，考虑到电动机的启动电流可达额定电流的 5~7 倍，因此取开关的额定电流为电动机额定电流的 1.5 倍左右。

封闭式负荷开关在安装和使用时应注意以下几点。

1）开关外壳应可靠接地，以防止漏电造成触电事故。

2）封闭式负荷开关不允许随意放在地面上使用。

3）操作人员应站在开关的手柄侧，不准面对开关，避免因意外故障致使开关爆炸，铁壳飞出伤人。

2. 组合开关

组合开关又称转换开关。常用的组合开关有 HZ10 系列，其结构如图 3-33 所示。它有三对静触片，每个触片的一端固定在绝缘垫板上，另一端伸出盒外，连在接线柱上。三个动触片套在装有手柄的绝缘转轴上，转动转轴就可以将三个触点（彼此相差一定角度）同时接通或断开。

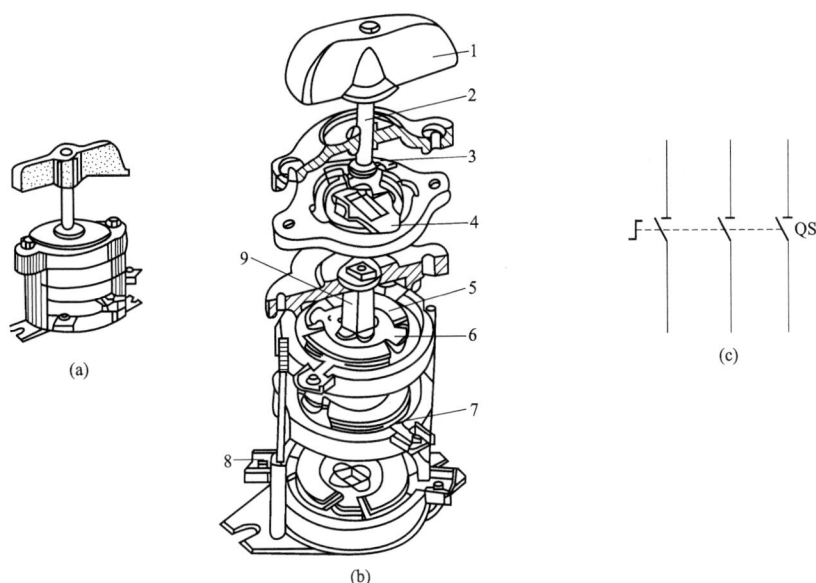

图 3-33　组合开关
(a) 外形；(b) 结构；(c) 图形和文字符号
1—手柄；2—转轴；3—弹簧；4—凸轮；5—绝缘垫板；6—动触头；
7—静触头；8—接线柱；9—绝缘杆

　　组合开关有单极、双极、三极和四极几种，常用的是三极的组合开关，其图形和文字符号如图 3-33 所示。在机床电气控制线路中，组合开关常用作电源引入开关，也可用它来控制小容量电动机的直接启动、正反转控制及机床照明控制电路中。

　　组合开关的选用是根据电源种类、电压等级、所需触头数、电动机的容量进行选择的。用于照明或电热电路时，组合开关的额定电流应等于或大于被控制电路中各负载电流的总和；用于控制电动机时，其额定电流一般取电动机额定电流的 1.5～2.5 倍。

　　3. 断路器

　　断路器又称自动空气开关，是常用的一种低压保护电器。当电路中发生短路、过载或欠电压等不正常现象时，能自动切断电路（即自动跳闸），也可以在正常情况下用作不频繁地切换电路。

　　断路器有塑料外壳式（又称装置式）和万能式（又称框架式）两种，但二者的结构和工作原理基本相似。

　　(1) 断路器的结构及工作原理。图 3-34 所示为断路器的外形及结构图，由图可知，断路器主要由触头、灭弧系统和各种脱扣机构及传动机构组成。

　　1) 触头。触头有主触头和辅助触头两种，主触头串在主电路中，用于通断主电路，由耐弧合金制成。

　　2) 灭弧系统。开关内装有灭弧罩，罩内由相互绝缘的镀铜钢片组成灭弧栅片，以便在切断短路电流时，加速灭弧和提高断流能力。

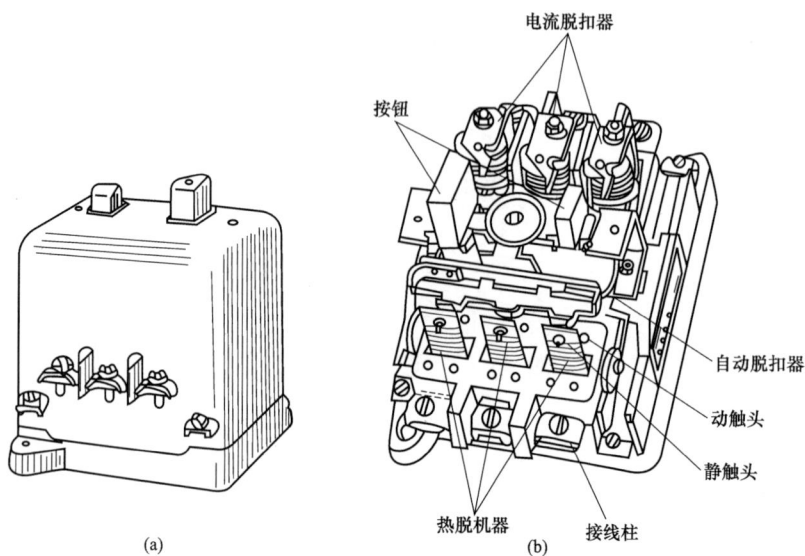

图 3 - 34　断路器

（a）外形；（b）结构

3）脱扣机构。脱扣机构是断路器的感测部分，当电路中出现故障时，脱扣机构做出相应的动作，使触头分断。根据所感测信号的不同，脱扣机构有以下几种，其工作原理示意图如图 3 - 35（a）所示。

① 过电流脱扣器。过电流脱扣器 3 的线圈串接于主电路中，当线路正常工作时，线圈通过正常电流产生的电磁吸力不足以使衔铁吸合，自由脱扣器 2 不动作，主触头仍然闭合。当电路出现过电流时，电磁吸力增大，将衔铁吸合，向上撞击杠杆，自由脱扣器 2 动作，上下搭钩脱离，主触头 1 在弹簧的拉力下分断，实现了自动跳闸，达到过电流保护的目的。

② 失（欠）电压脱扣器。失（欠）电压脱扣器线圈 6 并接于电路中，当电压正常时，失（欠）电压脱扣器衔铁吸合，自由脱扣器 2 的上下搭钩勾住，主触头闭合。当电压过低或消失时，失（欠）电压脱扣器电磁吸力减小或消失，衔铁被弹簧拉开，向上撞击杠杆，自由脱扣器 2 动作，上下搭钩脱离，主触头 1 在弹簧的拉力下分断，实现了自动跳闸，达到失压保护的目的。

③ 热脱扣器。热脱扣器 5 的线圈串接于主电路中，当电路出现过载时，过载电流流过发热元件，双金属片受热弯曲，并带动自由脱扣器搭钩分离，主触头分断，从而实现过载保护的目的。跳闸后不能立即合闸，须等 1～3min 待双金属片冷却复位后才能再合闸。

④ 分励脱扣器。分励脱扣器 4 对电路没有保护作用，只是在需要断开电路时，按下跳闸按钮，分励脱扣器的线圈带电，产生电磁吸力吸合衔铁的一端，另一端向上撞击自由脱扣器，使其上下搭钩脱离，主触头分断。分励脱扣器一般只用于远距离跳闸。

在实际使用中，并不是每种断路器都具有上述所有脱扣器，要根据断路器的使用场合来选择。

4）传动机构。自由脱扣机构和操动机构（如按钮）是断路器的机械传动部件。当各种脱扣器线圈接收到信号后，由传动机构实现断路器的自动跳闸和手动合闸任务。

（2）断路器的一般选用原则。

1）断路器的额定电压和额定电流应大于或等于电路的正常工作电压和工作电流。

2）热脱扣器的整定电流应等于所控制的负载的额定电流。

3）过电流脱扣器的整定电流应大于负载电路正常工作时的峰值电流。

4）失（欠）电压脱扣器的额定电压应等于线路的额定电压。

断路器的图形和文字符号如图 3-35（b）所示。

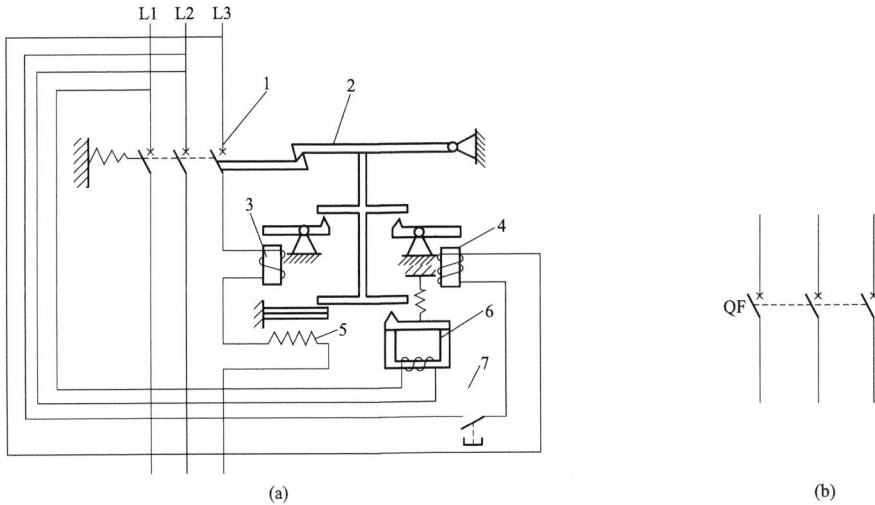

图 3-35　断路器的工作原理示意图及符号

（a）原理示意图；（b）符号

1—主触头；2—自由脱扣机构；3—过电流脱扣器；4—分励脱扣器；

5—热脱扣器；6—欠电压脱扣器；7—按钮

（3）断路器的安装和使用。

1）安装时，断路器底座应垂直于水平位置，并用螺钉固定紧，断路器应安装平整，不应有附加机械应力。

2）安装时，电源进线应接于上母线，用户的负载侧出线应接于下母线。

3）安装时，应考虑断路器的飞弧距离，即在灭弧罩上部应留有飞弧空间，并保证外装灭弧室至相邻电器的导电部分和接地部分的安全距离。

4）安装时，断路器附带的隔弧板一定要装上，否则在切断电路时产生电弧容易引起相间短路。

5）断路器应可靠接地。

6）安装完毕后，应使用手柄或其他传动装置检查断路器工作的准确性和可靠性。如检查脱扣器能否在规定的动作值范围内动作，电磁操动机构是否可靠闭合，可动部件有无卡阻现象等。

（二）主令电器

主令电器是用来接通或断开控制电路以发布命令、或对生产过程作程序控制的开关电器。常用的主令电器有按钮、行程开关、万能转换开关等。

1. 按钮

按钮是一种结构简单、应用广泛的手动主令电器，通常用来接通或断开控制电路（其中电流很小），从而控制电动机或其他电气设备的运行。

按钮的种类也有很多，按用途和触头的结构分，有启动按钮（动合按钮）、停止按钮（动断按钮）和复合按钮（动合和动断组合按钮）等三种。按结构型式、防护型式分，有开启式、防水式、紧急式、旋钮式、保护式、防腐式、钥匙式和带指示灯式等。

按钮的外形和结构如图3-36所示，按钮由按钮帽、复位弹簧、桥式触头和外壳组成，其触头有动触头和静触头两种，静触头又有动合触头和动断触头两种，在没有按下按钮帽时原来就接通的触头称为动断触头，原来就断开的触头称为动合触头。

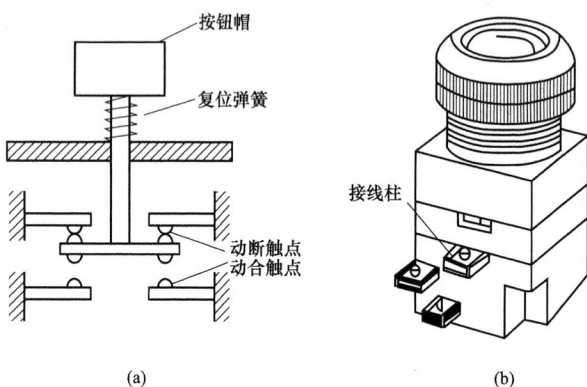

图3-36 按钮的结构和外形
(a) 结构图；(b) 外形图

按钮的工作原理比较简单，当按下按钮帽时，动触头向下运动，与动断的静触头分离，而后与动合的静触头闭合。松开手指后，由于复位弹簧的作用，动触头向上运动，恢复到原来的位置，其静触头也恢复原来的状态。

按钮中触头的数量和形式根据需要可以装配成一动合一动断到六动合六动断的形式。接线时可以根据需要只接动合或动断触头。按钮也可做成单式（一个按钮）、复式（两个按钮）和三联式（三个按钮）的形式。为了表明各个按钮的作用，避免误操作，通常将按钮帽做成不同的颜色，以示区别，一般红色表示停止按钮，绿色表示启动按钮。

选择按钮时，首先应根据使用场合和具体用途选择按钮的类型。如控制台柜面板上的按钮一般可用开启式；若需显示工作状态，则用带指示灯式；在重要场所，为防止无关人员误操作，一般用钥匙式；在有腐蚀的场所一般用防腐式。然后根据工作状态指示和工作情况的要求选择按钮和指示灯的颜色。再根据控制电路的需要选择按钮的数量。

按钮在使用时应注意下列事项。

(1) 触头间应保持清洁，防止油污、杂质进入造成短路或接触不良等事故。

(2) 高温场合下使用的按钮，塑料易变形老化而导致松动，使接线螺钉间相碰而短路，安装时应加紧固垫圈，或在接线柱螺钉处加绝缘套管。

(3) 带指示灯的按钮不宜长时间通电，因灯泡发热长期使用易使塑料灯罩变形。在使用中，应设法降低灯泡电压，以延长其使用寿命。

按钮的图形和文字符号如图3-37所示。

2. 行程开关

行程开关又称位置开关或限位开关，是根据

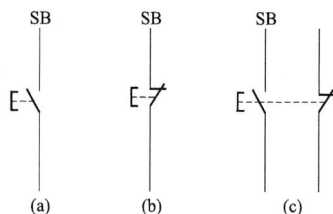

图3-37 按钮的图形和文字符号
(a) 动合触头；(b) 动断触头；(c) 复式触头

生产机械的行程发出命令，将机械位移转变为电信号，来控制生产机械的运动方向或行程长短的主令电器。其工作原理与按钮相同，只是其触头的动作不是依靠手动操作而是利用生产机械中某些运动部件的碰撞使其触头动作来实现控制要求的。

　　行程开关的种类很多，按其结构可分为按钮式（直动式）、滚轮式（旋转式）和微动式，常用的行程开关有 LX19 和 JLXK1 系列。对于各种系列的行程开关，其基本结构大致相同，区别仅在于使行程开关动作的传动装置有所不同。图 3-38 所示为三种形式的行程开关外形，其结构示意图如图 3-39 所示，主要由操作头、传动系统、触头系统和外壳组成。操作头接受机械设备碰撞发出的动作信号，通过传动系统传递到触头系统，使触头做出相应的动作，动断的断开，动合的闭合，从而使控制电路作出正确的反应。

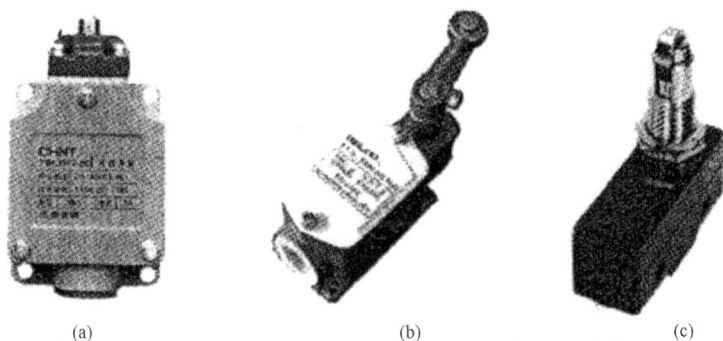

(a)　　　　　　　　(b)　　　　　　　　(c)

图 3-38　行程开关
(a) 按钮式行程开关；(b) 滚轮式行程开关；(c) 微动式行程开关

　　选择行程开关时主要是根据机械运动和位置对其触头数目和要求进行选择。当机械运动部件即撞块的运动较快时，可选用按钮式（直动式）行程开关；当机械运动部件即撞块的运动较慢时，可选用转动式（滚轮式）行程开关；当机械运动部件的动作极限行程和动作压力均很小时，可选用微动式行程开关。

　　行程开关在使用时应注意下列事项。

　　(1) 行程开关在安装时位置要准确、牢固，否则不能达到位置控制和限位的目的。

　　(2) 使用时要定期检查，防止尘垢造成接触不良或接线松脱而产生误动作。

　　行程开关的结构示意图及图形和文字符号如图 3-39 所示。

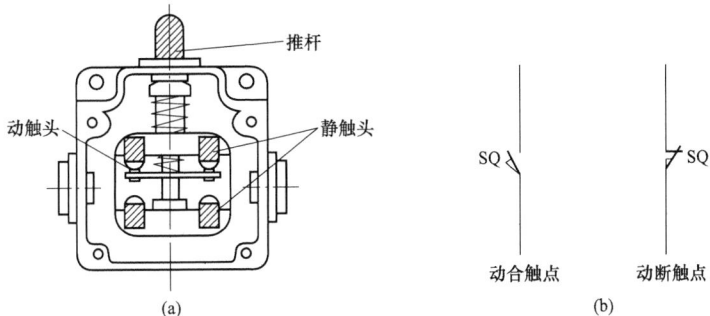

图 3-39　行程开关的结构示意图及图形和文字符号
(a) 结构示意图；(b) 符号

3. 万能转换开关

万能转换开关是由多组相同结构的开关元件叠装而成，可以控制多回路的一种主令电器。一般可作为各种配电装置的远距离控制，也可作为电压表、电流表的换向测量开关，或用于小容量电动机的启动、换向及调速。由于开关的触头档数多，换接线路多，用途广泛，故称为万能转换开关。

常用的万能转换开关的类型有 LW5、LW6 等系列，其结构如图 3-40 所示。主要由操动机构、面板、手柄及数个触头等主要部件组成，并由螺栓组装成整体。其操作位置有 2~12 个，触头底座 1~10 层，每层均可装三对触头，并由底座中间的凸轮进行控制。由于每层凸轮可做成不同的形状，因此当手柄转到不同的位置时，通过凸轮带动动触头运动，可使各对触头按规律接通和分断。

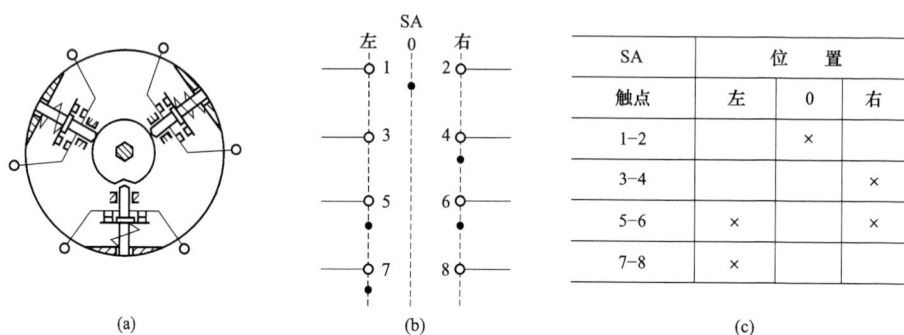

SA	位　　　置		
触点	左	0	右
1-2			×
3-4			×
5-6	×		×
7-8	×		

图 3-40　万能转换开关

(a) 结构示意图；(b) 图形表示法；(c) 列表表示法

万能转换开关的触头通断状态的表示法有图形表示法和列表表示法。如图 3-40 所示。图 3-40（b）中"——○○——"代表一路触头，而每一根竖的虚线表示手柄位置，在某一个位置上哪一路接通，就在下面用黑点"·"表示。万能转换开关的手柄有左、空、右三个位置，分别控制着三层触头的闭合与分断。图 3-40（c）中"×"表示闭合，当操作手柄处于左边位置时，触点 5-6 和 7-8 处于闭合状态；当操作手柄处于右边位置时，触点 3-4 和 5-6 处于闭合状态。

（三）接触器

接触器是利用电磁吸力进行操作的远距离操纵电器。它不仅可用于远距离频繁地接通和分断交直流主电路和大容量控制电路，而且还具有失压和欠压保护作用。接触器的种类很多，有多种不同的分类方法。按接触器主触头控制电流种类分，有交流接触器和直流接触器。其中，目前应用最广泛的是交流接触器。常用的交流接触器有 CJ20、CJX1、CJX2、B 等系列；直流接触器有 CZ0、CZ18 等系列。

1. 交流接触器

交流接触器的结构主要由触头系统、电磁机构、灭弧装置和其他部分等组成。其外形和结构如图 3-41 所示。在电气原理图中的符号如图 3-42 所示。

交流接触器的电磁系统用于操纵触头的闭合和分断，由线圈、动铁芯（衔铁）、静铁芯等组成。铁芯一般用硅钢片叠压铆成，以减小交变磁场在铁芯中产生的涡流及磁滞损耗，避免铁芯过热。为了减少接触器吸合时产生的振动和噪声，在铁芯上装有一个短路铜环（又称

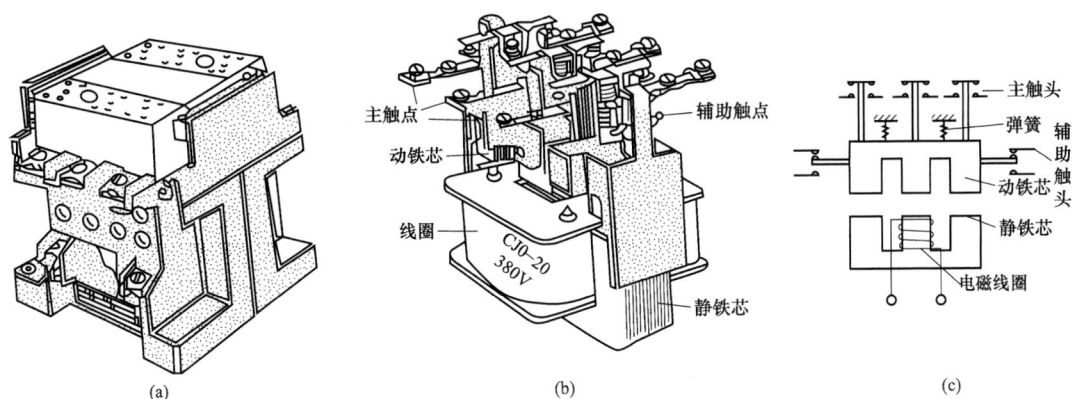

图 3-41 交流接触器

(a) 外形；(b) 结构；(c) 结构示意图

减振环）。线圈由反作用弹簧固定在静铁芯上，动触头固定在动铁芯上，当线圈不通电时，主触头保持在断开位置。根据动铁芯运动方式的不同，电磁系统有两种类型，即动铁芯绕轴转动的拍合式电磁系统和动铁芯做直线运动的直动式电磁系统。

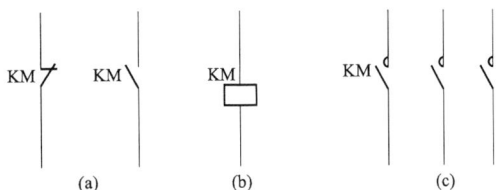

图 3-42 交流接触器的符号

(a) 动合、动断辅助触头；(b) 线圈；(c) 主触头

触头是接触器的执行元件，用来接通或分断所控制的电路。根据用途的不同，触头有主触头和辅助触头两种，主触头接于主电路，能通过较大的电流，一般由接触面较大的 3 对动合触头组成。辅助触头接于控制回路，通过小电流，其接触面积小，由动合和动断触头成对组成。当接触器线圈未通电时，处于断开状态的触头称为动合触头；当接触器线圈未通电时，处于接通状态的触头称为动断触头。触头一般采用双断头桥式结构，其中两个触头串在同一电路中，同时接通或分断。

灭弧装置起熄灭电弧的作用，20A 以上大容量的交流接触器一般采用缝隙灭弧罩及灭弧栅片灭弧，小容量的交流接触器采用双断口触头灭弧、电动力灭弧、相间隔弧板隔弧及陶土灭弧罩灭弧。

交流接触器的其他部分是指底座、复位弹簧、缓冲弹簧、触头压力弹簧、传动机构和接线柱等。复位弹簧的作用是当线圈通电时，吸引动铁芯将它压缩；当线圈断电时，其弹力使动铁芯、动触头复位。缓冲弹簧的作用是缓冲动铁芯在吸合时对静铁芯和外壳的冲击碰撞力。触头压力弹簧用以增加动静触头之间的压力，增大接触面积，减小接触电阻，避免触头由于压力不足造成接触不良而导致触头过热灼伤，甚至烧损。

当接触器线圈两端加上额定电压时，线圈中通过电流，动、静铁芯间产生大于反作用弹簧弹力的电磁吸力，动铁芯被吸合，带动动铁芯上的触头动作，所有的动合触头都闭合，动断触头都断开。当线圈断电后，电磁吸力消失，在恢复弹簧的作用下，动铁芯和所有的触头都恢复到原来的状态。

接触器的选择主要考虑其类型、操作频率、主触头的额定电压和电流、线圈的电压等级、触头的数量与种类等。

（1）接触器类型的选择：根据电路中负载电流的种类来选择。交流负载选用交流接触器，直流负载选用直流接触器。若整个控制系统中主要是交流负载，而直流负载的容量较小，也可全部使用交流接触器，但触头的额定电流应适当大些。

（2）接触器操作频率的选择：操作频率是指接触器每小时通断的次数。当通断电流较大及通断频率较高时，会使触头过热甚至熔焊。操作频率若超过规定值，应选用额定电流大一级的接触器。

（3）主触头额定电压和电流的选择：主触头的额定电压应大于或等于被控电路的工作电压，主触头的额定电流应大于或等于被控电路的工作电流，若接触器在频繁启动、制动和正反转的场合下使用，一般将主触头的额定电流降低一个等级或将可控制的电动机最大功率减半选用。

（4）线圈电压等级的选择：接触器线圈电压一般出于人身和设备安全角度考虑要选得低一些，但是当线路比较简单、用电量不大时，为了节省变压器，则可选用线圈电压为380V的接触器。

（5）触头的数量与种类的选择：应根据系统控制要求确定主触头和辅助触头的数量和种类，同时要注意其通断能力和其他额定参数。

接触器的安装和使用原则如下。

（1）接触器安装前，应先检查接触器的各部件是否良好，以及线圈的额定电压是否与实际需要相符。

（2）安装时，接触器的底面应与地面垂直，倾斜度应小于5°。安装有散热孔的接触器时，应将散热孔放在上下位置，以利于散热。

（3）安装应牢固，接线应可靠，螺钉应加装弹簧垫和平垫圈，以防松脱和振动。

（4）接触器的触头表面应经常保持清洁，不允许涂油，当触头表面因电弧作用而形成金属小球时，应及时将其除掉。

2. 直流接触器

直流接触器主要用来远距离接通与分断额定电压440V、额定电流至630A的直流电路，或频繁地操作和控制直流电动机启动、停止、反转和反接制动。直流接触器的结构和工作原理与交流接触器基本相同，直流接触器主要由触头系统、电磁系统和灭弧装置三大部分组成。触头有主触头和辅助触头，主触头采用滚动接触的指形触头，辅助触头采用点接触的双断点桥式触头。电磁系统中因线圈中流过的是直流电，铁芯中不会产生涡流，所以可用整块铸铁或铸钢制成，也不需要装短路环。直流接触器常采用磁吹式灭弧装置。

（四）继电器

继电器是一种根据电或非电信号的变化来接通或断开小电流控制电路，实现远距离自动控制和保护的自动控制电器。其输入信号可以是电压、电流等电量，也可以是温度、时间、速度、压力等非电量，而输出则是触头的动作或电参数的变化。一般情况下它不直接控制电流较大的主电路，而是通过接触器或其他电器对主电路进行控制。

继电器的种类繁多，按工作原理可分为电磁式、电动式、感应式、电子式等；按作用可分为保护继电器和控制继电器；按输入信号可分为电压、电流、时间、温度、速度、压力等继电器。通常情况下，电流继电器、电压继电器和热继电器被称为保护继电器，中间继电器、时间继电器和速度继电器称为控制继电器。下面介绍几种常用继电器。

1. 电磁式继电器

电磁式继电器是由控制电流通过线圈所产生的电磁吸力，驱动磁路中的可动部分而实现触头开、闭或转换功能的继电器，广泛用于电力拖动系统中，起控制、放大、联锁、保护与调节的作用，以实现控制过程的自动化。

电磁式继电器种类繁多，按吸引线圈电流种类分，有直流继电器和交流继电器；按动作原理分有电压继电器、电流继电器、中间继电器、时间继电器。

电磁式继电器的结构和工作原理与接触器基本相同，也由电磁系统和触头系统组成。其电磁系统有两种类型：一种电磁系统是直动式，它与小容量的接触器相似；另一种电磁系统是拍合式。在电磁式继电器中装设不同的线圈后，可分别制成电流继电器、电压继电器和中间继电器。直流的电磁式继电器再加装铜套，可以构成电磁式时间继电器。

(1) 电流继电器。电流继电器广泛用于电动机的过载及短路保护，直流电机磁场控制及失磁保护。其触点的动作与线圈中流过的电流大小有关，使用时电流继电器的线圈串接于电路中，反映电路中实际电流的大小，所以线圈阻抗应较被测电路的等值阻抗要小得多，以免影响被测电路的正常工作。因此，电流继电器的线圈导线粗、匝数少。

电流继电器又分过电流继电器和欠电流继电器。当线圈电流高于整定值时动作的继电器称为过电流继电器。过电流继电器在正常工作时衔铁处于释放状态，各触点处于常态；当线圈电流超过某一整定值时，衔铁吸合，动合触点闭合，动断触点断开；一般用于电动机或主电路的短路和过载保护。线圈电流低于整定值时动作的继电器称为欠电流继电器。欠电流继电器在正常工作时衔铁处于吸合状态，各触点处于动作状态；当线圈电流低于某一整定值时，衔铁释放，动合触点断开，动断触点闭合；一般用于直流电动机欠励磁保护。

选择电流继电器时，过电流继电器的额定电流应当大于或等于被保护电动机的额定电流，其动作电流一般为电动机额定电流的 1.7～2 倍，频繁启动时，为电动机额定电流的 2.25～2.5 倍；对于小容量直流电动机和绕线型异步电动机，其额定电流应按电动机长期工作的额定电流选择。欠电流继电器的额定电流应不小于直流电动机的励磁电流，释放动作电流应小于励磁电路正常工作范围内可能出现的最小励磁电流，一般为最小励磁电流的 0.8 倍。

电流继电器的符号如图 3-43 所示。

(2) 电压继电器。电压继电器用于电力拖动系统的电压保护和控制。其触头的动作与线圈的动作电压大小有关，使用时电压继电器的线圈与负载并联，为了不影响电路的正常工作，电压继电器的线圈导线细、匝数多，线圈阻抗大。

电压继电器按线圈电流的种类可分为交流电压继电器和直流电压继电器，按用途可分为过电压继电器、欠电压继电器（或零电压继电器）。当线圈电压

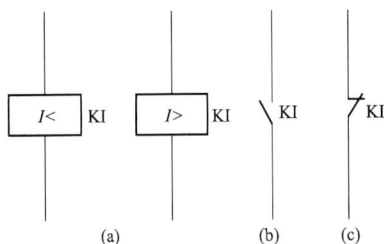

图 3-43 电流继电器的符号
(a) 欠、过电流线圈；(b) 动合触点；(c) 动断触点

高于其额定电压的某一值（即整定值）时动作的继电器称为过电压继电器，过电压继电器在动作前衔铁也处于释放状态。在产品中没有直流过电压继电器，因为直流电路不会产生波动较大的过电压现象。与过电压继电器比较，欠电压继电器在电路正常工作（即未出现欠电压故障）时，其动铁芯处于吸合状态，如果电路出现电压降低至线圈的释放电压（即继电器的整定电压）时，则动铁芯释放，使触头动作，从而控制接触器及时断开电气设备的电源。

一般来说，过电压继电器在电压升至 1.1～1.2 倍额定电压时动作，对电路进行过电压保护；欠电压继电器在电压降至 0.4～0.7 倍额定电压时动作，对电路进行欠电压保护；零电压继电器在电压降至 0.05～0.25 倍额定电压时动作，对电路进行零电压保护。

电压继电器的符号如图 3-44 所示。

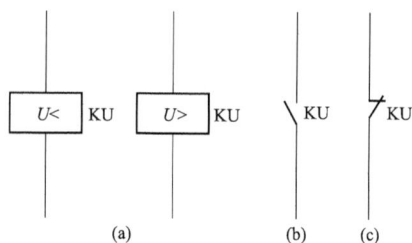

图 3-44   电压继电器的符号
(a) 欠、过电压线圈；(b) 动合触点；(c) 动断触点

（3）中间继电器。中间继电器是一种通过控制电磁线圈的通断，将一个输入变成多个输出信号或将信号放大（即增大触头容量）的继电器。中间继电器的主要作用是，当其他继电器的触头数量或触头容量不够时，可借助中间继电器来扩大它们的触头数或增大触头容量，起到中间转换（传递、放大、翻转、分路和记忆等）作用。对于电动机额定电流不超过 5A 的电气控制系统，中间继电器也可代替接触器来使用。

中间继电器的结构与工作原理与小型直动式接触器基本相同，也采用电磁结构，主要由电磁系统和触头系统组成。只是它的触头系统中没有主、辅之分，各对触头所允许通过的电流大小是相等的。由于中间继电器触头接通和分断的是交、直流控制电路，电流很小，所以一般中间继电器不需要灭弧装置。

中间继电器的选择主要是根据控制电路的电压等级以及所需触头的数量、种类及容量等要求来选择的。

中间继电器的符号如图 3-45 所示。

（4）时间继电器。时间继电器是一种自得到动作信号起至触头动作有一定延时，该延时又符合其准确度要求的继电器，即从得到输入信号（线圈的通电或断电）开始，经过一定的延时后才输出信号（触头的闭合或断开）的继电器。被广泛用于工业及家用电器等自动控制中。

时间继电器的种类很多，按其动作原理可分为电磁阻尼式、空气阻尼式、电动机式、电子式（晶体管式）和近年来发展起来的数字式时间继电器。按其延时方式又分为通电延时型和断电延时型。通电延时型是指时间

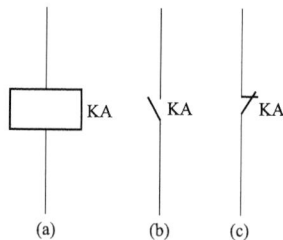

图 3-45   中间继电器的符号
(a) 线圈；(b) 动合触点；(c) 动断触点

继电器接受输入信号后延迟一定时间，输出信号才发生变化；当输入信号消失后，输出瞬时复原。断电延时型是指时间继电器接受输入信号时，瞬时产生相应的输出信号；

当输入信号消失后，延迟一定时间，输出才复原。下面仅介绍应用较多的空气阻尼式时间继电器。

空气阻尼式时间继电器主要由电磁系统、延时机构和触头系统等三部分组成。它是利用空气的阻尼作用进行延时的，有通电延时型和断电延时型两种。图3-46所示为空气阻尼式时间继电器的结构原理图，其电磁系统为直动式双E型，延时机构采用气囊式阻尼器。当动铁芯（衔铁）位于静铁芯和延时机构之间的位置时为通电延时型；当静铁芯位于动铁芯和延时机构之间位置时为断电延时型。

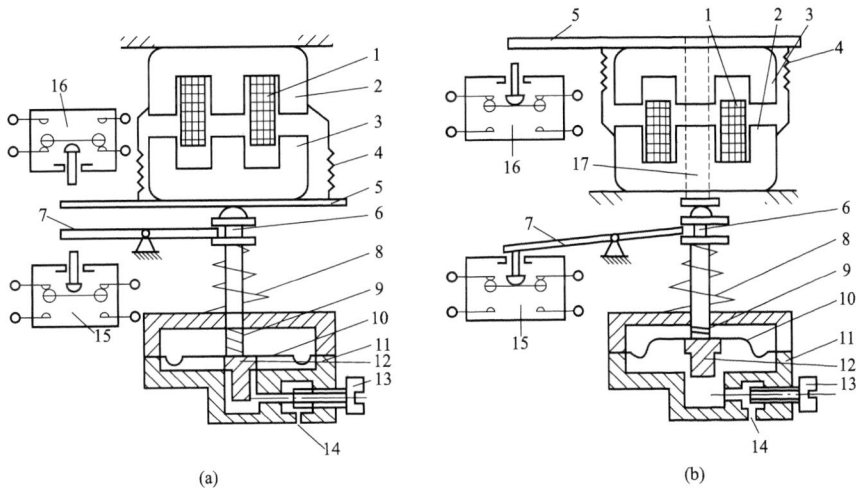

图3-46　空气阻尼式时间继电器的结构原理图

（a）通电延时型；（b）断电延时型

1—线圈；2—静铁芯；3—动铁芯；4—反力弹簧；5—推板；6—活塞杆；7—杠杆；8—塔形弹簧；
9—弱弹簧；10—橡皮膜；11—空气室壁；12—活塞；13—调节螺钉；
14—进气孔；15、16—微动开关；17—推杆

通电延时型时间继电器的工作原理为：

当线圈通电时，动铁芯克服反力弹簧的阻力与静铁芯吸合，瞬时触头动作。同时活塞杆在塔形弹簧的作用下向上移动，由于受到进气孔进气速度的限制，橡皮膜下面形成空气稀薄的空间，与橡皮膜上面的空气形成压力差，对活塞的上面产生阻尼作用，所以活塞杆和杠杆只能缓慢地下移。经过一段时间后，活塞才能完成全部行程而通过杠杆压动微动开关，使其触头动作，起到通电延时作用。从线圈得电到微动开关动作的一段时间即为时间继电器的延时时间，通过调节螺钉调节进气孔的气隙大小可以改变延时时间的长短，进气越快，延时越短。

当线圈断电时，动铁芯在反力弹簧的作用下通过活塞杆将活塞推向下端，这时橡皮膜下方气室内的空气通过单向阀迅速从橡皮膜上放气室缝隙中排掉，使微动开关迅速复位。

只要将通电延时型时间继电器的电磁系统翻转180°安装，即可得到断电延时型的时间继电器。其工作原理读者可自行分析。

空气式时间继电器结构简单、价格低廉，延时范围较大（0.4～180s），但延时准确度较低，不宜用在要求延时精度较高的控制电路中。

时间继电器的图形符号如图 3-47 所示。

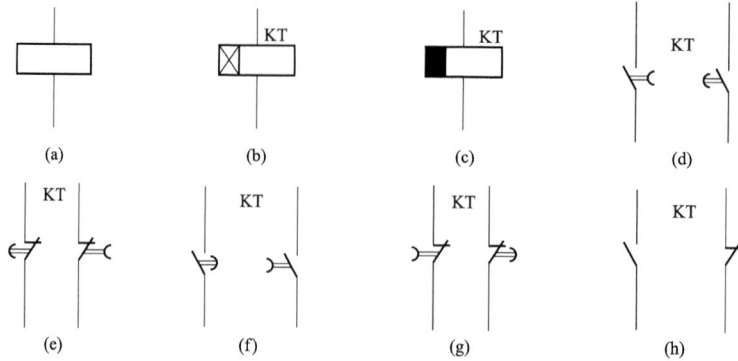

图 3-47　时间继电器的图形符号

（a）线圈符号；（b）通电延时线圈；（c）断电延时线圈；（d）延时闭合动合触头；
（e）延时断开动断触头；（f）延时断开动合触头；（g）延时闭合动断触头；（h）瞬动触头

2. 热继电器

热继电器是一种利用电流的热效应来推动传动机构，进而使触头系统实现闭合或断开的保护电器。常与接触器配合使用，主要用于电动机的过载保护、断相及电流不平衡运行的保护及其他电气设备发热状态的控制。

热继电器按动作方式分有双金属片式、热敏电阻式和易熔合金式三种；按加热方式分有直接加热式、复合加热式、间接加热式和电流互感器加热式四种；按极数分有单极、双极和三极三种；按复位方式分自动复位和手动复位两种。

双金属片式热继电器的结构如图 3-48 所示。它由双金属片、加热元件、触头、动作机构、整定值（电流）调节旋钮、复位按钮等组成。双金属片是由两种膨胀系数不同的金属片碾压而成；加热元件一般用铜镍合金、镍铬合金或铬铝合金等材料制成，形状有丝状、片状或带状等；动作机构是利用杠杆传递及弹簧跳跃式机构完成触头动作的，触头一般为一个触头动断、一个触头闭合；复位机构有自动复位和手动复位两种形式，可根据使用要求自由调整；电流整定装置是通过旋钮和偏心轮来调节整定电流值的。

热继电器的工作原理图如图 3-49（a）所示。热元件 4 串接于主电路中，且缠绕在双金属片 5 上。当电动机过载时，热元件 4 中通过的电流增大，使之发热量增加，双金属片 5 受热膨胀，因双金属片左侧的一片膨胀系数较大，因此双金属片下端向右弯曲，通过导板 6 推动温度补偿双金属片 7，使推杆 10 绕轴转动，又推动了杠杆 15 绕转轴 14 转动，于是动断静触头 16 断开。在控制电路中，动断静触头 16 串在接触器的线圈回路中，因此接触器线圈断电，接触器的主触头分断，从而切断过载电路。电源切断后，电流随即消失，双金属片逐渐冷却，经过一段时间后又恢复原状，于是动触头在失去作用力的情况下靠自身弹簧的作用自动复位。热继电器也可以采用手动复位。

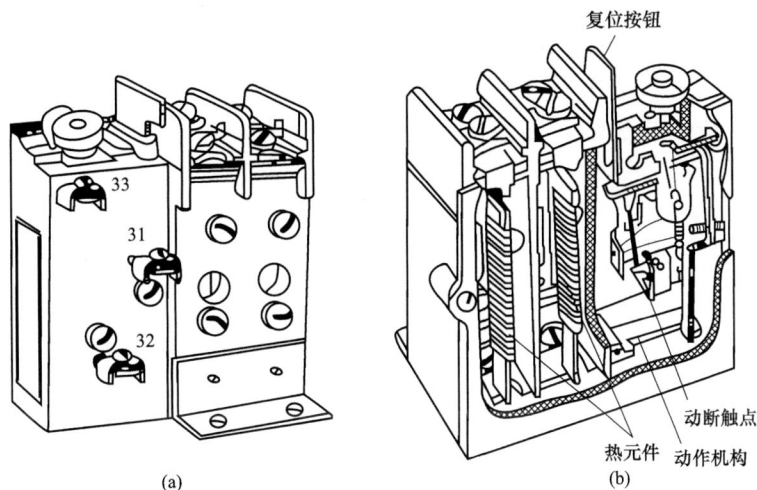

图 3-48 双金属片式热继电器的外形及结构

(a) 外形；(b) 结构

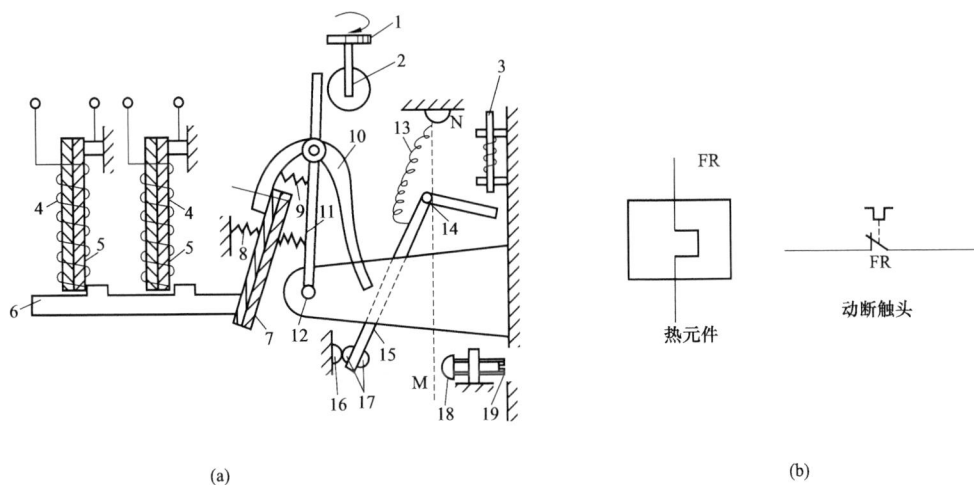

图 3-49 双金属片式热继电器的原理及符号图

(a) 原理图；(b) 符号

1—调节旋钮；2—偏心轮；3—复位按钮；4—热元件；5—双金属片；6—导板；7—温度补偿双金属片；
8、9、13—弹簧；10—推杆；11—支撑杆；12—支点；14—转轴；15—杠杆；16—动断静触头；
17—动触头；18—动合静触头；19—复位调节螺钉

热继电器的整定电流是指长期流过热元件而不致引起热继电器动作的最大电流，超过此值后就动作。整定电流的大小可以通过电流调节装置来调整。

热继电器的选择：①热继电器的额定电流等级一般略大于电动机的额定电流。热继电器选定后，再根据电动机的额定电流调整热继电器的额定电流，使整定电流与电动机的额定电流相等；②一般情况下可选用两相结构的热继电器，若电网电压均衡性较差时可选用三相结构的热继电器。对三角形连接的电动机，应选择带断相保护的热继电器；③热继电器只能做长期过载保护，不能做短路保护。

热继电器的安装和使用：①当热继电器与其他电器安装在一起时，应将其安装在其他电器的下方，以免其动作特性受到其他电器发热的影响；②热继电器的连接导线应符合规定要求。若导线过细，热继电器可能提前动作；若导线太粗，热继电器可能滞后动作；③对于点动、重载启动、连续正反转及反接制动运行的电动机，一般不宜使用热继电器。

热继电器的符号如图 3-49（b）所示。

（五）熔断器

熔断器俗称保险，是一种简单而有效的一次性短路保护电器。熔断器在使用时，串接在电路中，当电路中发生短路时，熔断器熔断，从而切断电路，达到短路保护的目的。

熔断器按其熔体形状可分为丝状、片状、笼状（栅状）三种；按其支架结构可分为插入式、螺旋式和管式三种，其中管式又分为有填料和无填料两种。图 3-50 所示为几种常用熔断器的结构图及符号。图 3-50（a）为无填料式管式熔断器，其熔体为变截面锌片，中间有几个蜂腰部，装于纤维熔管内，两端用铜帽封住。熔片熔断时先从腰部熔断，产生金属气体少，间隔大，便于灭弧。此熔断器断流能力强，用于配电柜和控制柜中作短路保护和严重过载保护。图 3-50（b）所示为瓷插式熔断器，其结构简单，价格便宜，但极限断开电流小，一般只用于低压分支电路或小容量电路的短路保护。图 3-50（c）所示为螺旋式熔断器，瓷质熔管内装有熔丝，两端用铜帽封闭，防止电弧喷出管外。熔管一端有熔断指示器，熔断时能自动弹出。此熔断器极限开断电流大，体积小，使用方便，应用广泛。

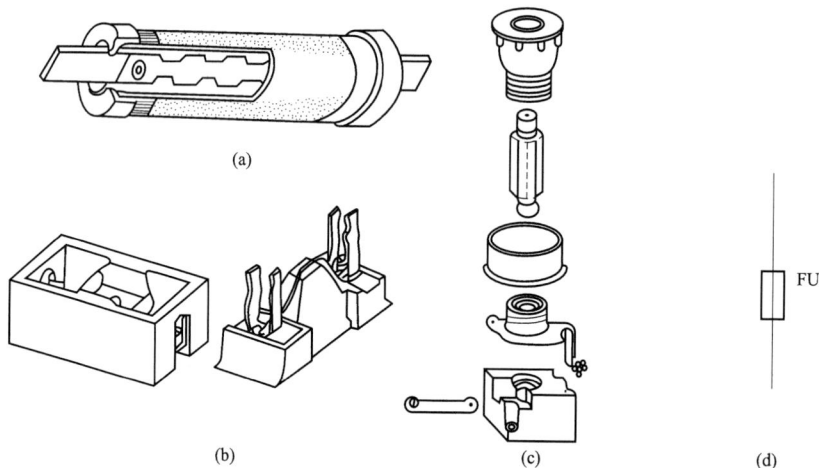

图 3-50　熔断器

（a）管式熔断器；（b）插式熔断器；（c）螺旋式熔断器；（d）符号

熔断器的种类较多，但其结构和原理是相似的。熔断器主要由熔体和熔管两部分组成。其中熔体是主要元件，是熔断器的核心部分，由熔点较低的、电阻率较高的铅、锡等金属材料或漆合金材料制成丝状或片状，串接在电路中，主要起短路保护的作用。熔管由绝缘材料制成，其主要作用是安装熔体，此外在熔体熔断时兼有灭弧作用。当电路正常工作时，熔体允许通过一定大小的电流而不熔断；当电路发生短路时，通过熔体的短路电流产生的热量达到熔体的熔点，熔体融化而断开，从而自动切断电路，保护了电源和用电设备。

选择熔断器，首先应根据被保护电路的要求选择熔体的额定电流，然后根据使用条件选择熔断器的类型。

1. 熔体额定电流的选择

(1) 在无冲击电流（启动电流）的电路中，如变压器、电炉、照明及输配电线路等，熔体的额定电流应略大于或等于线路正常工作电流。

(2) 对于有冲击电流的电路，如电动机电路，为了保证电动机既能启动，又能发挥熔体的保护作用，熔体的额定电流计算式可表示为

$$熔体的额定电流 \geqslant \frac{电动机的启动电流}{1.5 \sim 2.5} \qquad (3-40)$$

$$熔体的额定电流 \geqslant (1.5 \sim 2.5) \times 容量最大的电动机的额定电流$$
$$+ 其余电动机的额定电流之和 \qquad (3-41)$$

式 (3-40) 用于单电动机启动回路，式 (3-41) 用于多台电动机回路。

2. 熔断器类型的选择

电网配电一般用管式熔断器；电动机保护一般用螺旋式熔断器；照明电路一般用瓷插式熔断器；保护可控硅元件则应选用快速熔断器。

安装和使用熔断器应注意以下问题。

(1) 安装螺旋式熔断器时，必须注意将电源线接到瓷底座的下接线端（即低进高出），以保证安全。

(2) 瓷插式熔断器安装熔丝时应留有一定的松弛度，且注意不要损伤熔丝，以免造成误动作。

(3) 熔体熔断后必须更换额定电流相同的新熔体，不许用铜丝或铝丝来随便代替。

(4) 更换熔体时应切断电源，以保证安全。

第五节　三相交流异步电动机的基本控制线路

各种生产机械和车床的运动部件一般都是由电动机来带动，不同的生产机械和车床对电动机的运行方式的要求不同，常用的有启动、正反转、调速及制动等。因此，只要对电动机的运行方式进行自动控制，就能使生产机械和车床按预定的要求工作。对电动机进行自动控制，目前用得较多的是由继电器、接触器、按钮等低压电器组成的电气控制线路，这种控制系统一般称为继电接触器控制系统。本节主要介绍三相异步电动机的一些基本电气控制线路。

在电气工程中，继电接触器控制系统常用原理图和施工图来描述。施工图又包括电气元件布置图和电气接线图，是电器元件的布置、安装和接线的主要依据；而原理图是分

析电气控制原理、绘制及识读电气元件布置图和电气接线图的主要依据。本节只介绍原理图。

电气原理图是用于描述电气控制线路的工作原理以及各电器元件的作用和相互关系，而不考虑各电路元件的实际位置和实际连线。一般根据其作用原理画出，把控制电路和主电路清楚地分开。主电路画在控制电路的左边或上边；同一电器的各部件（如接触器的线圈和触点）是分散的，按其作用的不同画在电路的有关环节中，为了表明它们属于同一电器，它们用同一设备文字符号来标注（如接触器的线圈和触点都标注为 KM）；原理图中所有触点状态，均为未通电、未发生机械动作前的状态。

一、笼型电动机的直接启动控制线路

1. 用开关直接启动的控制线路

图 3-51 所示是一种最简单的手动直接启动控制线路。其工作原理非常简单，即手动开关 QS 闭合，三相异步电动机就启动运转；QS 断开，三相异步电动机就停止运转。显然为手动控制，无法实现自动控制或远距离操作。此线路仅适用于一些小型设备如台钻、砂轮机、机床的冷却泵电动机等。

2. 用接触器直接启动的控制线路

用接触器实现的直接启动控制线路不仅可以实现自动控制和远距离操作，同时还可方便地实现点动控制和长动控制。所谓点动控制是指，按下按钮时电动机就转动运行，松开按钮时电动机就停止运行。而长动控制是指，按下启动按钮，电动机启动运行，松开启动按钮，电动机仍然继续运行，只有当按下停止按钮时，电动机才停止运行。

（1）点动控制电路。图 3-52 是最基本的点动控制电路。该电路由隔离开关 QS、熔断器 FU、接触器 KM、热继电器 FR、按钮 SB 及三相异步电动机 M 组成。

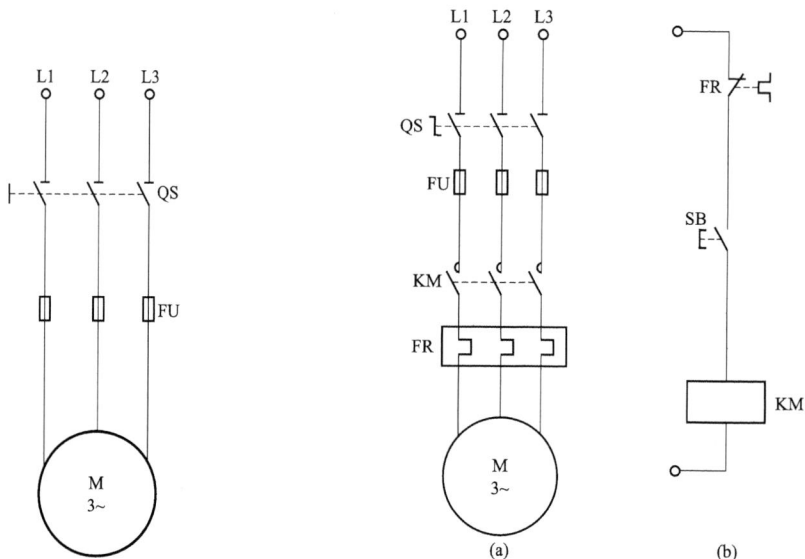

图 3-51 手动直接启动控制线路

图 3-52 点动控制电路

其工作原理如下。

合上隔离开关 QS，接通三相电源。

启动：按下按钮 SB——→接触器 KM 线圈通电——→KM 主触头闭合——→电动机 M 启动运行。

停止：松开按钮 SB——→接触器 KM 线圈断电——→KM 主触头断开——→电动机 M 停止转动

（2）长动控制电路。如果要求电动机启动后连续运行时，显然采用点动控制是不可行的。因为在点动控制中，要使电动机 M 连续运行，按钮 SB 就不能断开，这在实际中是不可行的。此时可采用长动控制线路，如图 3-53 所示。

该线路的主电路与点动控制线路的主电路相同，但控制电路中又串接了一个停止按钮 SB1，在启动按钮 SB2 的两端并接了接触器 KM 的一对动合辅助触头。

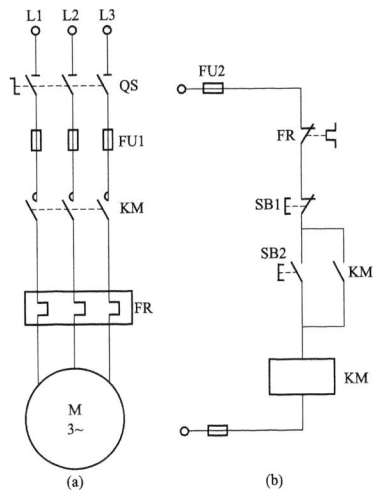

图 3-53　长动控制电路

其工作原理如下。

合上隔离开关 QS，接通三相电源。

启动：按下启动按钮 SB2——→KM 线圈通电——→

┌──→KM 动合辅助触头闭合──┐
│   ├──→电动机 M 启动并连续运行
└──→KM 主触头闭合──────┘

停止：按下停止按钮 SB1——→KM 线圈断电——→

┌──→KM 动合辅助触头断开──┐
│   ├──→电动机 M 停止运行
└──→KM 主触头断开──────┘

在启动后松开启动按钮 SB2 后，KM 线圈仍然通电，电动机 M 继续运行。这是因为，在 SB2 的两端并联了 KM 的一对动合辅助触头，当 KM 通电时，其动合辅助触头已经闭合，因此当松开 SB2 时，KM 线圈仍然通电。我们把这种当启动按钮 SB2 复位后，接触器 KM 通过自身的动合辅助触头闭合而使 KM 线圈继续保持通电的作用称为自锁。并联在 SB2 两端的动合辅助触头称为自锁触头。

按下停止按钮 SB1 时，KM 线圈断电，电动机 M 停止运行，当松开 SB1 时，由于接触器 KM 的自锁触头在 KM 线圈断电时已经分断，解除了自锁，SB2 也是分断的，因此 KM 不会通电，电动机 M 也不会转动。

线路中的保护环节如下。

（1）短路保护。主要由电路中的熔断器 FU 来实现。当发生短路时，熔断器立即熔断，切断了主电路或控制电路，防止短路事故对电源造成损害。为了扩大保护范围，熔断器在线路中应安装在靠近电源端，通常安装在隔离开关下边。

（2）过载保护。由线路中的热继电器 FR 来实现。当电动机出现长期过载时，串联在控制线路中的热继电器 FR 的动断触点断开，切断了控制电路，KM 线圈无电，电动机停止运行，实现了过载保护。

（3）欠压和零压保护。当电源电压严重不足或电源突然断电时，接触器电磁吸力减弱或者消失，KM 主触头断开，自锁触点断开，电动机 M 停止运行。当电源电压恢复正常时，电动机不会自行恢复运行，避免了可能造成的人身伤亡或设备损坏事故的发生。具有自锁的控制线路具有失压和欠压保护的功能。

二、笼型电动机正反转控制线路

在实际生产中往往要求运动部件能够向正反两个方向运动。例如，起重机的上升和下降，主轴的正转和反转，机床工作台的前进与后退等。这就要求电动机能够正反向旋转。由电动机工作原理可知，电动机转子的转向与旋转磁场的方向相同，而旋转磁场的方向又决定于通入定子绕组的三相电流的相序。因此，改变定子绕组三相电流的相序，就可以改变转子的转向。即只要将电动机与电源的任意两根连线对调一头即可。

常用的正反转控制线路有手动控制、接触器控制及自动往返行程控制等。下面介绍其中的几种。

1. 手动控制的正反转控制线路

图 3-54 所示为手动控制的正反转控制线路，其中利用倒顺开关来达到手动控制的目的。倒顺开关有三个控制挡位，其中一个挡位为电源以某一相序如 L1—L2—L3 与电动机接通，另一挡位为电源以 L3—L2—L1 与电动机接通，第三挡位为电源与电动机断开。旋转手柄，可使电动机分别工作于正转、反转或停止状态。

应当注意的是，无论电动机是从正转到反转，还是从反转到正转，都应先"停止"，然后再进行转换，因为三相电源如果突然反接，会产生很大的冲击电流，将对定子绕组的绝缘线损坏，减少其使用寿命。

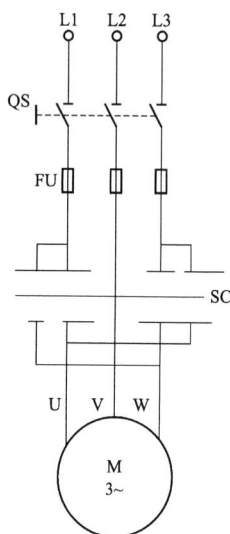

图 3-54 手动控制的正反转控制线路

2. 接触器控制的正反转控制线路

图 3-55 为接触器控制的正反转控制线路，其中 KM1、KM2 分别控制电动机的正转与反转，SB1 为正转启动按钮，SB2 为反转启动按钮，SB3 为停止按钮。

图 3-55（a）中，按下正转启动按钮 SB1，KM1 线圈通电，主触头闭合，电动机正转，同时 KM1 的动合辅助触头闭合，实现自锁；若要电动机反转，需先按下停止按钮 SB3，电动机停转；然后再按反转按钮 SB2，KM2 线圈通电，主触头闭合，电动机反转；同时 KM2 的动合辅助触点闭合，实现自锁。

在此线路中，若要电动机改变转动方向，必须按照正确的步骤去操作。即无论是从正转到反转，还是从反转到正转，都应先按停止按钮 SB3，使电动机停转，然后再切换正、反按钮。若操作错误，如在正转时，按下反转按钮 SB2，则 KM1 与 KM2 将同时带电，主触头均闭合，由线路图不难看出，此时三相电源发生两相短路。为了避免这种现象发生，通常在控制线路中采用联锁的方法来解决。

常用的联锁方法有两种。一种是采用接触器辅助触点联锁，即 KM1、KM2 的动断辅助触点分别串接在对方的线圈电路中,二者形成一种相互制约的关系,当其中一个带电时,另一个必然断电,如图 3-55(b)所示。另一种是采用复合按钮实现联锁控制,即将复合按钮两对触头(一对动断,一对动合)分别串接在两个线圈的电路中,如图 3-55(c)所示。

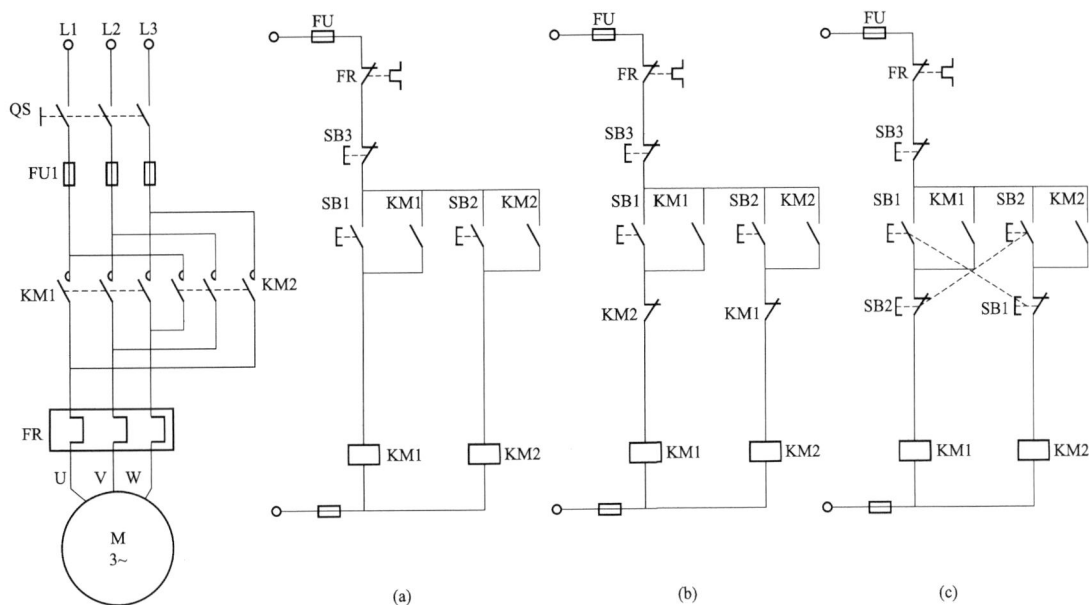

图 3-55 接触器控制的正反转控制线路

图 3-55(b)的工作原理如下。

合上电源开关 QS,接通三相电源。

正转:按下启动按钮 SB1 → KM1 线圈通电 →
- → KM1 动合辅助触头闭合,自锁
- → KM1 动断辅助触头断开,与 KM2 联锁
- → KM1 主触头闭合,电动机正转

反转:按下停止按钮 SB3 → KM1 线圈失电 →
- → KM1 主触头断开,电动机停转
- → KM1 动合辅助触点断开,解除自锁
- → KM1 动断辅助触点闭合,解除与 KM2 联锁

然后按下反转按钮 SB2 → KM2 线圈通电 →
- → KM2 动合辅助触头闭合,自锁
- → KM2 动断辅助触头断开,与 KM1 联锁
- → KM2 主触头闭合,电动机反转

停止:按下停止按钮 SB3 → 整个控制线路断电 → KM1(或 KM2)主触头断开 → 电动机停转。

上述电路中,由于采用了接触器辅助触点互相联锁,因而增强了线路工作的安全可靠性,不会因操作有误而引起电源短路。但此线路的缺点是:操作不方便。当电动机由正转到反转,或者由反转到正转时,必须先按下停止按钮,然后才能按正、反转按钮。图 3-55(c)就是针对此缺点改进后的采用复合按钮联锁的控制线路。

图 3-55(c)中,SB1、SB2 均采用复合按钮,每个按钮有两对触点,一对动合触点,一对动断触点,动断触点串接在对方的线圈电路中,其工作原理与图 3-55

（b）的工作原理基本相同，只是当电动机由正转到反转时，不必只按停止按钮 SB3，可直接按 SB2 即可。因为按下 SB2 时，SB2 串接在 KM1 回路中，动断触点即断开，KM1 失电，电动机停止正转，随后，SB2 的动合触点闭合，KM2 线圈带电，电动机反转，这样不仅操作方便，而且保证了 KM1 和 KM2 不会同时带电，发生电源短路事故。

3. 用行程开关控制的自动往复控制电路

在实际工作中，往往要求生产机械的运动部件能够在一定距离内进行自动往返运动，这就要求在电动机的正反转回路中再接入一个能够控制行程的行程开关。图 3-56 即为用行程开关实现的自动往复循环控制线路。

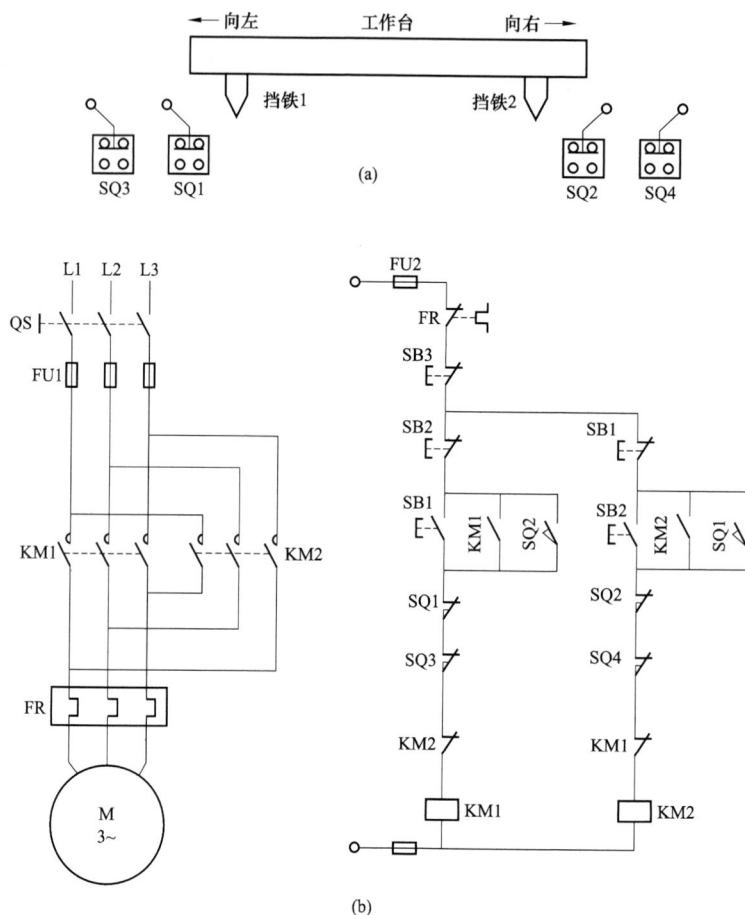

图 3-56 用行程开关实现的自动往复循环控制线路

图 3-56（a）所示为工作台自动往复运动示意图。图中 SQ1 为左移转右移的行程开关，SQ2 为右移转左移的行程开关，SQ3 为左移极限保护开关，SQ4 为右移极限保护开关。

图 3-56（b）为实现图 3-56（a）的控制线路，其中 SB1 为左移启动按钮，SB2 为右移启动按钮，SB3 为停止按钮。

合上开关 QS。

启动：按下启动按钮 SB1 ─→KM1 线圈通电

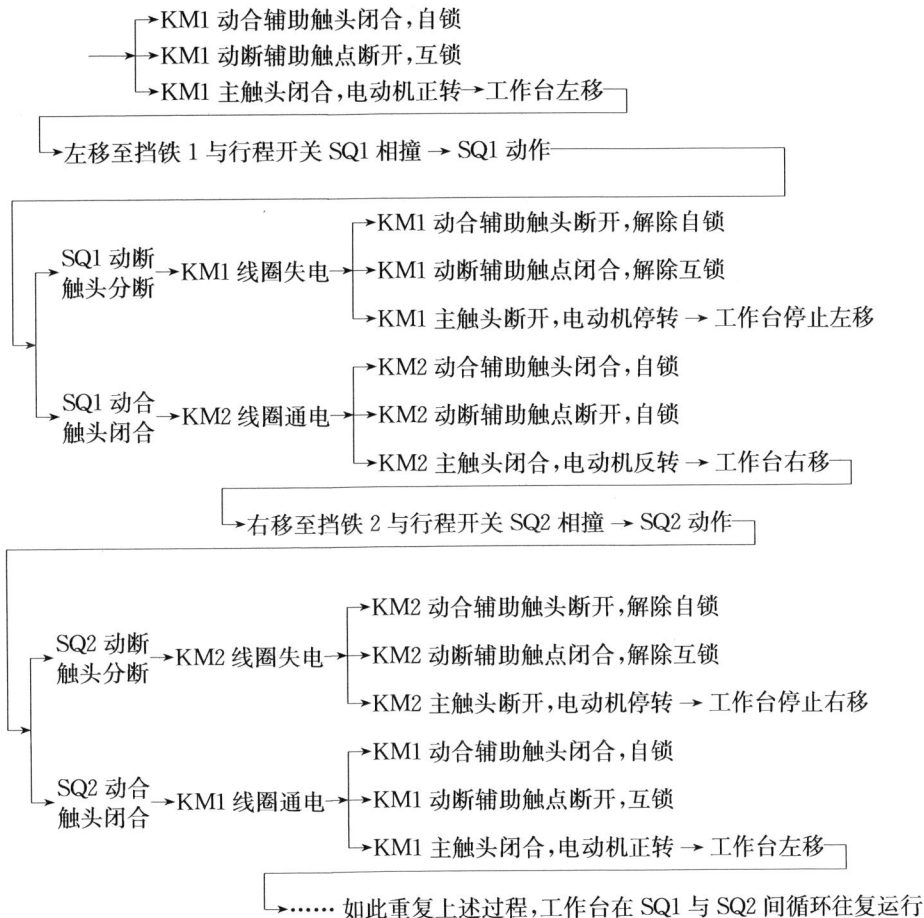

　　　　┌─→KM1 动合辅助触头闭合，自锁
　　→─┼─→KM1 动断辅助触点断开，互锁
　　　　└─→KM1 主触头闭合，电动机正转─→工作台左移─┐

　┌→左移至挡铁 1 与行程开关 SQ1 相撞 → SQ1 动作─────────┐

　│　　　　SQ1 动断　　　　　　　┌─→KM1 动合辅助触头断开，解除自锁
　│　　　　触头分断 ─→KM1 线圈失电 ─┼─→KM1 动断辅助触点闭合，解除互锁
　│　　┌─   └─→KM1 主触头断开，电动机停转 → 工作台停止左移
　└─┤
　　　└─　SQ1 动合　　　　　　　┌─→KM2 动合辅助触头闭合，自锁
　　　　　　触头闭合 ─→KM2 线圈通电 ─┼─→KM2 动断辅助触点断开，自锁
　　　　　　　　　　　　　　　　　　└─→KM2 主触头闭合，电动机反转 → 工作台右移─┐

　┌→右移至挡铁 2 与行程开关 SQ2 相撞 → SQ2 动作─────────┐

　│　　　　SQ2 动断　　　　　　　┌─→KM2 动合辅助触头断开，解除自锁
　│　　　　触头分断 ─→KM2 线圈失电 ─┼─→KM2 动断辅助触点闭合，解除互锁
　│　　┌─   └─→KM2 主触头断开，电动机停转 → 工作台停止右移
　└─┤
　　　└─　SQ2 动合　　　　　　　┌─→KM1 动合辅助触头闭合，自锁
　　　　　　触头闭合 ─→KM1 线圈通电 ─┼─→KM1 动断辅助触点断开，互锁
　　　　　　　　　　　　　　　　　　└─→KM1 主触头闭合，电动机正转 → 工作台左移─┘

　　　　└─→……如此重复上述过程，工作台在 SQ1 与 SQ2 间循环往复运行

停止：按下停止按钮 SB3→KM1 或 KM2 断电→电动机停转→工作台停止左移或右移

当行程开关 SQ1 或 SQ2 失灵时，行程开关 SQ3 和 SQ4 可以起到保护的作用，避免工作台因超出极限位置而发生事故。如当 SQ1 失灵时，工作台继续左移，当左移至挡铁 1 与 SQ3 相通时，SQ3 动作，使 KM1 线圈断电，电动机停止运转，从而使工作台停止左移。

三、异步电动机的丫—△降压启动控制线路

丫—△降压启动是指，在启动时将定子绕组接成丫形，待转子转速接近额定转速时，再将定子绕组改接成△形，这样可以在启动时降低加在每相定子绕组上的电压，从而减小启动电流。其启动电流可减小为直接启动时的 1/3，同时，启动转矩也减小为原来的 1/3，因此，此方法只能用于空载或轻载下且正常运行时定子绕组为△接法的三相异步电动机。

图 3-57（a）为按钮、接触器控制的丫—△降压启动控制线路。图中，接触器 KM1 的作用是引入电源，KM2 为丫形连接，KM3 为△形连接，SB1 为停止按钮，SB2 为启动按钮，SB3 为丫—△切换按钮。

电路的工作原理如下。

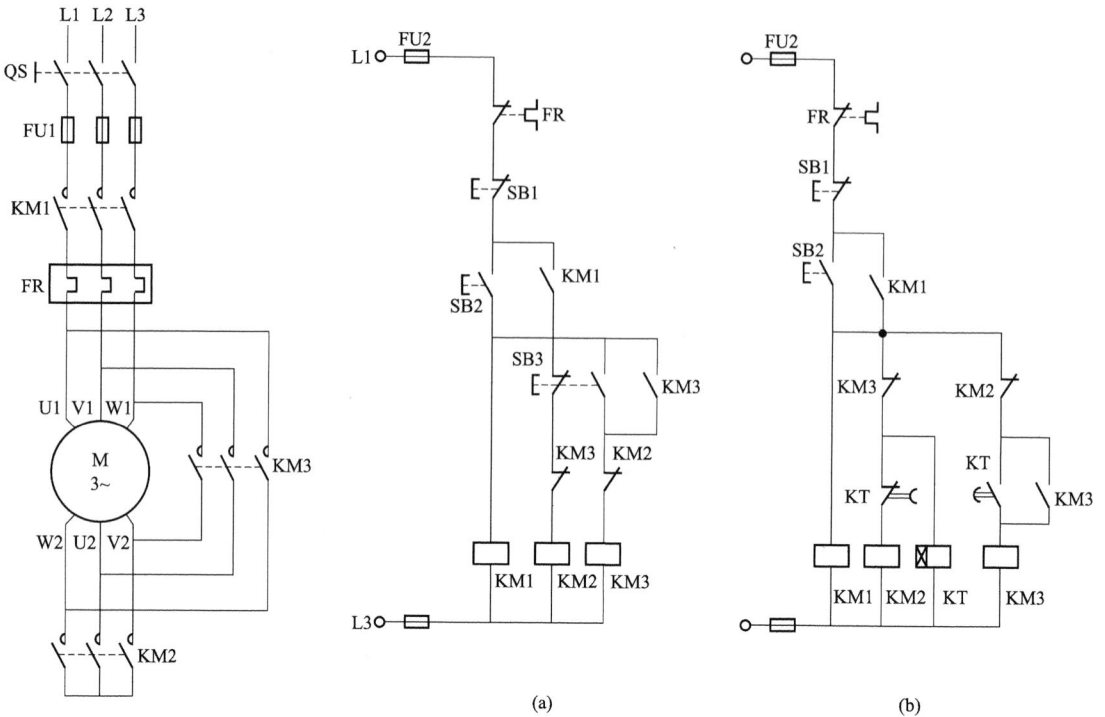

图 3-57 Y—△降压启动控制线路

闭合隔离开关 QS，接通三相电源。

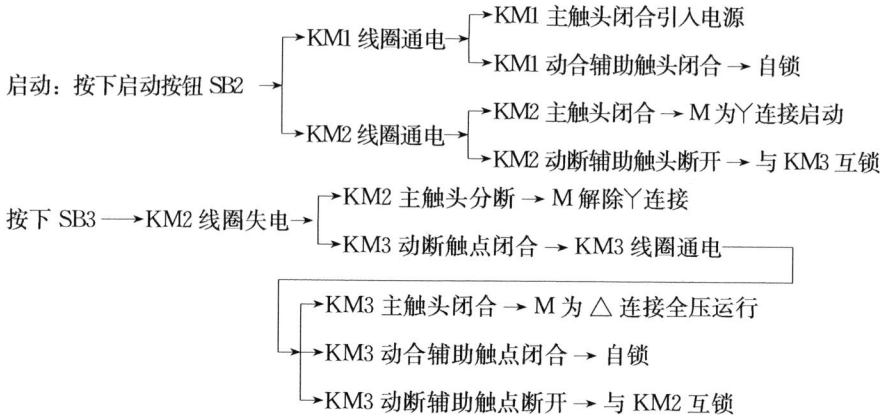

启动：按下启动按钮 SB2 →
- → KM1 线圈通电 →
  - → KM1 主触头闭合引入电源
  - → KM1 动合辅助触头闭合 → 自锁
- → KM2 线圈通电 →
  - → KM2 主触头闭合 → M 为 Y 连接启动
  - → KM2 动断辅助触头断开 → 与 KM3 互锁

按下 SB3 → KM2 线圈失电 →
- → KM2 主触头分断 → M 解除 Y 连接
- → KM3 动断触点闭合 → KM3 线圈通电 →
  - → KM3 主触头闭合 → M 为 △ 连接全压运行
  - → KM3 动合辅助触点闭合 → 自锁
  - → KM3 动断辅助触点断开 → 与 KM2 互锁

停止时只要按下 SB1 即可。

此外，Y—△的切换也可采用时间继电器控制方式，即切换时间由时间继电器控制。图 3-57（b）所示即为时间继电器控制的 Y—△降压启动控制线路，其工作原理如下。

按下启动按钮 SB2→

```
                    ┌→ KM1 主触头闭合，引入电源
  ┌→ KM1 线圈通电 ─┤
  │                 └→ KM1 动合辅助触头闭合，自锁
  │
  │  KM2 线圈      ┌→ KM2 主触头闭合，M 为丫连接启动
  ├→ 通电        ─┤
  │                └→ KM2 动断辅助触点断开，与 KM3 互锁
  │
  │  KT 线圈
  └→ 通电     ──→ KT 动断触头延时断开 ─→ KM2 线圈失电 ─┐
  ┌──────────────────────────────────────────────────┘
  ├→ KM2 主触头分断，M 解除丫连接
  │
  │  KM2 常闭      KM3 线圈      ┌→ KM3 主触头闭合，M 为△ 连接全压运行
  └→ 触点闭合 ─→ 通电        ─┤                              ┌→ 与 KM2 互锁
                                 └→ KM3 动断辅助触点断开 ─→ ┤
                                                             └→ KT 线圈断电
```

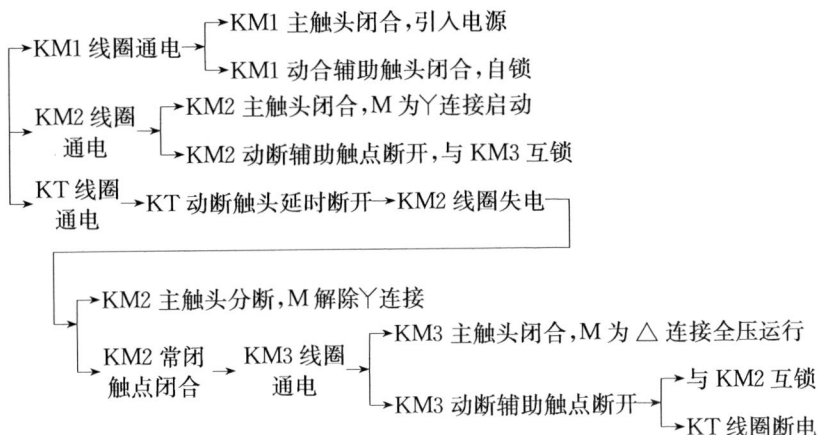

停止时只要按下 SB1 即可。

习　　题

3-1　交流铁芯线圈的功率损耗有哪些？其铁芯的结构是怎样的？

3-2　交流电磁铁和直流电磁铁在结构上有什么区别？在吸合过程中，二者的吸力是如何变化的？

3-3　变压器能变换直流电压吗？如果将变压器接到与它的额定电压相同的直流电源上，会产生什么后果？

3-4　某额定容量为 $S=10kVA$ 的单相变压器，一次、二次绕组的额定电压分别为 $U_{1N}=220V$，$U_{2N}=110V$。求变压器的变比及一次、二次绕组的额定电流各为多少？

3-5　有一台单相照明变压器，容量为 2kVA，额定电压为 220V/36V。今欲在二次绕组上接 40W/36V 的白炽灯，如果变压器在额定状态下运行，这种电灯可以接多少个？

3-6　将 $R_L=8\Omega$ 的扬声器直接接于一信号源，信号源电压 $U_S=6V$，内阻 $R_0=72\Omega$。求：

(1) 信号源的输出功率；

(2) 若将扬声器接于变压器二次绕组，变压器一次绕组接信号源，变压器一次绕组匝数 $N_1=300$ 匝，二次绕组匝数 $N_2=100$ 匝，求此时信号源输出的功率。

3-7　为什么要通过仪用互感器测量高压电路的电压和电流？

3-8　简述三相异步电动机的工作原理。

3-9　使异步电动机反转的方法是什么？

3-10　绕线型异步电动机的转子三相滑环与电刷全部分开时，将定子绕组与三相电源接通时，转子能否转动起来？为什么？

3-11　一台 Y112M-4 型的三相异步电动机，其额定功率为 4KW，额定转速为 1440r/min，则该电动机的同步转速、额定转差率及额定转矩分别为多少？

3-12　一台额定电压为 380V 的三相笼型电动机，定子绕组为△连接。该电动机能否采用丫—△换接启动？若能采用丫—△换接启动，每相定子绕组承受的电压是多少？启动电流和启动转矩有何变化？

3-13　异步电动机有哪几种调速方法？

3-14　异步电动机的制动方法有哪些？

3-15　什么是低压电器？低压电器有哪些种类？

3-16　熔断器的作用是什么？为什么一般不允许用铜丝代替熔丝？

3-17　热继电器的作用是什么？为什么一般只需在电动机的两根进线中装设热继电器即可？

3-18　接触器具有什么保护作用？

3-19　试分析图3-58所示各控制电路能否实现自锁控制？若不能，请加以改正。

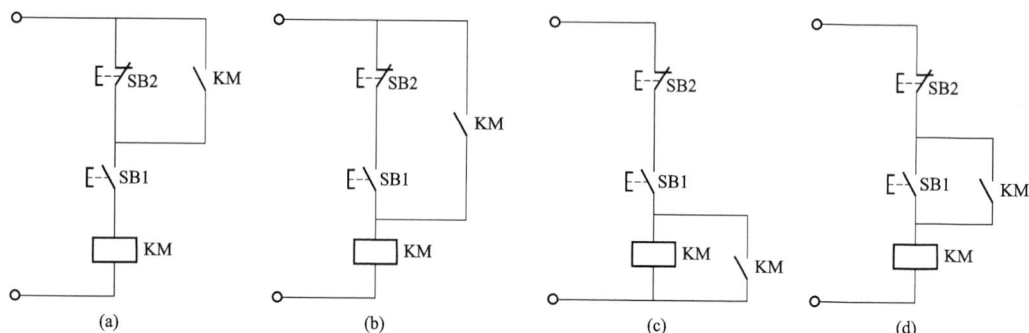

图3-58　题3-19图

3-20　设计一个甲、乙两地能对一台三相笼型电动机进行启动和停止控制的线路图。要求有短路保护、过载保护和失压保护。

实操项目四　三相异步电动机正反转控制线路的装接

一、实训目的

（1）掌握三相异步电动机正反转控制电路的工作原理及接线方法，体会互锁在电路中的作用。

（2）对常见的简单故障应能分析其原因，并排除之。

二、实训器材

本实训用设备、器材、仪表及工具如下。

（1）工具：电工工具一套，有验电笔、电工刀、尖嘴钳、钢丝钳、旋具（一字形和十字形）、活扳手、剥线钳等。

（2）仪表：万用表一块。

（3）设备、器材：三相异步电动机一台（型号为 Y112M-4；规格为 4KW、380V、8.8A、1440r/min），组合开关一个，熔断器五个，交流接触器两个，热继电器一个，按钮三个，控制板一块，主电路导线若干，控制电路导线若干。

三、实训内容及步骤

1. 实训内容

（1）用接触器辅助触点实现联锁的正反转控制。

（2）用复合按钮实现联锁的正反转控制。

2. 实训步骤

(1) 配齐电器元件，并检查各个电器的型号和规格是否满足要求。

(2) 在配电板上合理布置和安装电器元件。

(3) 按图 3 - 55 （b） 所示正反转控制线路接线。

(4) 不通电自检主电路和控制电路。

(5) 检查无误后通电运行。

(6) 按图 3 - 55 （c） 所示正反转控制线路接线。

(7) 检查无误后通电运行。

(8) 比较二者在由正转到反转或由反转到正转时操作方式的不同。

四、实训注意事项

(1) 电动机的外壳必须有良好的接地（或接零）。

(2) 电动机绕组必须按铭牌要求连接成三角形或星形。

(3) 接线时一定要细心，接触器联锁触头接线必须正确，否则将会造成主电路中两相电源短路事故。

(4) 接线完成且自检结束后，经指导教师检查无误后，方可通电试运行。

(5) 若出现问题，应立即断电，并通知指导教师，查找原因，解决问题。

(6) 完成操作后，要整理好现场，养成安全、文明操作的好习惯。

第四章　电 气 安 全 技 术

第一节　发电、输电、配电概述

发电厂按照所利用的能源种类可分为火力、水力、核能、风力、太阳能、生物质能等多种。世界各国建造得最多的主要是火力发电厂、水力发电厂、核电站。近几年，风力发电、太阳能发电也发展很快。

各种发电厂中的发电机几乎都是三相同步发电机，它也是由定子和转子两部分组成的。定子由机座、铁芯和三相绕组等组成，与三相异步电动机的定子基本一样。同步发电机的定子常称为电枢。同步发电机的转子是磁极，有显极和隐极两种。显极式转子具有凸出的磁极，励磁绕组绕在磁极上，如图 4-1 所示。隐极式转子呈圆柱形，励磁绕组分布在转子大半个表面的槽中，如图 4-2 所示。励磁电流是经过电刷和滑环流入励磁绕组的。可采用半导体励磁系统，将交流励磁机（也是一台三相发电机）的三相交流电经三相半导体整流器变换为直流，供励磁使用。

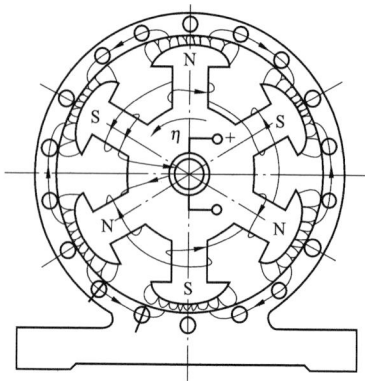

图 4-1　显极式同步发电机的示意图　　　　图 4-2　隐极式同步发电机的示意图

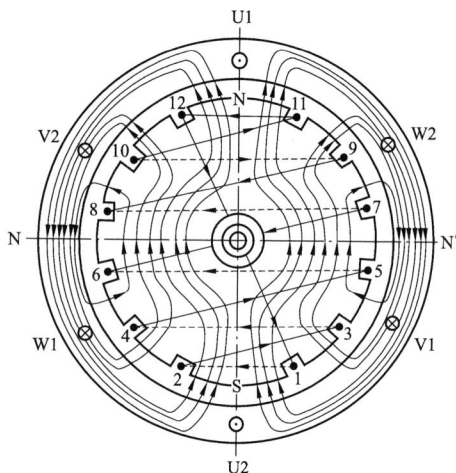

显极式同步发电机的结构较为简单，但是机械强度较低，宜用于低速（通常 $n=$ 1000r/min 以下）。水轮发电机（原动机为水轮机）和柴油发电机（原动机为柴油机）皆为显极式。例如安装在三峡电站的国产 700MW 水轮发电机的转速为 75r/min（极数为 80）。隐极式同步发电机的制造工艺较为复杂，但是机械强度较高，宜用于高速（$n=3000$r/min 或 $n=1500$r/min）。汽轮发电机（原动机为汽轮机）多半是隐极式的。

国产三相同步发电机的电压等级有 400/230V 和 3.15、6.3、10.5、13.8、15.75、18kV 和 20kV 等多种。发电机出口电压经升压变压器将电压等级提高到 220kV 或 500kV，向外输送电能。大中型发电厂大多建设在产煤地区或水力资源丰富的地区附近，距离用电地区往往是几十千米、几百千米甚至 1000km 以上。所以，发电厂生产的电能要用高压输电线路输送到用电地区，然后再降压分配给各用户。电能从发电厂传输到用户要通过导线系统，这个系统称为电力网。

现在常常将同一地区的各种发电厂联合起来而组成一个强大的电力系统，这样可以提高各发电厂的设备利用率，合理调配各发电厂的负载，提高供电的可靠性和经济性。送电距离越远，要求输电线路的电压等级越高。我国国家标准中规定输电线的额定电压为 35、110、220、330、500、750kV 和 1000kV 等。图 4-3 所示为输电线路的一例。

除交流输电外，还有直流输电，其结构原理如图 4-4 所示。整流是将交流变换为直流，而逆变是将直流变换为交流。直流输电的能耗较小，无线电干扰较小，输电线路的造价也较低，但逆变和整流部分较为复杂。从三峡到华东和华南地区都已建成有500kV 的直流输电线路。

从输电线末端的变电所将电能分配给各工业企业、城市和农村。工业企业设有中央变电所和车间变电所（小规模的企业往往只有一个变电所）。中央变电所接受送来的电能，然后分配到各车间，再由各车间变电所或配电箱（配电屏）将电能分配给各用电设备。高压配电线路的额定电压有 3、6kV 和 10kV 三种。低压配电线路的额定电压是 380V/220V。用电设备的额定电压多半是 380V 和 220V，大功率电动机的电压是 3kV 和 6kV。

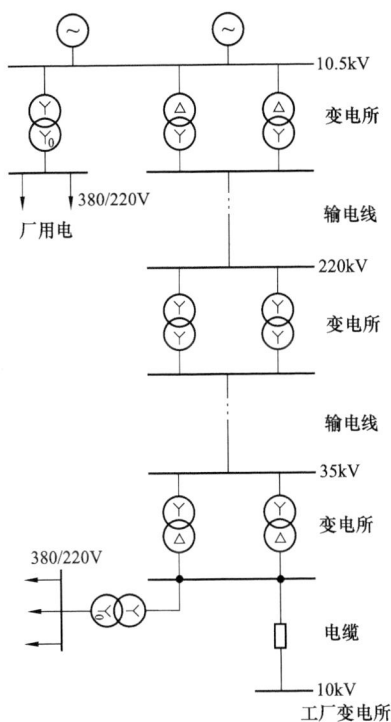

图 4-3 输电线路的一例

图 4-4 直流输电结构原理图

从车间变电所或配电箱（配电屏）到用电设备的线路属于低压配电线路。低压配电线路的连接方式主要是放射式和树干式两种。

当负载比较分散而各个负载点又具有相当大的集中负载时，则采用放射式配电线路较为合适，放射式配电线路如图 4-5 所示。

在下述情况下采用树干式配电线路。

(1) 负载集中，同时各个负载点位于变电所或配电箱的同一侧，其间距离短，如图 4-6 (a) 所示。

(2) 负载比较均匀地分布在一条线上，如图 4-6 (b) 所示。

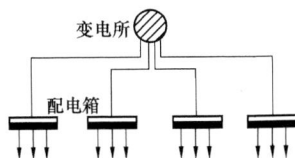

图 4-5 放射式配电线路

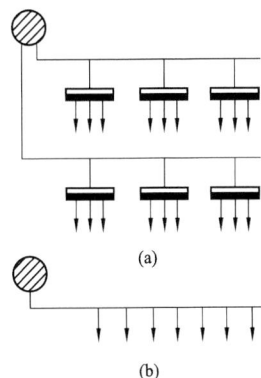

图 4-6 树干式配电线路

第二节　安全用电技术

一、电流对人体的伤害

由于不慎触及带电体，产生触电事故，使人体受到各种不同的伤害，根据伤害性质可分为电击和电伤两种。电击是指电流通过人体，使内部器官组织受到损伤。如果受害者不能迅速摆脱带电体，则最后会造成死亡事故。电伤是指在电弧作用下或熔丝熔断时，对人体外部的伤害，如烧伤、金属溅伤等。

根据大量触电事故资料的分析和实验，验证电击所引起的伤害程度与下列几种因素有关。

1. 人体电阻的大小

人体的电阻越大，通入的电流越小，伤害程度也就越轻。根据研究结果，当皮肤有完好的角质外层并且很干燥时，人体电阻大约为 $10^4 \sim 10^5 \Omega$。当角质外层破坏时，则降到 $800 \sim 1000 \Omega$。

2. 电流通过时间的长短

电流通过人体的时间越长，则伤害越严重。

3. 电流的大小

如果通过人体的电流在 0.05A 以上时，就有生命危险。一般来说，接触 36V 以下的电压时，通过人体的电流不致超过 0.05A，故把 36V 的电压作为安全电压。如果在潮湿的场所，安全电压还要规定得低一些，通常是 24V 和 12V。

4. 电流的频率

直流和频率为工频 50Hz 左右的交流电对人体的伤害最大，而 20kHz 以上的交流电对人体无伤害，高频脉冲电流还可以治疗某些疾病。

此外，电击后的伤害程度还与电流通过人体的路径以及与带电体接触的面积和压力等有关。

二、人体触电的类型

人体触电的方式多种多样，一般可分为直接接触触电和间接接触触电两种类型。

1. 直接接触触电

人体直接触及或过分靠近电气设备及线路的带电导体而发生的触电现象称为直接接触触电。单相触电、两相触电、电弧伤害都属于直接接触触电。

（1）单相触电。人体直接碰触带电设备或线路的一相导体时，电流通过人体而发生的触电现象称为单相触电。这种触电事故的规律及后果与电网中性点运行方式有关。

在中性点直接接地的电网中发生单相触电的情况如图 4 - 7（a）所示。设人体与大地接触良好，土壤电阻忽略不计，由于人体电阻比中性点工作接地电阻大很多，加于人体的电压几乎等于电网相电压，这时流过人体的电流为

$$I_b = \frac{U_{ph}}{R_b + R_c} \tag{4-1}$$

式中：I_b 为流过人体的电流，A；U_{ph} 为电网相电压，V；R_b 为人体电阻，Ω；R_c 为电网中性点工作接地电阻，Ω。

对于 380/220V 三相四线制电网，$U_{ph}=220V$，$R_c=4\Omega$，若人体电阻 R_b 取 1500Ω，则由式（4-1）可算出流过人体的电流 $I_b=146mA$，足以危及触电者的生命。

显然，单相触电的后果与人体和大地间的接触状况有关。如果人体站立在干燥的绝缘地板上，由于人体与大地间有很大的绝缘电阻，通过人体的电流就很小，这就不会造成触电危险，但如地板潮湿，那就有触电危险。

中性点不接地电网中发生单相触电的情况如图 4-7（b）所示。这时电流将从电流相线经人体、其他两相的对地阻抗（由线路的绝缘电阻和对地电容构成）回到电源的中性点形成回路，此时通过人体的电流与线路的绝缘电阻和对地电容有关。在低压电网中，对地电容很小，通过人体的电流主要决定于线路绝缘电阻，正常情况下，线路的绝缘电阻相当大，通过人体的电流很小，一般不会对人体造成伤害。但当线路绝缘下降时，单相触电对人体的危害仍然存在。而在高压中性点不接地电网中（特别在对地电容较大的电缆线路上），线路对地电容较大，通过人体的电容电流将危及触电者的安全。

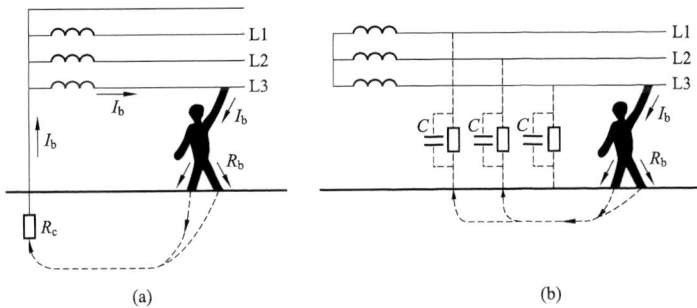

图 4-7 单相触电示意图
（a）中性点直接接地电网；（b）中性点不接地电网

（2）两相触电。人体同时触及带电设备或线路中的两相导体而发生的触电方式称为两相触电，如图 4-8 所示。两相触电时，作用于人体上的电压为线电压，电流将从一相导体经人体流入另一相导体，这种情况很危险。以 380V/220V 三相四线制为例，这时加于人体的电压为 380V，若人体电阻按 1500Ω 考虑，则流过人体内的电流将达 253mA，足以致人死亡。因此，两相触电要比单相触电严重得多。

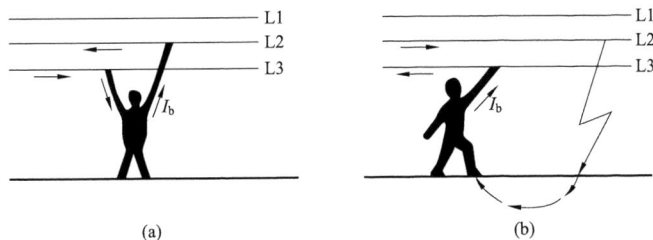

图 4-8 两相触电示意图
（a）两相直接触电；（b）两相与大地构成回路发生触电

（3）电弧伤害。电弧是气体间隙被强电场击穿时电流通过气体的一种现象。之所以将电弧伤害视为直接接触触电，是因为弧隙是被游离的带电气态导体，被电弧"烧"着的人，将同时遭受电击和电伤。在引发电弧的种种情形中，人体过分接近高压带电体所引起的电弧放电以及带负荷拉、合隔离开关造成的弧光短路，对人体的危害往往是致命的。电弧不仅使人受电击，而且由于弧焰温度极高（中心温度高达 6000～10000℃），将对人体造成严重烧伤，烧伤部位多见于手部、胳膊、脸部及眼睛，造成皮肤组织金属化、失明或视力减退。

2. 间接接触触电

当人体触及正常情况下不带电而故障情况下变为带电设备的外露导体时，所引起的触电现象，称为间接接触触电。例如，电气设备在正常运行时，其金属外壳或结构是不带电的。当电气设备绝缘损坏而发生接地短路故障（俗称"碰壳"或"漏电"）时，其金属外壳便带有电压，人体触及便会发生触电，此谓间接接触触电。

（1）跨步电压及跨步电压触电。当电气设备发生碰壳故障、导线断裂落地或线路绝缘击穿而导致单相接地故障时，电流便经接地体或导线落地点呈半球形向地中流散，如图 4-9 (a) 所示。由于接地电流入地点的土层具有最小的流散面积，呈现出较大的流散电阻，接地电流将在流散途径的单位长度上产生较大的电压降，而远离电流入地点土层处电流流散的半球形截面随该处与电流入地点距离的增大而增大，相应的流散电阻随之逐渐减小，接地电流在流散电阻上的压降也随之逐渐降低。于是，在电流入地点周围的土壤中和地表面各点便具有不同的电位分布，如图 4-9 (b) 电位分布曲线所示。

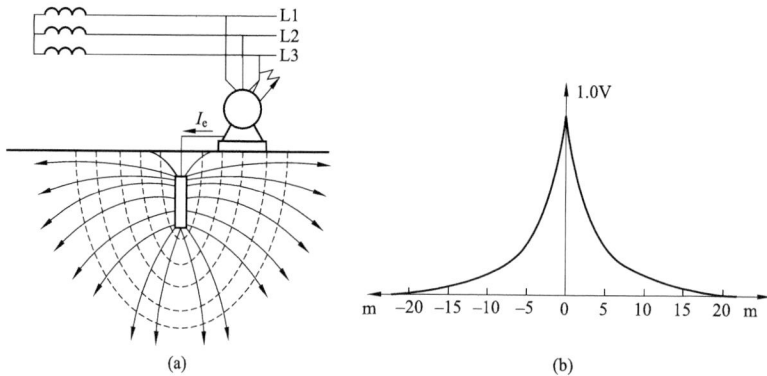

图 4-9　地中电流的流散电场和地面电位分布
(a) 电流在地中的分布；(b) 电流入地点周围的地面电位分布曲线

图 4-9 (b) 中曲线表明，在电流入地点处电位最高，随着离此点的距离增大，地面电位呈现先急后缓的趋势下降。在离电流入地点 10m 处，电位已下降至电流入地点的 8%。在离电流入地点 20m 以外的地面，流散半球的截面已经相当大，相应的流散电阻可忽略不计，或者说地中电流不再于此处产生电压降，可以认为该处地面电位为零，电工技术上所谓的"地"就是指此零电位处的地，而不是电流入地点的周围 20m 之内的"地"。通常所说的电气设备对地电压也是指带电体对此零电位点的电位差。

电气设备发生接地故障时，在接地电流入地点周围电位分布区（以电流入地点为中心，半径为 20m 的范围内）行走的人，其两脚处于不同的电位。两脚之间（一般人的跨步约为 0.8m）的电位差称为跨步电压。根据电流入地点周围的地面电位分布曲线可知，人体距离电流入地点越近，其两脚之间形成的跨步电压越高。人体受到跨步电压作用时，电流将从一只脚经胯部到另一只脚与大地形成回路。触电者的症象是脚发麻、腿抽筋，甚至跌倒在地。

跌倒后，电流可能改变路径（如从头到脚或手）而流经人体重要器官，使人致命。

必须指出，跨步电压触电还会发生在其他一些场合，如架空导线接地故障点附近或导线断落点附近、防雷接地装置附近地面等。

（2）接触电压及接触电压触电。当电气设备因绝缘损坏而发生接地故障时，如人体的两个部分（通常是手和脚）同时触及漏电设备的外壳和地面，人体两部分分别处于不同的电位，其间的电位差即为接触电压，用U_j表示。在电气安全技术中是以站立在离漏电设备水平方向 0.8m 的人，手触及距离地面 1.8m 漏电设备外壳时，其手与脚两点之间的电位差为接触电压计算值。由于受接触电压作用而导致的触电现象称为接触电压触电。

接触电压的大小，随人体站立点的位置而异。人体距离接地极越远，受到的接触电压越高，如图 4-10 中曲线 4 所示。当 2 号电动机碰壳时，触及离接地极（电流入地点）远的 3 号电动机外壳引起的接触电压就比触及离接地极（电流入地点）近的 1 号电动机外壳引起的接触电压高，即 $U_{j3} > U_{j1}$，这是因为三台电动机外壳都等于接地极电位，而人脚触及的地面的电位分布不同之故。

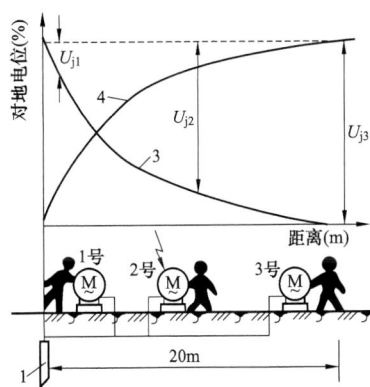

图 4-10 接触电压触电示意图
1—接地体；2—漏电设备；
3—设备出现接地故障时，接地极附近地面各点电位分布曲线；
4—人体距接地体位置不同时，接触电压变化曲线

跨步电压和接触电压的大小与接地电流的大小、土壤电阻率、设备接地电阻及人体位置等因素有关。当人穿有鞋靴时，由于地板和鞋靴的绝缘电阻上也有电压降，人体受到的跨步电压和接触电压将明显降低，因此，严禁裸臂赤脚去操作电气设备。

规程规定，对地电压在 250V 以上的电气装置称为高压电气设备；对地电压在 250V 及以下的电气设备称为低压电气设备。虽然高压对人体的危害比低压要严重得多，但是，高压电气设备有较完善的安全防范措施，人们与高压电气设备接触机会较少，而且思想上也较为重视，因此高压触电事故反而比低压触电事故少。值得注意的是，在潮湿的环境中也有发生过 36V 触电死亡的事故。

三、触电急救及防止触电的安全技术

触电急救须遵循如下原则。

（1）迅速断电。当发现有人触电时，应使触电者尽快脱离电源。

若触电发生在低压设备上，应立即断开电源开关。若电源开关不在附近，可用有绝缘柄的斧、钳子切断电源线，或用干燥的木棍、竹竿等绝缘物把导线挑开，或垫上干燥的绝缘物把触电者拉开。要防止挑开的导线触及其他人。在带电体与触电人未分前，切勿用手拉触电人，以免救护人也发生触电。若触电人抓住电线牢牢不放，松开困难，这时，应使触电者与大地隔开；若触电者在较高的位置，在切断电源前，应事先采取安全措施，以免断电后触电者跌下摔伤。

若为高压触电，救护者必须按电压等级戴绝缘手套、穿绝缘靴或使用绝缘杆等工具进行

救护，否则就一定要断开电源断路器并拉开两侧隔离开关，才能靠近触电者。

（2）迅速抢救。触电人脱离电源后，必须立即抬至空气清新的场所。若触电者未昏迷，心脏仍在跳动，可解开衣扣静卧休息，留人守候观察。若触电者已失去知觉，停止呼吸，必须马上进行人工呼吸。若触电者的呼吸、心脏跳动均已停止，仍不能认为已经死亡，应立即进行人工呼吸，同时进行胸外心脏按压，并请医生前来输氧、抢救。

触电急救时切记不能拖延时间。统计资料表明，触电后 1min 开始急救的，90%有良好效果；触电后 6min 开始急救的，10%有良好效果；而触电 12min 才开始急救的，救活的可能性很小。因此，当触电者脱离电源后，不应是马上将触电者送往医院，而应该是立即就地急救。这正是人人都需要学会触电急救法的原因。

在各种各样的触电事故中，最常见的是人体间接触电。防止间接触电的主要技术有绝缘防护、保护接地、保护接零、漏电保护等。

1. 绝缘防护

电气设备无论其结构多么复杂，都可以看成是由导电材料、导磁材料和绝缘材料这三者组成的。有些设备没有导磁体（如白炽灯、电阻炉等），有些设备有导磁体（如电动机、变压器、电磁开关等），但导电体和绝缘体却是任何电气设备不可缺少的两个基本部分。使用绝缘材料将带电体封护或隔离起来，使电气设备及线路能正常工作，防止人身触电，这就是所谓的绝缘防护。完善的绝缘可保证人身和设备的安全；绝缘不良，会导致设备漏电、短路，从而引发设备损坏及人身触电事故。所以，绝缘防护是最基本的安全保护措施。

绝缘材料的绝缘性能恶化或破坏将引起绝缘事故，在现场作业中，预防电气设备绝缘事故的几种措施如下。

（1）不使用质量不合格的电器产品。

（2）按规程和规范安装电气设备或线路。例如，电线管与蒸汽管道之间的距离要符合规范要求，不能满足时应在管外包以绝热层；又如在有腐蚀性气体或蒸汽的场所，明配线应选用塑料绝缘导线，断路器设备应装在特制的密封箱内或浸在绝缘油中等。

（3）按工作环境和使用条件正确选用电气设备。例如，潮湿场所使用的电动机，应选用密封型的。

（4）按照技术参数使用电气设备，避免过电压和过负荷运行。过负荷将使绝缘温升过高，引起绝缘材料老化，过电压有击穿绝缘的危险。

（5）正确选用绝缘材料。例如，在修理电动机时，不应降低绝缘材料的耐热等级，否则绝缘的允许温升将降低，电动机额定电流将减小。

（6）按规定的周期和项目对电气设备进行绝缘防护性试验。对有绝缘缺陷的设备及时进行处理。

（7）改善绝缘结构也是积极的绝缘防护措施之一。例如，采用双重绝缘结构对于防止家用电器和手持电动工具有显著作用。

（8）在搬运、安装、运行和维修中，避免电气设备的绝缘结构受到机械损伤、受潮、脏污。

（9）在中性点不接地的电力系统中装设绝缘监察装置。在这种电网中，当发生单相接地故障（一相绝缘强度降低）时，其他两相对地电压将升高。由于接地故障电流是电容电流而不是短路电流，短路保护装置不会动作，电网将长时间在故障状态下运行，这不仅会使非故障相的绝缘承受工频过电压，也增加了触电的危险性。因此，有必要在中性点不接地电网中装设绝缘监察装置，对电网的绝缘情况进行经常性的监视，以便及时处理单相接地故障。

2. 保护接地

为防止人身因电气设备绝缘损坏而遭受触电，将电气设备的金属外壳与接地体连接起来，称为保护接地。采用保护接地后，可使人体触及漏电设备时的接触电压明显降低，因而大大地减轻了人体触电事故的发生。

（1）保护接地在 IT 系统中的应用。所谓 IT 系统是指电源中性点经各自的保护线分别直接接地的三相三线制低压配电系统，如图 4-11（a）所示。在这种系统中，有人触及"碰壳"设备的外壳时，流过人体的电流可由等值电路求得，则

$$I_b = \frac{R_{pe}}{R_b} I_e \approx \frac{3U_{ph}R_{pe}}{(Z+3R_{pe})R_b} \tag{4-2}$$

式中：I_b 为流过人体的电流，A；U_{ph} 为电网相电压，V；R_b 为人体电阻，Ω；R_{pe} 为接地电阻，Ω；Z 为电网每相导线对地的复阻抗，Ω。

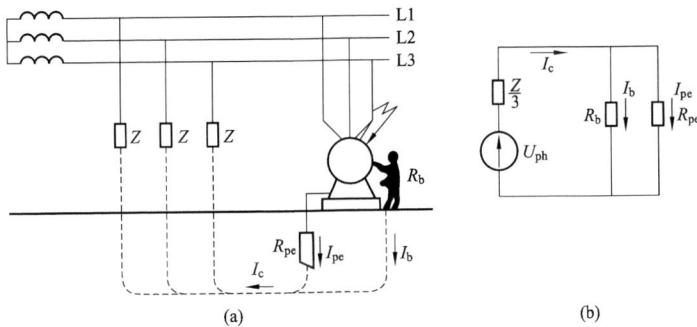

图 4-11 IT 系统发生"碰壳"故障时保护接地的作用
（a）示意图；（b）等值电路图

由式（4-2）可见，只要将接地电阻限制在足够小的范围内，就能使流过人体的电流小于安全电流，或者说可把人体的接触电压降低至安全电压以下，从而保证人身安全。这就是保护接地的工作原理。

（2）TT 系统中保护接地的功能。所谓 TT 系统是指电源中性点直接接地，而设备的外露可导电部分经各自的保护线分别直接接地的三相四线制低压配电系统，如图 4-12（a）所示。电动机外壳是接地的，当电动机发生碰壳短路时，按图 4-12（b）所示的等值电路可求得故障电流，即

$$I_k = \frac{U_{ph}}{R_c + \dfrac{R_e R_b}{R_e + R_b}} \tag{4-3}$$

人体所承受的电压为

$$U_b = \frac{R_c R_b}{R_e + R_b} I_k \tag{4-4}$$

式中：I_k 为故障电流，A；U_{ph} 为电网相电压，V；U_b 为人体所承受的电压，V；R_b 为人体电阻，Ω；R_c 为保护接地电阻，Ω；R_c 为电网中性点接地电阻，Ω。

一般情况下，R_c 和 R_e 都不超过 4Ω，如取人体电阻 R_b=1500Ω，在 380/220V 电网中，

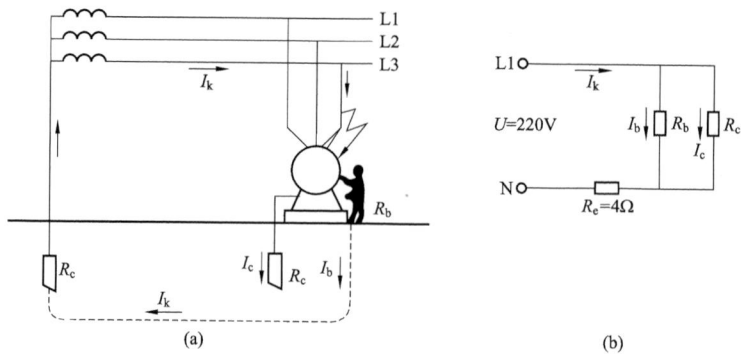

图 4-12　TT 系统发生"碰壳"故障时保护接地的作用
(a) 示意图；(b) 等值电路图

故障电流和加于人体的电压分别为 27.5A 和 110V，流过人体的电流为 73mA。这个电流值仍然大于安全电流，且故障电流在 27.5A 时，一般不能使过流保护装置动作，电动机外壳将长时间带电，这对人仍然是很危险的。如将电动机保护接地电阻 R_e 降至 0.78Ω 以下，就可将加于人体的电压降至安全电压 36V 以下，但这样做将增大接地装置的费用和工程难度。

　　3. 保护接零

　　中性点直接接地的 380V/220V 三相四线制系统目前广泛采用保护接零作为防止间接触电的保安技术措施。所谓保护接零就是把电气设备平时不带电的外露可导电部分与电源的中性线 N 连接起来。此时的中性线称为保护中性线，代号为 PEN。凡采用这种保护方式的系统在 IEC 标准中统称为 TN-C 系统。

　　如图 4-13 (a) 所示，电动机正常运行时，中性线不带电压，由于电动机的外壳是与电源中性线相连接的，人体摸触设备外壳等于摸触中性线，并无触电的危险。当电动机发生"碰壳"故障时，电动机的金属外壳将相线与中性线直接连通，单相接地故障遂成为单相短路。因为中性线阻抗很小，短路电流可达电动机额定电流的几倍甚至几十倍，在大多数情况下，短路电流的数值足以使安装在线路上的熔断器或其他过电流保护装置迅速动作，从而切断电源。

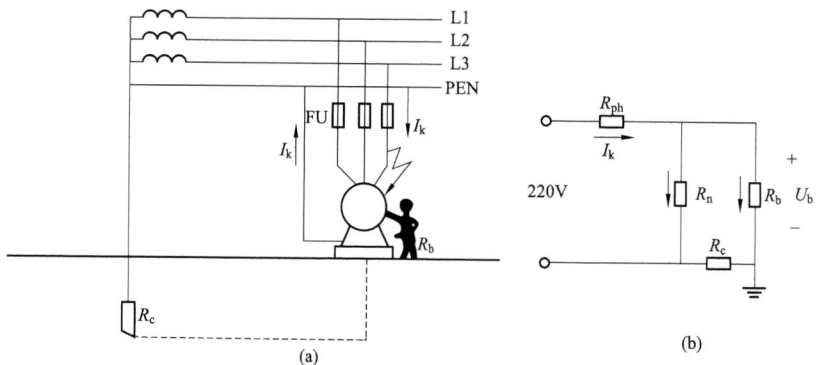

图 4-13　中性点直接接地的低压配电系统的保护接零
(a) 保护接零示意图；(b) 等值电路图

必须指出，从设备"碰壳"短路的发生到过电流保护装置动作切断电源的时间间隔内，触及设备外壳的人体是要承受电压的，此电压近似等于短路电流在中性线上的电压降。当忽略线路阻抗，并考虑 $R_b > R_c$，$R_b \gg R_n$（中性线电阻）时，人体所承受的电压为

$$U_b \approx \frac{R_b}{R_c + R_b} I_k R_n \approx \frac{U_{ph}}{R_{ph} + R_n} R_n \qquad (4-5)$$

式中：I_k 为故障电流，A；U_{ph} 为电网相电压，V；U_b 为人体所承受的电压，V；R_b 为人体电阻，Ω；R_n 为中性线电阻，Ω；R_{ph} 为相线电阻，Ω；R_c 为电网中性点接地电阻，Ω。

假设相线截面是中性线截面的 2 倍，则 $R_n = 2R_{ph}$，于是，人体所受到的电压为 147V，显然，这个电压值对人体是危险的。所以，保护接零的有效性在于线路的短路保护装置在设备"碰壳"短路故障发生之后灵敏地动作，迅速切断电源。

4. 漏电保护

为了防止和减轻人身触电时的伤害程度，我们采取了许多安全措施，然而，这些措施无论如何完善仍不能从根本上杜绝触电事故的发生。为此，人们又研究出新的、更加完善的防止人身触电的保护技术——漏电保护。

漏电保护的作用，一是电气设备或线路发生漏电或接地故障时，能在人尚未触及之前就把电源切断；二是当人体触及带电体时，能在 0.1s 内切断电源，从而减轻电流对人体的伤害程度。此外，还可以防止漏电引起的火灾事故。漏电保护作为防止低压触电伤亡事故的后备保护，已被广泛地应用在低压配电系统中。

低压触电保护装置的种类、型号繁多，在原理上一般可分为电压型和电流型两大类。

(1) 电压型触电保护装置。用于中性点不直接接地的配电网中，作为人身单相触电、线路漏电以及设备"碰壳"短路的保护装置，其简单原理接线如图 4-14 所示。当发生人身（用电阻 R 来模拟人体）单相触电时，电流经人体、大地、继电器 KV 的线圈构成回路，切断接触器 KM 的合闸线圈 YC 的电源，其主触点 KM 断开配电变压器 T 的低压电源。图 4-14 中，R、S1 分别为触电保护装置的试验用电阻和按钮，S2、S3 为接触器 KM 的合闸、跳闸控制按钮，接触器的辅助触点 KM 起合闸闭锁作用。

用于防电机漏电或"碰壳"短路的电压型触电保护装置的原理接线如图 4-15 所示。

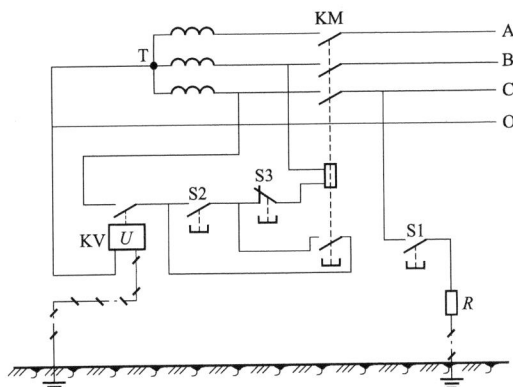

图 4-14 用于单相触电、线路漏电的电压型触电保护装置简单原理接线图

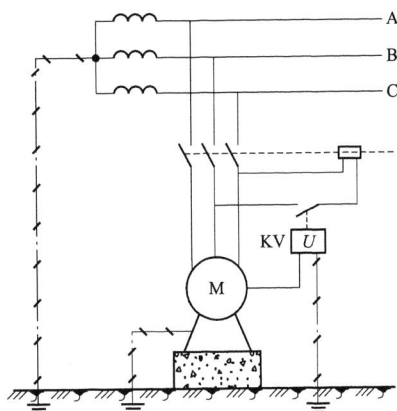

图 4-15 用于防电机漏电或"碰壳"短路的电压型触电保护装置原理接线图

(2)电流型触电保护装置。对中性点直接接地的低压配电系统，可采用电流型触电保护装置，其简单原理接线如图4-16所示。电流型触电保护装置是根据三相四线制中的电流和

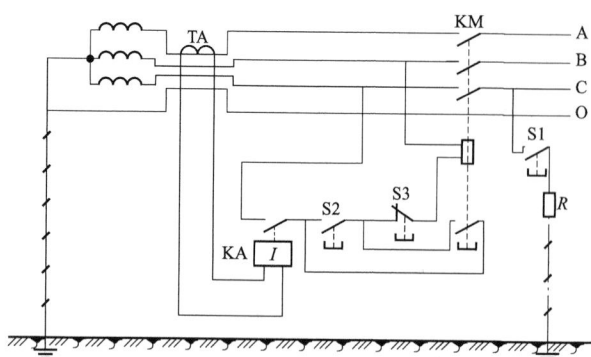

图4-16 电流型触电保护装置简单原理接线图

（三相电流与中性线电流之相量和或者是单相火线和零线的电流之和），正常用电情况下都等于零的原理制作的。即 $\dot{I}_a + \dot{I}_b + \dot{I}_c + \dot{I}_N = 0$ 或 $\dot{I}_a + \dot{I}_{aN} = 0$、$\dot{I}_b + \dot{I}_{bN} = 0$、$\dot{I}_c + \dot{I}_{cN} = 0$。将四根（三根相线、一根中性线）或单相的两根电源线（一根火线、一根零线）全部穿过一个铁芯呈闭合磁路的电流互感器 TA 中，这个电流互感器称为零序电流互感器或剩余电流互感器。在正常用电情况下，三相相电流应全部经中性线形成回路，零序电流互感器中的总磁通也等于零，二次绕组中便无电流输出。当外部线路（触电保护装置安装位置之后）有触电或因绝缘损坏发生碰壳接地短路时，流过人体 R 的电流经大地回到电源中线点成为回路，而不经过中性线，便破坏了零序电流互感器中的电流平衡，互感器中出现了磁通，二次绕组感应出电流，使电流继电器 KA 动作，切断主回路断路器（开关），停止供电，达到触电保护的目的。

（3）电压型和电流型触电保护装置的比较。两类触电保护装置都是依靠事故情况下产生的故障电流使触电保护装置动作，所不同的是，电压型触电保护装置利用串联于电源中性点与接地体之间的电压继电器，以接地故障电流在电压继电器上产生的电压降作为动作信号；电流型触电保护装置是以接地故障电流在零序电流互感器二次侧感应出的电流作为动作信号。电压型触电保护装置结构简单、灵敏度高，缺点是电源中性点不能直接接地，对线路和设备的绝缘要求高，保护范围广，动作无选择性；电流型触电保护装置的结构较复杂、灵敏度稍低，其优点是可不改变原有三相四线制中性点直接接地的接线方式，并可分路装设，动作有选择性。

（4）触电保护装置的优越性。触电保护装置的保护性能，在对于人身安全的保护作用方面远比接地、接零保护优越，并且效果显著。举例说明如下。

设电源中性点接地电阻 R_c 为 1Ω（一般为 4Ω 以下），一相导线的电阻 R_{ph} 为 1Ω，相电压 U_{ph} 为 220V，电气设备保护接地电阻 R_d 为 10Ω，则设备碰壳短路电流为

$$I_k = \frac{U_{ph}}{R_c + R_d + R_{ph}} = \frac{220}{1 + 1 + 10} = 18\text{A} \tag{4-6}$$

18A 的短路电流不足以引起一般过电流保护动作。设备外壳对大地零电位的接触电压为 $18 \times 10 = 180\text{V}$，这个电压对人身安全有很大的威胁，按人身危险电流 50mA 和人体电阻取为 1000Ω 计算，则安全接触电压的极限为 50V。若采用接地保护方式将触电电压降低到 50V 以下，则必须将设备接地电阻降到 0.588Ω 以下，显然，这是难以办到的。而电流型触电保护装置的动作电流一般可降低到 30mA，若按接触电压为 50V 计算，则容许设备最大接地电阻为 $R_d = U/I = 50/0.03 = 1666\Omega$。一般固定安装的电气设备本身自然接地就具有如下的电阻值：①埋入混凝土基础内的电动机用围栏为 450Ω；②埋入灰砂浆中的钢管为 360Ω；

③湿土上的混凝土搅拌机为 250Ω。

四、保证工作人员安全的组织措施和技术措施

贯彻"安全第一，预防为主"的方针，必须在实际工作中采取严密的组织措施和行之有效的技术措施，才能避免或减少事故的发生，确保人身与设备的安全。

1. 保证工作人员安全的组织措施

保证工作人员安全的组织措施一般包括工作票制度、工作许可制度、工作监护制度、工作间断、转移和终结以及恢复送电制度。

(1) 工作票制度。工作票是准许在电气设备、热力和机械设备以及电力线路上工作的书面命令书，也是明确安全职责、向工作人员进行安全交底以及履行工作许可手续与工作间断、转移、终结手续并实施保证安全技术措施等的书面依据。对于发电厂、变电所来说，由于各种工作条件下对安全工作的要求不同，采取的安全措施也不一致，因此工作票的形式也有所区别。工作票的形式主要有七种：发电厂（变电所）第一种工作票；发电厂（变电所）第二种工作票；电力线路第一种工作票；电力线路第二种工作票；热力机械工作票及一级、二级动火工作票。

各种工作票的填用范围、填写格式在《电业安全工作规程》上都有明确的规定。工作票应用钢笔或圆珠笔填写，一式两份，不得任意涂改。一份交给工作负责人，另一份留存签发人或工作许可人处。

工作票所列人员必须具备相应的条件，同时负有相应的安全责任。工作票签发人要对工作的必要性、工作是否安全、工作票上所填安全措施是否正确完备、所派工作负责人和工作人员是否适当负责。工作负责人（监护人）要正确安全地组织工作，结合实际进行安全思想教育，工作前要对工作班成员交代安全措施和技术措施，严格执行工作票所列安全措施，必要时还应加以补充，同时要督促、监护工作人员遵守安全工作规程。工作许可人要认真审查工作票所列安全措施是否正确完备、是否符合现场条件，检查停电设备有无突然来电的危险等内容。工作班成员应认真执行安全工作规程和现场安全措施的实施。

(2) 工作许可制度。工作许可制度是指在完成安全措施之后，为进一步加强工作责任感，确保工作安全所采取的一种必不可少的措施。在完成各项安全措施之后，必须再履行工作许可手续，方可开始工作。

工作许可制度的主要内容有：

1) 对于发电厂和变电所第一、二种工作票的许可工作，工作许可人在完成施工现场的安全措施后还应会同工作负责人到现场再次检查所做的安全措施，以手触试，证明检修设备确无电压，对工作负责人应指明带电设备的位置和注意事项，并和工作负责人在工作票上分别签字。

2) 对从事电力线路的第一种工作票的工作，工作负责人必须在得到值班调度员或工区值班员的许可后，方可开始工作。线路停电检修时，值班调度员必须在发电厂、变电所将线路可能受电的各方面都拉闸停电，并挂好接地线后，将工作班、组数目、工作负责人的姓名、工作地点和工作任务记入记录簿内，才能发出许可工作的命令。

3) 执行热力和机械工作票的许可工作，工作许可人和工作负责人应共同到现场检查安全措施，由工作许可人向工作负责人详细交代安全措施布置情况和安全注意事项，工作负责人对照工作票检查安全措施无误后，双方在工作票上签字并记上开工时间，作为工作许可的凭证。

（3）工作监护制度。完成工作许可手续后，工作负责人（监护人）应向工作班人员交代现场安全措施、带电部位和其他注意事项，正确和安全地组织工作。工作负责人（监护人）必须始终在工作现场，随时检查、及时纠正工作班人员在工作过程中违反安全工作规程和安全措施的行为。特别是当工作者在工作中，人体某部位移近带电部分或工作班人员转移工作地点、部位、姿势、角度时，更应重点加强监护，以免发生危险。

工作票签发人或工作票负责人，如遇到现场安全条件差或施工范围广等情况时，应增设专人监护，专职监护人不得兼做其他工作。若工作期间，工作负责人因故必须离开工作地点时，应指定能胜任该职责的人员临时代替，离开前将工作现场交代清楚，并设法告知工作班人员，原工作负责人返回后也应履行同样的手续。

（4）工作间断、转移和终结以及恢复送电制度。工作间断时，所有安全措施应保持不动。电力线路上的工作，如果工作班须暂时离开工作地点，则必须采取安全措施和派人看守，不让人、畜接近挖好的基坑或接近竖立稳固的杆塔以及负载的起重和牵引机械装置等，恢复工作前，应检查接地线等各项安全措施的完整性。当天不能完成的工作，每日收工应清扫工作地点，开放已封闭的道路，并将工作票交回值班员；次日复工时，应得到值班员许可，取回工作票。工作负责人必须事前重新认真检查安全措施是否符合工作票的要求后方可工作。在电力线路上工作，如果每日收工时需要将工作地点所装的接地线拆除，次日重新验电装接地线恢复工作的，均须得到工作许可人许可后方可进行。

在同一电气连接部分用同一工作票依次在几个工作地点转移工作时，全部安全措施由值班员在开工前一次做完，不需要办理转移手续，但工作负责人在转移工作地点时，应向工作人员交代带电范围、安全措施和注意事项。

全部工作完成后，工作班应清扫、整理现场。工作负责人应先周密检查，确认无问题后带领工作人员撤离现场，再向值班人员讲清所修项目发现的问题、试验结果和存在问题等，并与值班人员共同检查设备状况，看有无遗留物件、是否清洁等，然后在工作票上填明工作终结时间，经双方签字后，工作票方告终结。

电力线路上的工作终结前，工作负责人必须认真检查线路检修地段以及杆塔上、导线上及绝缘子上有无遗留的工具、材料等，确认全部工作人员已由杆塔上撤下，再拆除接地线。

恢复送电必须在工作许可人接到所有工作负责人的完工报告后，并确知工作已经完毕，所有工作人员已由线路上撤离，接地线可以拆除，并与记录簿核对无误后方可下令拆除发电厂、变电所线路侧的安全措施，向线路恢复送电。

2. 保证工作人员安全的技术措施

在电力线路上工作或进行电气设备检修时，为了保证工作人员的安全，一般都是在停电状态下进行。停电分为全部停电和部分停电。不管是在全部停电或部分停电的电气设备或电力线路上工作，都必须采取停电、验电、装设接地线以及悬挂标示牌和装设遮栏四项基本措施，这是保证发电厂、变电所、电力线路工作人员安全的重要技术措施。

（1）在发电厂、变电所工作的安全技术措施。

1）停电。《电业安全工作规程》规定必须停电的设备有：检修的设备；与工作人员进行工作时正常活动范围的距离小于表4-1规定的设备；在44kV以下的设备上进行工作，与工作人员进行工作时正常活动范围的距离虽大于表4-1的规定，但小于表4-2的规定，同时无安全遮栏措施的设备；带电部分在工作人员后面或两侧无可靠安全措施的设备。

将工作现场附近不满足安全距离的设备停电，主要是考虑到工作人员在工作中可能出现的一些意外情况而采取的措施。

将检修设备停电，必须把各方面的电源完全断开（任何运行中的星形接线设备的中性点，也视为带电设备）。必须拉开隔离开关，使各方面至少有一个明显的断开点。禁止在只经断路器断开电源的设备上工作。与停电设备有关的变压器和电压互感器，必须从高、低两侧断开，防止向停电检修设备反送电。为了防止在检修断路器或远方控制的隔离开关可能因误操作或因试验等引起保护误动作而使断路器或隔离开关突然跳合闸而发生意外，必须断开断路器和隔离开关的操作电源，隔离开关操作把手必须锁住。

表 4 - 1　　　　　　　　　工作人员工作中正常活动范围与带电设备的安全距离

电压等级/kV	安全距离/m	电压等级/kV	安全距离/m
10 及以下（13.8）	0.35	154	2.00
20～35	0.60	220	3.00
44	0.90	330	4.00
60～110	1.50	500	5.00

表 4 - 2　　　　　　　　　　　　设备不停电时的安全距离

电压等级/kV	安全距离/m	电压等级/kV	安全距离/m
10 及以下（13.8）	0.70	154	2.00
20～35	1.00	220	3.00
44	1.20	330	4.00
60～110	1.50	500	5.00

2）验电。通过验电可以验证停电设备是否确无电压，可以防止出现带电装设接地线或带电合接地开关事故的发生。验电必须用电压等级合适而且合格的验电器。验电前，验电器应先在有电设备上进行试验，验证验电器良好，方可使用。如果在木杆、木梯或在架构上验电，不接地线不能指示有无电压时，经值班负责人许可，可在验电器上接地线。为了防止某些意外情况发生，检修设备进出线两侧各相都应分别验电。验电时必须戴绝缘手套，330kV及以上的电气设备，在没有相应电压等级的专用验电器的情况下，可使用绝缘棒代替验电器，根据绝缘棒端有无火花和放电噼啪声来判断有无电压。表示设备断开和允许进入间隔的信号、经常接入的电压表等，因为有可能失灵而错误指示，所以不得作为设备无电压的根据，但如果指示有电，则禁止在该设备上工作。

3）装设接地线。装设接地线是保护工作人员在工作地点防止突然来电的可靠安全措施，同时，接地线也可将设备断开部分的剩余电荷放尽。装设接地线应符合安全工作规程的有关规定，在用验电器验明设备确无电压后，应立即将检修设备接地并三相短路，防止在较长时间间隔后，可能会发生停电设备突然来电的意外情况。对于可能送电至停电设备的各方面或停电设备可能产生感应电压的都要装设接地线。所装接地线与带电部分应符合安全距离的规定，这样对来电而言，可以做到始终保证工作人员在接地线的后侧，因而可确保安全。当停电设备有可能产生危险感应电压时，应视情况适当增挂接地线。

　　装设接地线必须由两人进行，若为单人值班，只允许使用接地开关接地，或使用绝缘棒和接地开关，避免发生万一设备带电危及人身安全而无人救护的严重后果。装设接地线必须先接接地端，后接导体端，拆接地线的顺序，与此相反。接地线应用多股软裸铜线，其截面积应符合短路电流的要求，并不得小于 25mm^2。接地线在每次装设前应经过仔细检查，损坏的接地线应及时修理或更换。每组接地线均应编号，并存放在固定地点。存放位置也应编号，接地线号码与存放位置号码必须一致。装、拆接地线，应做好记录，交接班时应交接清楚，这样便于检查和核定，掌握接地线的使用情况，以防止发生带接地线送电的事故。

　　4）悬挂指示牌和装设遮栏。在工作现场悬挂标示牌和装设遮栏可以提醒工作人员减少差错，限制工作人员的活动范围，防止接近运行设备，它是保证安全的重要技术措施之一。应悬挂标示牌和装设遮栏的地点主要有以下几处。

　　① 在一经合闸即可送电到工作地点的断路器和隔离开关的操作把手上，应悬挂"禁止合闸，有人工作"的标示牌。如果线路上有人工作，应在线路断路器和隔离开关操作把手上悬挂"禁止合闸，线路有人工作"的标示牌。标示牌的悬挂和拆除应按调度员的命令进行。

　　② 在部分停电设备上工作，对于安全距离小于表4-2规定距离以内的未停电设备，应装设临时遮栏，临时遮栏与带电部分的距离，不得小于表4-1的规定数值。临时遮栏可用干燥木材、橡胶或其他坚韧绝缘材料制成，装设应牢固，并悬挂"止步，高压危险！"标示牌。35kV 及以下设备的临时遮栏，如因工作需要，可用绝缘挡板与带电部分直接接触，但此种挡板必须具有高度的绝缘性能。

　　③ 在室内高压设备上工作，应在工作地点两旁间隔和对面间隔的遮栏上和禁止通行的过道上悬挂"止步，高压危险！"标示牌，以防止工作人员误入有电设备间隔及其附近。

　　④ 在室外地面高压设备上工作，应在工作地点四周用绳子做好围栏，围栏上悬挂适当数量的"止步，高压危险！"标示牌。

　　⑤ 在工作地点悬挂"在此工作"标示牌。

　　⑥ 在室外架构上工作，则应在工作地点附近带电部分的横梁上，悬挂"止步，高压危险！"标示牌。此项标示牌在值班人员的监护下，由工作人员悬挂。在工作人员上下的铁架和梯子上应悬挂"从此上下"的标示牌。在邻近其他可能误登的带电架构上，应悬挂"禁止攀登，高压危险！"的标示牌。

　　以上按要求悬挂的标示牌和装设的遮栏，严禁工作人员在工作中移动和拆除。

　　（2）在电力线路上工作的安全技术措施。

　　1）停电。在电力线路上工作前，应做好的停电措施有：断开发电厂、变电所（含用户）线路断路器和隔离开关；断开需要工作班操作的线路各端断路器、隔离开关和熔断器；断开危及该线路停电作业，且不能采取安全措施的交叉跨越、平行和同杆线路的断路器和隔离开关；断开有可能返回低压电源的断路器和隔离开关；要检查断开后的断路器、隔离开关是否在断开位置；断路器、隔离开关的操动机构应加锁；跌落熔断器的熔断管应摘下；并应在断路器或隔离开关操动机构上悬挂"线路有人工作，禁止合闸！"的标示牌。

　　2）验电。在停电线路工作地段装接地线前，要先验电，验明线路确无电压。验电要用合格的相应电压等级的专用验电器。对于 330kV 及以上线路，在没有相应电压等级的专用验电器的情况下，可以用合格的绝缘棒或专用的绝缘绳验电，验电时，绝缘棒的验电部分应逐渐接近导线，听其有无放电声，确定线路是否确无电压。验电时，应戴绝缘手套，并有专人监护。线路的验电应逐相进行。检修联络用的断路器或隔离开关，应在其两侧验电。对同杆塔架设的多层电力线路进行验电时，先验低压，后验高压；先验下层，后验上层。

3) 挂接地线。线路经过验明确无电压后，应立即在工作地段两端挂接地线。凡有可能送电到停电线路的分支线也要挂接地线。若有感应电压反映在停电线路上时，应加挂接地线。同时，要注意在拆除接地线时，防止感应电触电。

同杆塔架设的多层电力线路挂接地线时，应先低压，后高压；先挂下层，后挂上层。

挂接地线时，应先接接地端，后接导线端。接地线连接要可靠，不准缠绕。拆接地线时程序与此相反。装、拆接地线时，工作人员应使用绝缘棒或戴绝缘手套，人体不得碰触接地线。若杆塔无接地引下线时，可采用临时接地棒，接地棒在地面下深度不得小于 0.6m。

接地线应是由接地和短路导线构成的成套接地线，成套接地线必须用多股软铜线组成，其截面积不得小于 $25mm^2$。如利用铁塔接地时，允许每相分别接地，但铁塔与接地线连接部分应清除油漆，接触良好。严禁使用其他导线做接地线和短路线。

第三节 安 全 用 具

一、安全用具的作用和分类

1. 安全用具的作用

在电力系统中，根据各专业和工种的不同，人们要从事不同的工作和进行不同的操作，而生产实践又告诉我们，为了顺利完成任务而又不发生人身事故，操作工人必须携带和使用各种安全用具。如对运行中的电气设备进行巡视、改变运行方式、检修试验时，需要采用电气安全用具；在线路施工中人们离不开登高用安全用具；在带电的电气设备上或被电弧灼伤需使用绝缘安全用具等。所以安全用具是防止触电、坠落、电弧灼伤等事故，保证工作人员安全的各种专用工具和工具，这些工具是人们作业中必不可少的。

2. 安全用具的分类

安全用具可分为绝缘安全用具和一般防护安全用具两大类。绝缘安全用具又分为基本安全用具和辅助安全用具两类。

（1）绝缘安全用具。

1) 基本安全用具：是指那些绝缘强度大、能长时间承受电气设备的工作电压、能直接用来操作带电设备或接触带电体的用具。属于这一类的安全用具主要有高压绝缘棒、高压验电器、绝缘夹钳等。

2) 辅助安全用具：是指那些绝缘强度不足以承受电气设备或线路的工作电压，而只能加强基本安全用具的保安作用，用来防止接触电压、跨步电压、电弧灼伤对操作人员伤害的用具。不能用辅助安全用具直接接触高压电气设备的带电部分。属于这一类的安全用具主要有绝缘手套、绝缘靴（鞋）、绝缘垫、绝缘台等。

（2）一般防护安全用具。一般防护安全用具是指那些本身没有绝缘性能但可以起到防护工作人员发生事故的用具。这种安全用具的主要作用是防止检修设备时误送电，防止工作人员走错间隔、误登带电设备，保证人与带电体之间的安全距离，防止电弧灼伤、高空坠落等。这些安全用具尽管不具有绝缘性能，但对防止工作人员发生伤亡事故是必不可少的。属于这一类的安全用具主要有携带型接地线、防护眼镜、安全帽、安全带、标示牌、临时遮栏等。此外，登高用的梯子、脚扣、站脚板等也属于这类安全用具的范畴。

二、基本安全用具

1. 绝缘棒

绝缘棒又称绝缘杆、操作杆。绝缘棒结构示意如图4-17所示，主要有工作部分、绝缘部分和握手部分。

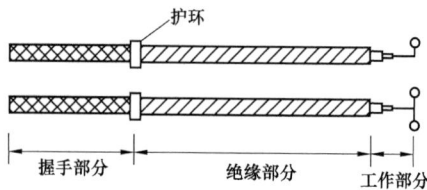

图4-17 绝缘棒结构示意图

（1）主要用途。绝缘棒用来接通或断开带电的高压隔离开关、跌落开关，安装和拆除临时接地线，以及带电测量和试验工作。

（2）使用和保管注意事项。

1）使用绝缘棒时，工作人员应戴绝缘手套和穿绝缘靴（鞋）以加强绝缘棒的保安作用。

2）在下雨、下雪天用绝缘棒操作室外高压设备时，绝缘棒应有防雨罩以使罩下部分的绝缘棒保持干燥。

3）使用绝缘棒时，要注意防止碰撞以免损坏表面的绝缘层。

4）绝缘棒应存放在干燥的地方，以防止受潮。一般应放在特制的架子上或垂直悬挂在专用挂架上，以防止弯曲变形。

5）绝缘棒不得直接与墙壁或地面接触，以防止碰伤其绝缘表面。

（3）检查与试验。

1）绝缘棒一般应每三个月检查一次。检查时要擦净表面。检查有无裂纹、机械损伤、绝缘层损坏。

2）绝缘棒一般每年必须试验一次，试验项目及标准见表4-3。

表4-3 绝缘棒试验项目及标准

名 称	电压等级（kV）	周 期	交流耐压（kV）	时间（min）
绝缘棒	6～10	每年一次	44	5
	35～154		4倍相电压	
	220		3倍相电压	

2. 绝缘夹钳

（1）主要用途。绝缘夹钳是用来安装和拆卸高压熔断器或执行其他类似工作的工具，主要用于35kV及以下电力系统。绝缘夹钳结构示意如图4-18所示，主要有工作钳口、绝缘部分（钳身）和握手部分(钳把)。

（2）使用和保管注意事项。

1）绝缘夹钳上不允许装接地线，以免在操作时由于接地线在空中游荡而造成接地短路和触电事故。

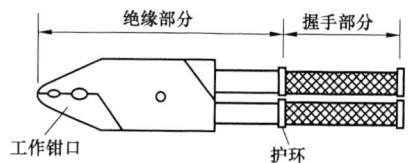

图4-18 绝缘夹钳结构示意图

2) 在潮湿天气只能使用专用的防雨绝缘夹钳。

3) 作业人员工作时应戴护目眼镜、绝缘手套和穿绝缘靴（鞋），站在绝缘台（垫）上手握绝缘夹钳时要集中精力并保持平衡。

4) 绝缘夹钳要保存在专用的箱子里或匣子里，以防止受潮和磨损。

（3）试验与检查。绝缘夹钳和绝缘棒一样应每年试验一次，其耐压试验标准见表4-4。

表4-4　　　　　　　　　　　　　　　绝缘夹钳试验项目及标准

名　称	电压等级（kV）	周　期	交流耐压（kV）	时间（min）
绝缘夹钳	35及以下	每年一次	3倍线电压	5
	110		260	
	220		400	

3. 高压验电器

验电器又称测电器、试电器或电压指示器，分为高压和低压两类。高压验电器的结构示意如图4-19所示。根据所使用的工作电压，高压验电器一般制成10kV和35kV两种。

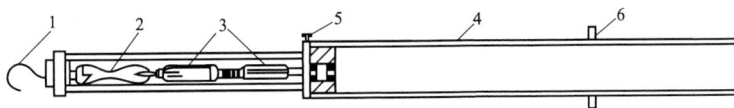

图4-19　高压验电器结构示意图
1—工作触头；2—氖灯；3—电容器；4—支持器；
5—金属接头；6—隔离护环

（1）主要用途。高压验电器是检验电气设备、电器、导线上是否有电的一种专用安全用具。当每次断开电源进行检修时，必须先用它验明设备确实无电后方可进行工作。

（2）使用和保管注意事项。

1) 必须使用电压与被验设备电压等级一致的合格验电器。验电操作顺序应按照验电"三步骤"进行，即验电前，应将验电器在带电的设备上验电，以验证验电器是否良好；然后，再在已停电的设备进出线两侧逐相验电；当验明无电后再把验电器在带电设备上复核一下，看其是否良好。

2) 验电时应戴绝缘手套，验电器应逐渐靠近带电部分直到氖灯发亮为止，验电器不要立即直接触及带电部分。

3) 验电时验电器不应安装接地线，除非在木梯、木杆上验电，不接地不能指示者才可以安装接地线。

4) 验电器用后应存放于匣子里，置于干燥处，避免积灰和受潮。

（3）检查与试验。

1) 每次使用前都必须认真检查，主要检查验电器支持器的绝缘部分有无污垢、损伤和裂纹；检查指示氖泡是否损坏、失灵。

2) 高压验电器应每半年试验一次，验电器的试验分发光电压试验和耐压试验两部分，试验标准见表4-5。

表 4 - 5　　　　　　　　　　　　　高压验电器的试验项目及标准

验电器额定电压（kV）	发光电压试验		耐压试验			
			接触端和电容器引出端之间		电容器出端和护环边界之间	
	氖气管起辉电压（kV）	氖气管清晰电压（kV）	试验电压（kV）	试验时间（min）	试验电压（kV）	试验时间（min）
10 及以下	2.0	2.5	25	1	40	5
35 及以下	8.0	10	35	1	105	5

4. 低压验电器

低压验电器又称试电笔或验电笔。它是一种检验低压电器设备、电气或线路是否带电的一种用具。为了工作和携带方便，低压验电器常做成钢笔或螺丝刀式。不管哪一种形式，其结构都类似，都是由一个高值电阻、氖灯、弹簧、金属触头和笔身组成，如图 4 - 20 所示。

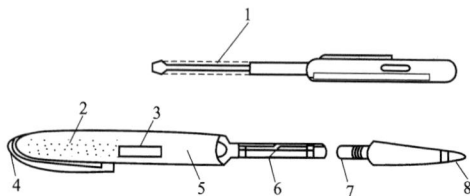

图 4 - 20　低压验电器结构示意图

1—绝缘套管；2—弹簧；3—小窗；4—笔尾的金属体；
5—笔身；6—氖管；7—高值电阻；8—笔尖的金属体

使用时，手握验电笔，用一个手指触及金属笔卡，金属笔尖顶端接触被检查的带电部分，观察氖灯是否发亮，如图 4 - 21 所示。如果发亮，则说明被检查部分是带电的，并且灯泡越亮，说明电压越高。在使用前、后要在确实有电的设备或线路开关、插座上试验一下，以确认验电器是否良好。

低压验电器可用来区分相线（火线）和中性线（零线或地线），试验结果是氖灯发亮的即为相线；还可以用来区分交、直流电，当交流电通过氖灯时，两极附近都发亮，而直流电通过氖灯时，仅有一个电极发亮。

三、辅助安全用具

1. 绝缘手套

（1）主要用途。绝缘手套是在高压电气设备上进行安全操作使用的辅助安全用具，用来操作高压隔离开关、

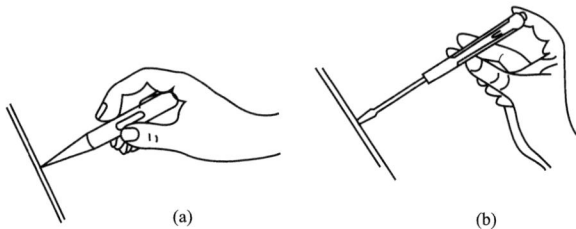

图 4 - 21　低压验电器使用示意图

高压跌落开关、断路器等；在低压带电设备上工作时，可以把它作为基本安全用具使用，即使用绝缘手套可直接在低压带电设备上进行带电作业。绝缘手套可使人的两手与带电物绝缘，是防止同时触及不同极性的带电体而触电的安全用具。

（2）使用和保管注意事项。

1）每次使用前应进行外部检查，查看表面有无损伤、磨损或破漏、划痕等。如有砂眼、漏气情况，应禁止使用。检查是否漏气的方法：将手套朝手指方向卷曲，当卷到一定程度时内部空气因体积减小、压力增大而手指部分鼓起，不漏气者即为良好。

2）使用绝缘手套时里面最好戴上一双棉纱手套，这样夏天可防止出汗而操作不便，冬

天可以保暖。戴手套时应将外衣袖口放入手套的伸长部分里。

3）绝缘手套使用后应擦净、晾干，最好洒上一些滑石粉以免粘连。

4）绝缘手套应存放在干燥、阴凉的地方，并应倒置在指形支架上或存放在专用的柜内，与其他工具分开放置，其上不得堆压任何物件。

5）绝缘手套不得与石油类的油脂接触，合格与不合格的绝缘手套不能混放在一起，以免使用时拿错。

（3）试验标准。

绝缘手套应每半年试验一次，其试验标准见表4-6。

表4-6　　　　　　　　　　　绝缘手套的试验标准

名　称	电压等级（kV）	周　期	交流耐压（kV）	泄漏电流（mA）	时间（min）
绝缘手套	高压	每半年一次	8	9	1
	低压		2.5	2.5	

2．绝缘靴（鞋）

（1）主要用途。绝缘靴（鞋）的作用是使人体与地面绝缘。绝缘靴是高压操作时用来与地保持绝缘的辅助安全用具，绝缘鞋用于低压系统中，两者都可以作为防护跨步电压的基本安全用具。

（2）使用和保管注意事项。

1）绝缘靴（鞋）不得当作雨鞋或作其他用。其他非绝缘靴（鞋）也不能代替绝缘靴（鞋）使用。

2）为了使用方便，一般现场至少配备大、中号绝缘靴各两双，以便大家都有合适号码穿用。

3）绝缘靴（鞋）如试验不合格，则不能再穿用。对绝缘鞋可从其大底面磨损程度作初步判断，当大底面磨光并露出黄色面胶（绝缘层）时，就不能再穿用了。

4）每次使用前应进行外部检查，查看表面有无损伤、磨损或破漏、划痕等。如有砂眼、漏气情况，应禁止使用。

5）绝缘靴（鞋）应存放在干燥、阴凉的地方，其上不得堆压任何物件。

6）绝缘靴（鞋）不得与石油类的油脂接触，合格与不合格的绝缘靴（鞋）不能混放在一起，以免使用时拿错。

（3）试验标准。

绝缘靴（鞋）应每半年试验一次，其试验标准见表4-7。

表4-7　　　　　　　　　　　绝缘靴的试验标准

名　称	电压等级（kV）	周　期	交流耐压（kV）	泄漏电流（mA）	时间（min）
绝缘靴	高压	每半年一次	15	7.5	1

3．绝缘垫

（1）主要用途。绝缘垫的保安作用与绝缘靴基本相同，因此可把它视为是一种固定的绝缘靴。绝缘垫一般铺在配电装置室等地面上以及控制屏、保护屏和发电机等端处，以便带电操作开关时增强操作人员的对地绝缘，避免或减轻发生单相断路或电气设备损坏时接触电压与跨步电压对人体的伤害。在低压配电室地面上铺设绝缘垫可代替绝缘靴起到绝缘的作用。因此，在 1kV 以下时，绝缘垫可作为基本安全用具；而在 1kV 及以上时仅作为辅助安全用具。

（2）使用和保管注意事项。

1）在使用过程中应保持绝缘垫干燥、清洁，注意防止与酸、碱及各种油类物质接触，以免受腐蚀后老化、龟裂或变黏，降低其绝缘性能。

2）绝缘垫应避免阳光直射或锐利金属划刺。存放时应避免与热源距离太近，以防急剧老化、变质、绝缘性能下降。

3）使用过程中，要经常检查绝缘垫有无裂纹、划痕，发现有问题时要及时更换，禁止使用。

（3）试验及标准。

绝缘垫应每年试验一次。

1）试验标准：在 1kV 及以上使用的绝缘垫，其试验电压不低于 15kV。试验电压依次随其厚度的增加而增加，试验标准见表 4-8。使用在 1kV 以下的绝缘垫，其试验电压为 5kV，试验时间为 2min。

表 4-8   绝 缘 垫 的 试 验 标 准

序号	绝缘垫厚度（mm）	试验电压（kV）	时间（min）
1	4	15	2
2	6	20	2
3	8	25	2
4	10	30	2
5	12	35	2

2）试验接线及方法：绝缘垫试验接线如图 4-22 所示。试验时使用两块平面电极板，电极距离可以调整到能与试验品接触时为止。把一整块绝缘垫划分成若干等份，试了一块再试相邻的一块，直到所划等份全部试完为止。试验时，先在要试验的绝缘垫上铺上湿布，湿布的大小与极板的大小相同，然后再在湿布上面铺好极板，中间不应有空隙，然后加压。试验极板的宽度应比绝缘垫宽度小 100~150mm。

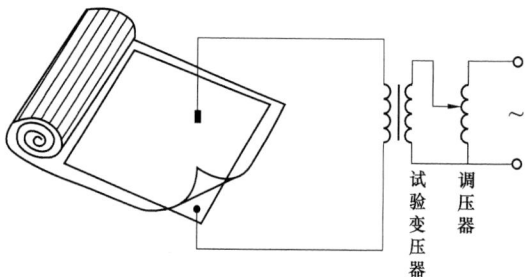

图 4-22 绝缘垫试验接线图

4．绝缘台

（1）主要用途。绝缘台用在任何电压等级的电力装置中，作为带电工作时的辅助安全用具，所起作用与绝缘垫、绝缘靴相同。

（2）使用和保管注意事项。

1）绝缘台多用于变电所和配电室内。如用于户外，应将其置于坚硬的地面，不应放在松软的地面或泥草中，以避免台脚陷入泥土中造成站台面触及地面而降低绝缘性能。

2）绝缘台的台脚绝缘子应无裂纹、破损，木质台面要保持干燥、清洁。

3）绝缘台使用后应妥善保管，不得随意登、踩或作板凳坐用。

（3）试验及标准。

绝缘台一般三年试验一次。

1）试验标准：绝缘台试验标准与使用电压等级无关，一律加交流电压 40kV，持续时间为 2min。

2）试验接线及方法：绝缘台试验接线如图 4-23 所示。绝缘台是整体进行试验的。把绝缘台绝缘子上下部分接在试验变压器的二次（高压）侧，缓慢调节电压，直至升到试验电压为止，并持续 2min。在试验过程中，若发现有跳火花情况，或试验后除去电压用手摸试绝缘子有发热现象时，则为不合格。

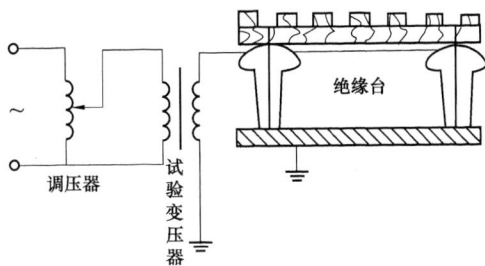

图 4-23 绝缘台试验接线图

四、防护安全用具

1. 安全带

安全带是高空作业工人预防坠落伤亡的防护用具，广泛用于发电、供电、火电建设和电力检修部门。安全带由带子、绳子和金属配件组成。根据作业性质的不同，其结构形式也有所不同，主要有围杆作业安全带、悬挂作业安全带两种。

安全带使用前必须做一次外观检查，如发现破损、变质及金属配件有断裂者应禁止使用，平时不用时也应一个月做一次外观检查；安全带应高挂低用或水平拴挂；使用和存放时应避免接触高温、明火和酸类物质以及有锐角的坚硬物体和化学药物。每半年做一次皮带静拉力试验。

2. 安全帽

安全帽是用来保护使用者头部，减缓外来物体冲击伤害的个人防护用品，广泛用于电力系统生产、基建修造等工作场所，预防从高处坠落物体（器材、工具等）对人体头部的伤害。普通型安全帽主要由帽壳、帽衬、下颌带、吸汗带和通气孔五部分组成，具有耐冲击、耐穿透、电绝缘性能。若使用、保管良好，可使用 5 年以上。

3. 携带型接地线

携带型接地线由专用夹头、多股软铜线两部分组成。其作用是当对高压设备进行停电检修或进行其他工作时，防止设备突然来电和邻近高压带电设备产生感应电压对人体的危害，还可以放尽断电设备上的剩余电荷。

4. 临时遮栏

这是用来防止工作人员无意碰触或过分接近带电体而造成人身触电事故的一种防护用具，也可作为工作位置与带电设备之间安全距离不够时的安全隔离装置。由干燥木材、橡胶或其他坚韧绝缘材料制成，不能用金属材料制作。高度至少应有 1.7m，应安置牢固并悬挂"止步！高压危险！"的标示牌。对于 35kV 及以下设备的临时遮栏，如因工作特殊需要，可用绝缘挡板与带电部分直接接触，但要求此种挡板具有高度的绝缘性能。

5. 标示牌

标示牌是用来警告工作人员不得接近设备的带电部分，提醒工作人员在工作地点应采取安全措施以及禁止向某设备合闸送电，指出为工作人员准备的工作地点等。根据其用途可分为警告类、允许类、提示类和禁止类四类共六种，如图 4 - 24 所示。

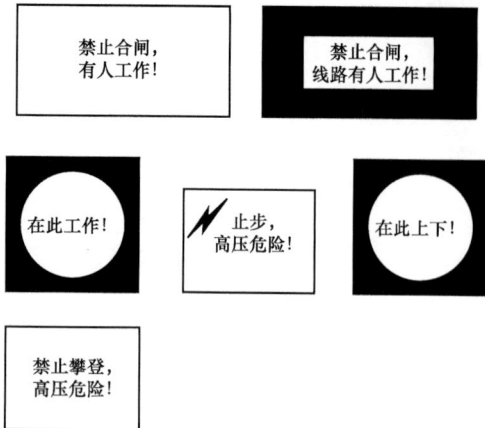

| 禁止合闸，有人工作！ | 禁止合闸，线路有人工作！ |
| 在此工作！ | ⚡ 止步，高压危险！ | 在此上下！ |
| 禁止攀登，高压危险！ |

图 4 - 24 标示牌类型

6. 脚扣

脚扣是攀登电杆的主要用具。木杆用脚扣的半圆环和根部均有突起的小齿，以便登杆时刺入杆中起防滑作用；水泥杆用脚扣的半圆环和根部装有橡胶套或橡胶垫起防滑作用。

7. 升降板

升降板也称踏板、登高板、踩板等，是一种常见的攀登电杆的用具，由脚踏板和吊绳组成。

8. 梯子

梯子是登高作业常用的用具之一。梯子有靠（直）梯和人字梯两种。

五、安全色、安全标志

1. 安全色

安全色是表达安全信息含义的颜色，如表示禁止、警告、指令、提示等。安全色规定为红、蓝、黄、绿四种颜色。红色表示"禁止"、"停止"，也表示"防火"；蓝色表示"指令"、"必须遵守的规定"；黄色表示"警告注意"；绿色表示"提示"、"安全状态"、"通行"。

红色和白色、黄色和黑色间隔条纹是两种较醒目的标示，分别表示"禁止越过"和"警告危险"。安全色用于安全标志牌、交通标志牌、防护栏杆、机器上不准乱动的部位、紧急停止按钮、安全帽、吊车、升降机、行车道中线等。

2. 安全标志

安全标志是由安全色、几何图形和图形符号构成，用以表达特定的安全信息。安全标志分为禁止标志、警告标志、指令标志和提示标志四类。安全标志牌应设在醒目、与安全有关的地方，应能使人们看到后有足够的时间来注意它所表示的内容。不能设在门、窗、架等可移动的物体上，以免这些物体位置移动后人们看不见安全标志。安全标志牌每年至少检查一次。如发现有变形、破损或图形符号脱落以及变色后颜色不符合安全色的范围，应及时修整或更换。

习　　题

4 - 1 我国国家标准中规定输电线路的额定电压有哪些？

4 - 2 高压、低压设备是如何界定的？

4 - 3 高压直流输电的优点有哪些？

4 - 4 保证安全的组织措施包括哪些内容？履行工作许可制度和执行工作监护制度的目

的各是什么?

4-5 工作许可人和工作负责人有何区别?

4-6 在电力线路或电气设备上工作保证安全的技术措施有哪些?

4-7 试述电流对人体有哪些危害?伤害的程度与哪些因素有关?

4-8 人体触电的方式有哪几种?

4-9 什么叫接触电压触电?

4-10 什么叫跨步电压?跨步电压的大小与哪些因素有关?

4-11 简述保护接地、保护接零的作用。两者在防止触电的原理上有何本质区别?

4-12 为什么在中性点接地的系统中一般不采用保护接地而采用保护接零?

4-13 试述安全用具的分类,并说明各类安全用具的作用。

4-14 电气辅助安全用具有哪些?

4-15 安全色和电气母线、热力管道涂色的作用和规定有何区别?

第五章　半导体器件及放大电路

半导体器件是 20 世纪中期开始发展起来的，由半导体材料制成，是组成各种电子电路的基础。本章主要介绍半导体的基础知识，半导体二极管、三极管的结构及工作特性，并介绍由分立元件组成的放大电路的分析和计算方法。

第一节　半导体基础知识与 PN 结

半导体材料是一类具有半导体性能（导电能力介于导体与绝缘体之间），可用来制作半导体器件和集成电路的电子材料。在电子技术中，常用的半导体材料有元素半导体硅（元素符号 Si）、锗（元素符号 Ge）和化合物半导体如砷化镓（GaAs）等，硅是目前最常用的半导体材料。

半导体之所以在现代电子技术中应用十分广泛，主要是因为其导电能力有不同于其他物质的一些特性。

（1）半导体的导电能力随温度的升高会迅速增强。以纯净的硅为例，当温度每增加 10℃，导电能力增强一倍，而导体或绝缘体不具备这种变化。

（2）半导体的导电能力在光照增强时，也会有显著的变化。

（3）在半导体中掺入微量的其他元素（称为杂质），其导电能力也会显著增加。

利用半导体的这些热敏、光敏及掺杂特性，人们才制造出了各种各样的半导体器件。

一、本征半导体

本征半导体是指将半导体材料提纯后形成的完全纯净的、具有晶体结构的半导体，其所有原子的排列是有一定规律的整齐的晶体结构。常用的半导体硅或锗，均为四价元素，其结构如图 5-1 所示。

在热力学温度零度（即 $T=0\text{K}$，约为 $-273℃$）下，所有价电子均被束缚在共价键内，所以此时的硅晶体不能导电。

1. 激发与复合

由于半导体的光敏和热敏特性，随着温升或光照，在获得一定的能量后，原先只能围绕原子核运动的价电子会摆脱共价键的束缚成为自由电子（带单位负电荷），同时在共价键内留下一个空穴（价电子挣脱后留下的相当于带单位正电荷的空位）。每当价电子摆脱共价键的束缚成为一个自由电子，就会形成一个空穴，这一过程称为激发，如图 5-2 所示。伴随着激发的进行，自由电子和空穴在运动的过程中也会相遇而成对消失，这一过程称为复合。当温升越高或光照越强时，激发加剧，自由电子—空穴对浓度增加，从而使半导体的导电能力明显增强。

在某一温度下，自由电子和空穴的浓度最终会稳定下来，激发和复合达到一个动态的平衡。

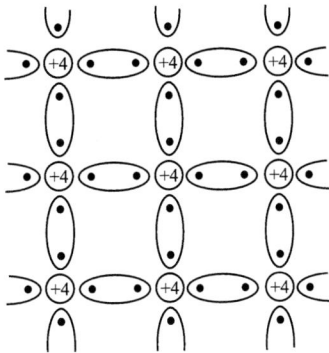

图 5-1 硅或锗的晶体结构平面示意图

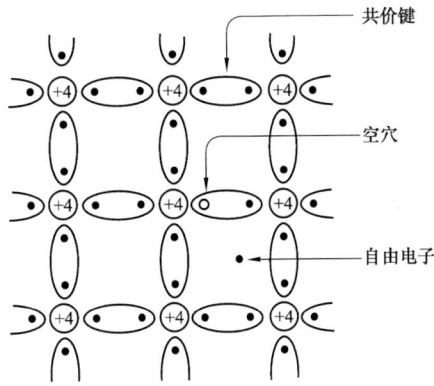

图 5-2 激发产生的自由电子—空穴对

2. 自由电子和空穴

如前所述，在本征半导体内有自由电子和空穴，当带正电的空穴出现后，相邻原子的价电子会很容易地转移过来填补，而在原来的位置又留下一个空穴，这种空穴的移动伴随着正电荷（正离子）的转移，所以我们将可移动的自由电子和空穴称为半导体的两种载流子。

在外加电场的作用下，空穴和自由电子的运动方向相反，形成了空穴电流 I_p 和电子电流 I_n，总电流为二者之和，两种载流子参与导电是半导体所独有的。如图 5-3 所示。

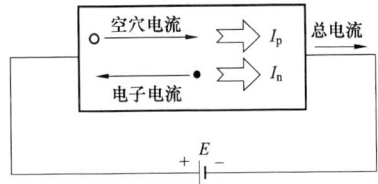

图 5-3 半导体导电方式

二、杂质半导体

本征半导体中虽然存在两种载流子，但由于它们的数量极少，因而导电能力仍然很低。当在其中掺入微量杂质（其他某种元素），将可以改变半导体的导电能力和导电类型。

1. N 型半导体

在本征半导体中掺入微量五价元素磷（或砷、锑），其五个价电子中有四个与相邻的硅原子组成共价键，多余的一个价电子很容易挣脱磷原子核的束缚而变成自由电子，由于这种特征，该杂质半导体称为电子型半导体或 N 型半导体。这种半导体中自由电子占多数，称为多数载流子，简称多子。空穴数量少，称为少数载流子，简称少子。如图 5-4 所示。

2. P 型半导体

在本征半导体中掺入微量三价元素硼（或铟和铝），它只能提供三个价电子，在组成共价键时因缺少一个电子而形成了一个空穴，而相邻硅原子的价电子可以很容易地过来填补这一空穴。由于空穴数量的增多，在这种半导体中，空穴成为多数载流子，自由电子是少数载流子。导电时将以空穴电流为主，故将其称为空穴型半导体或 P 型半导体。如图 5-5 所示。

在杂质半导体中多数载流子主要是由掺入的杂质元素提供的，所以通过控制掺杂浓度，即可改变半导体的导电能力。

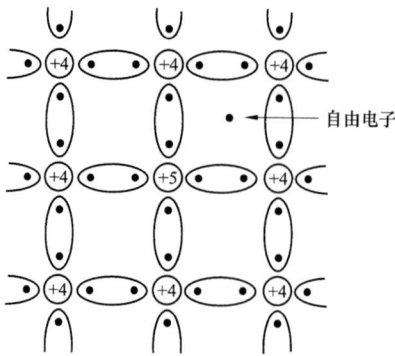

图 5-4　N 型半导体　　　　　　　　图 5-5　P 型半导体

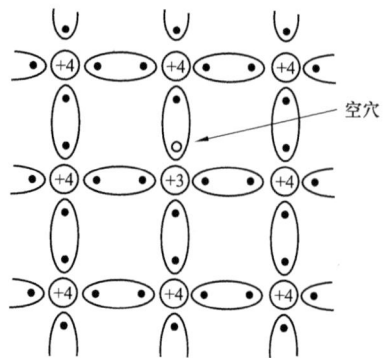

三、PN 结的形成及其单向导电性

1. PN 结的形成

PN 结是半导体器件的构成基础，当用半导体制作工艺在本征半导体上通过掺杂形成 P 型区和 N 型区后，在其交界处将形成一个特殊的薄层，就称为 PN 结，如图 5-6（a）所示。

2. PN 结的单向导电性

PN 结之所以特殊，是因为它具有单向导电性，即在外加电压的作用下，PN 结只允许通过单向电流。

在图 5-6（b）中，当 P 区接高电位，N 区接低电位，称 PN 结处于正向偏置状态。此时 P 区的多子空穴和 N 区的多子自由电子在外电场作用下通过 PN 结进入对方，形成较大的正向电流，使 PN 结处于正向导通状态，此时的 PN 结呈现低电阻。

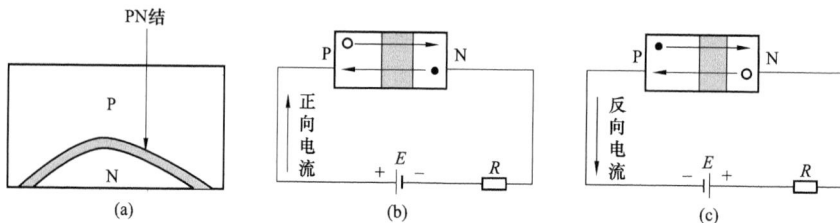

图 5-6　PN 结与其单向导电性
(a) PN 结示意图；(b) PN 结正偏导通；(c) PN 结反偏截止

在图 5-6（c）中，当 P 区接低电位，N 区接高电位，称 PN 结处于反向偏置状态。此时 P 区和 N 区的多子受阻，难以通过 PN 结，虽然此时 P 区和 N 区少子可在外电场的作用下通过 PN 结进入对方，但其数量极少，因而反向电流很小，所以此时的 PN 结呈现高电阻，处于反向截止状态，

第二节　二　极　管

一、二极管的基本结构及分类

1. 基本结构及常见外形

将 PN 结的 P 区和 N 区各引出一个电极，装入用金属、塑料、玻璃等材料制成的管壳

密封起来，就制成了半导体二极管，常见的外形如图 5-7（a）所示，图 5-7（b）为二极管的电路符号，阳极或正极 A 从 P 区引出，阴极或负极 K 从 N 区引出。

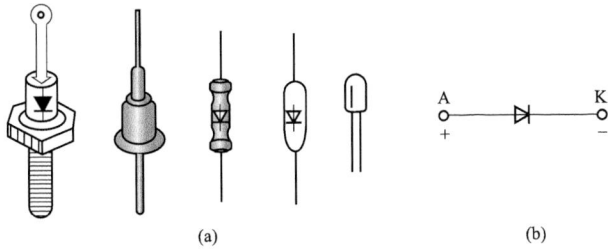

图 5-7　二极管常见外形及电路符号

(a) 常见外形；(b) 电路符号

2. 分类及用途

（1）按材料来分，有硅二极管和锗二极管。

（2）按结构来分，有点接触型和面接触型两类。点接触型二极管的 PN 结结面积很小，不能流过较大的电流，但其结电容也很小，适用于高频检波电路、脉冲数字电路中的开关元件。面接触型二极管因结面积较大，可以通过较大的电流，但它的结电容也较大，一般工作于低频整流电路。

（3）按功能来分，有整流二极管、检波二极管、稳压二极管、发光二极管、开关二极管等，分别应用于不同的电子电路。

二、二极管的特性曲线及主要参数

1. 特性曲线

二极管的特性曲线就是 PN 结的特性曲线。当二极管外加正向、反向电压时，通过测量二极管中的电流，可以得到图 5-8 所示的伏安特性曲线。

当二极管外加正向电压比较低时，正向电流很小，几乎为零，而当正向电压超过某一数值后，正向电流才明显地增大。通常，这一数值被称为"死区电压"，硅二极管约为 0.5V，锗二极管约为 0.1V。之后当正向电压稍有增加，电流即会迅速增大，这时二极管处于正向导通状态，管压降表现为某一定值，硅二极管约为 0.6～0.7V，锗二极管约为 0.2～0.3V。

当二极管外加反向电压时，二极管处于反向截止状态，反向电流很小且基本上不随反向电压而变。如果继续增大反向电压，当超过某一值后，反向电流急剧增加，这种现象称为击穿，会导致 PN 结功耗过大，因温升而烧毁。所以，除了专供稳压用的稳压二极管外，要严格注意二极管的最高反向工作电压。

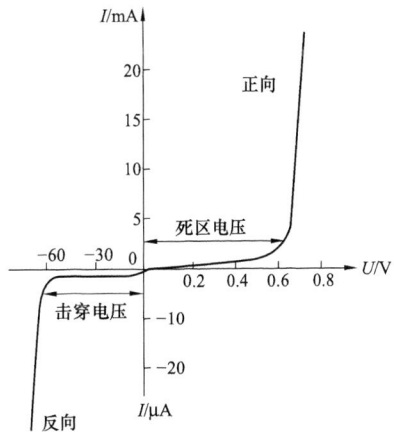

图 5-8　二极管的伏安特性（硅）

2. 主要参数

（1）最大整流电流 I_F。最大整流电流 I_F 是指二极管长期运行时，允许通过的最大正向平均电流。超过此值，会使管子发热，温升超过限度，就会烧毁 PN 结，所以 I_F 的数值是由二极管允许的温升所限定的。

（2）最高反向工作电压 U_{RM}。工作时加在二极管两端的反向电压不得超过此值。为确保管子安全运行，一般器件手册上给出的最高反向工作电压约为击穿电压（U_{BR}）的一半。

（3）反向电流 I_R。反向电流 I_R 是指在室温和规定的反偏电压下，流过二极管的反向电流。其值越小，单向导电性就越好。

（4）最高工作频率。二极管两端电压变化的频率不能超过此值。

三、二极管的应用与分析

1. 二极管电路的估算分析法

估算法是根据二极管的特点，对电路进行合理的近似计算。二极管正偏导通时，正向压降的变化较小，在近似计算中，可将其看成一个不变的常量，典型值为 0.7V（硅管）或 0.2V（锗管）；若参与运算的外加电压远大于这一典型值，可将二极管理想化：正偏时，正向电阻为零，正向压降为零；反偏时，反向电阻无穷大，反向电流为零。

【例 5-1】 估算图 5-9 所示电路的电流。二极管正向导通压降为 0.7V。

解 根据 KVL 可列出计算公式 $I = \dfrac{E-U_d}{R} = \dfrac{3-0.7}{300} \approx 7.7\text{mA}$

2. 二极管的简单应用举例

二极管的应用范围很广，主要都是利用它的单向导电性，用于整流、限幅、钳位、元件保护等。

【例 5-2】 画出图 5-10（a）中二极管两端电压 u_D 波形和输出电压 u_o 的波形。输入电压波形见图 5-10（b），忽略二极管正向压降。

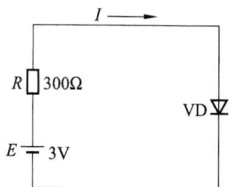

图 5-9　例 5-1 电路图

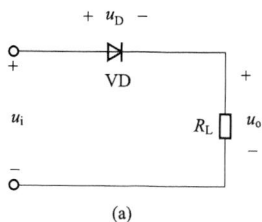

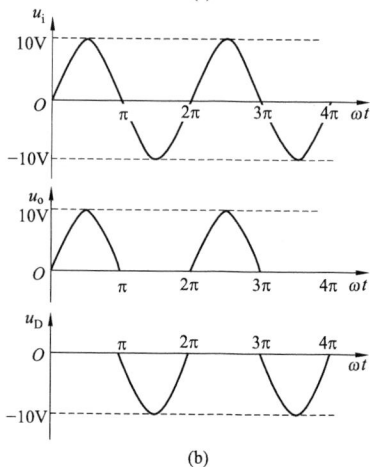

图 5-10　例 5-2 图（二极管整流电路）

解 在输入正弦波的正半周，二极管因承受正向电压而导通，正向压降为零，回路电流由输入交流电压和负载电阻 R_L 决定，R_L 上电压波形与输入波形相同。

在输入正弦波的负半周，二极管承受反向电压而截止，回路电流为零，输入正弦电压全部降落在二极管上，R_L 上电压为零。

则所求各波形如图 5-10（b）所示。

【例 5 - 3】 画出图 5 - 11（a）所示电路的输出电压 u_o 的波形。输入电压波形见图 5 - 11（b），已知 $E=4V$，二极管正向导通压降为 0.7V。

解　该电路中在输入电压为正半周且幅值大于 4.7V 后，二极管处于正偏导通，输出电压被限制在 4.7V；在输入电压虽然是正半周但幅值小于 4.7V 或输入电压为负半周时，二极管是截止状态，输出电压波形与输入电压波形相同，如图 5 - 11（b）所示。

【例 5 - 4】　求图 5 - 12 所示电路 Y 点电位。二极管正向压降为 0.7V。

解　该电路中由于 V_A 电位高于 V_B，因此二极管 VDA 优先导通，则 Y 点电位为 +2.3V，此时，二极管 VDB 承受反向电压，处于截止状态。这里，二极管 VDA 起到了钳位作用。

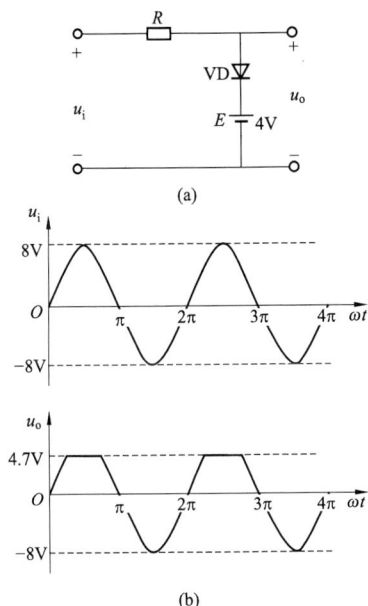

图 5 - 11　例 5 - 3 图（二极管限幅电路）

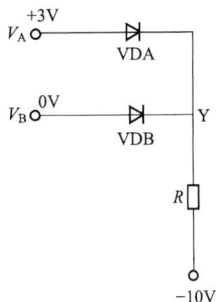

图 5 - 12　例 5 - 4 图

四、其他常用二极管

1. 稳压二极管

（1）工作原理。稳压二极管是一种特殊的面接触型硅二极管，它利用了二极管的反向击穿特性来实现电压的稳定，因而用于稳压电路时，它工作于反向击穿区。其外形与普通二极管没有什么区别，伏安特性也与普通二极管类似，差异之处是稳压二极管的反向击穿区要比普通二极管陡峭，且反向击穿电压值随稳定电压值的不同，有小有大，当反向电流在允许范围内，它的击穿是可逆的。稳压管的伏安特性及电路符号如图 5 - 13 所示。

（2）主要参数。

1）稳定电压 U_Z：是稳压管反向击穿后的稳定电压值，由于参数的离散性，产品手册中给出的稳压值是一个范围。

2）稳定电流 I_Z：是工作电压等于稳定电压时的工作电流，是稳压管工作时的参考电流值。

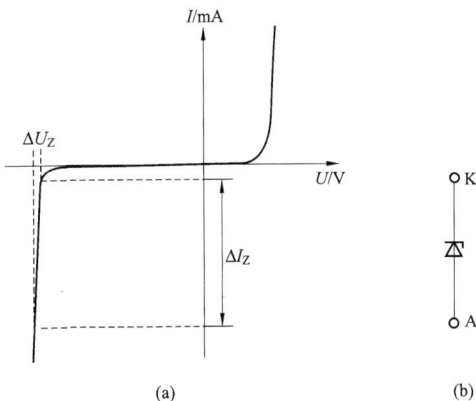

图 5 - 13　稳压二极管的伏安特性与电路符号
（a）伏安特性；（b）电路符号

3) 最大耗散功率 P_M：是由管子的允许温升限定的最大功率耗散。根据公式 $P_M = U_Z \times I_{ZM}$ 可以计算出稳压管的最大稳定电流 I_{ZM}。

4) 动态电阻 r_Z：动态电阻 r_Z 是管子工作在稳压条件下两端电压变化随电流变化的比值，反向击穿区曲线越陡，r_Z 越小，稳压性能越好。

5) 电压温度系数：是指当稳压管中的电流等于稳定电流时，温度变化 1℃，稳定电压变化的百分数。它表示稳压管稳压值的温度稳定性，电压温度系数越小，温度稳定性越好。

（3）简单应用。稳压二极管稳压工作时处于反向击穿区，其典型应用电路如图 5-14 所示。电阻 R 为限流电阻，保证稳压二极管有一个大小合适的工作状态。电路中输入电压 U_i 是待稳的直流电压。当 U_i 或 R_L 变化时，VZ 两端电压的微小变化会引起 I_Z 的较大变化，这种电流变化会改变限流电阻 R 上的压降，从而使输出电压保持基本稳定。

除了构成稳压电路外，稳压管还可以用来把信号电压的幅度限制在某一值上，作为限幅元件使用。

2. 发光二极管

（1）工作原理。发光二极管是一种将电能直接转换成光能的半导体光电器件。制作发光二极管多用化合物半导体，如砷化镓、磷砷化镓等，由于所用材料不同，光的颜色也就不同。其伏安特性与普通小电流二极管相比，正向压降较大，反向击穿电压较小，功率损耗小。图 5-15 为其常见外形和电路符号。

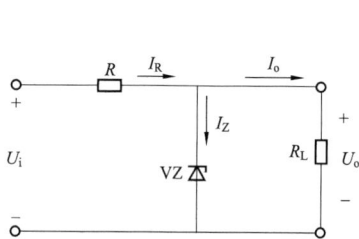

图 5-14　稳压二极管典型应用电路

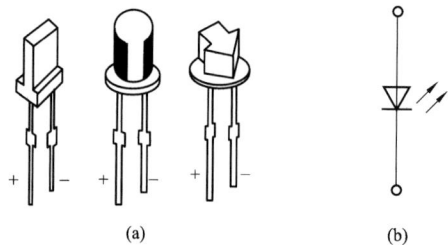

图 5-15　发光二极管的常见外形及电路符号
(a) 常见外形；(b) 电路符号

（2）主要参数。

1) 工作电流：一般为几毫安至几十毫安，一般来说，发光二极管的发光亮度与正向电流的大小有关。

2) 正偏电压：大约在 1.3～2.5V 之间（材料不同压降也不同）。

3) 反向击穿电压：一般为 5～6V。

（3）简单应用。利用发光二极管通过一定的正向电流就会发光的特性，它被广泛地应用于各种电子、电器装置及仪表设备中。例如常见的电源指示灯和工作指示灯、数码显示器、电压超限报警装置等，如图 5-16、图 5-17 所示。

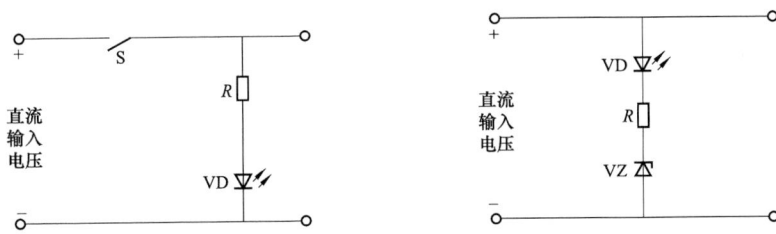

图 5-16　发光二极管用于直流电源指示　图5-17　发光二极管用于简单的超限报警电路

第三节　三　极　管

一、三极管基本结构及分类

1. 基本结构

三极管又称为晶体管，是通过半导体制作工艺，将两个 PN 结结合在一起并引出三个电极的半导体器件。由于两个 PN 结之间的相互影响，使它表现出不同于两个单个 PN 结的特性，即该器件具有电流放大（控制）能力。图 5-18 为其常见外形。

图 5-18　三极管的几种常见外形

2. 基本类型及电路符号

三极管是组成电子电路的重要元件，其种类很多。

（1）按照制作材料分类，有硅管、锗管。

（2）按照功率分类，有小、中、大功率管。

（3）按照工作频率分类，有低频管、高频管。

（4）通常，按照 PN 结排列方式的不同，将其分为 NPN 和 PNP 两种类型。图 5-19 所示为其结构示意图及电路符号。由图可见，三极管的三个引出电极分别称为发射极 E、基极 B 和集电极 C；两个 PN 结分别是发射结和集电结；对应的三个区为发射区、基区和集电区。图 5-19 中发射极的箭头方向反映了发射结正偏时发射极电流的实际方向。

二、三极管的放大作用及电流分配关系

NPN 型和 PNP 型三极管结构对称，工作原理相同，下面以 NPN 型为例来讨论。

不论电路形式如何，欲使三极管具有放大能力，需要为其提供一定的工作条件。

内部条件是：发射区高掺杂；基区低掺杂且很薄；集电结面积比发射结大。

外部条件是：发射结正偏；集电结反偏。

在三极管内部，发射区的任务是向基区注入载流子，集电区的任务是收集载流子。三极

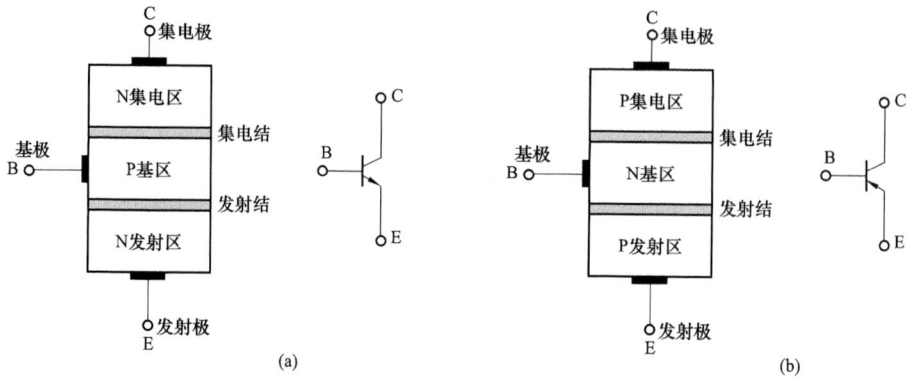

图 5-19 三极管的结构示意图和电路符号

(a) NPN 型；(b) PNP 型

管生产出来后，从发射区出发的电子中有多少能到达集电区，有多少会在基区复合，这种数量上的比例关系也就确定了，它是表征三极管电流放大能力的重要参数。

在三极管外部，它的三个极中，有一个极作为信号输入端（基极或发射极），一个极作为输出端，另一个作为输入、输出的公共端。因而根据公共端的不同，三极管可有三种连接组态：共发射极、共基极和共集电极接法。图 5-20 是一个简单的三极管共发射极放大电路。电路中直流电源 U_{BB} 用来保证三极管的发射结正偏，U_{CC} 用来使集电结反偏。

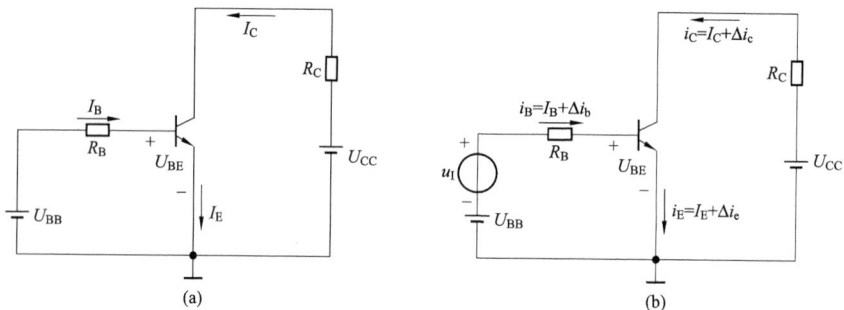

图 5-20 三极管的电流放大作用

（a）未加入交流信号；（b）加入交流信号

在交流输入信号 u_i 加入前，我们用 $\bar{\beta}$ 表征三极管的直流电流放大倍数，有以下电流分配关系

$$I_C \approx \bar{\beta} I_B$$
$$I_E \approx (1 + \bar{\beta}) I_B$$
$$I_E = I_C + I_B$$

(5-1)

其中的 $I_C \approx \bar{\beta} I_B$ 说明了三极管的集电极电流受基极电流控制，如果能控制基极电流 I_B，就能控制集电极电流 I_C。这种以小电流控制大电流的能力就是所谓三极管的电流放大作用。

在交流输入信号 u_i 加入后，由于外加电压的变化，基极电流和集电极电流也出现了相应的变化，我们用 β 表征其交流电流放大倍数，有 $\Delta i_c = \beta \Delta i_b$。此时，电路中电流包含有直

流分量和交流分量，即

$$i_B = I_B + \Delta i_b$$
$$i_C = I_C + \Delta i_c \qquad (5-2)$$
$$i_E = i_C + i_B$$

因为 $\bar\beta$ 与 β 在数值上几乎相等，所以有

$$i_C \approx \beta i_B$$
$$i_E \approx (1+\beta) i_B \qquad (5-3)$$
$$i_E = i_C + i_B$$

三、三极管的伏安特性曲线

下面仍以 NPN 型硅三极管为例，讨论共发射极接法下的伏安特性曲线，参照图 5-20 (a)。

1. 输入特性曲线

共发射极输入特性曲线是指 U_{CE} 为参变量时，U_{BE} 与 I_B 之间的关系曲线，即

$$I_B = f(U_{BE})\big|_{U_{CE}=常数}$$

如图 5-21 所示。

当 U_{BE} 大于一定值后，才出现基极电流，这意味着要使三极管导通，U_{BE} 要大于此值，和二极管相似，三极管的输入特性曲线也存在死区电压，在室温条件下硅管约为 0.5V，锗管约为 0.1V。

当 U_{CE} 取不同值时将对应于不同的曲线，而当它大于 1V 后各条曲线基本上重合在一起，此时集电结足以反偏，基极电流和集电极电流之间的分配关系基本固定，所以通常只画 $U_{CE}=1V$ 的一条曲线来表征。

2. 输出特性曲线

共发射极输出特性曲线是指以 I_B 为参变量时，I_C 与 U_{CE} 之间的关系曲线，即

$$I_C = f(U_{CE})\big|_{I_B=常数}$$

如图 5-22 所示。根据各处不同的特点，可以将其划分为放大区、饱和区和截止区三个区域。

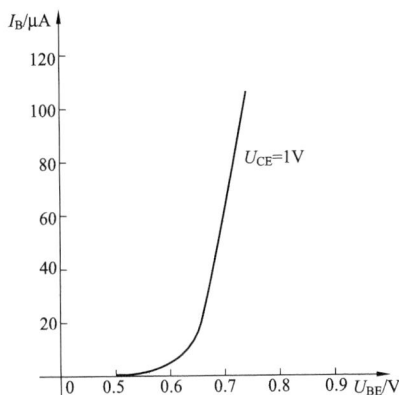

图 5-21 三极管共发射极输入特性曲线　　图 5-22 三极管共发射极输出特性曲线

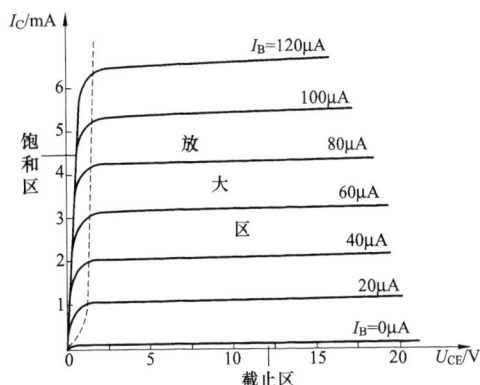

（1）放大区。在此区域内，特性曲线是一组间隔基本均匀，接近水平的直线。此时发射

结正偏，集电结反偏，有 $U_{CE} > U_{BE}$，集电极电流与基极电流之间满足式（5-1），也称为三极管的线性区。

（2）饱和区。当 $U_{CE} < U_{BE}$ 时，三极管进入饱和区，此时发射结正偏，集电结也正偏，随着 U_{CE} 的减小，I_C 将基本上不再受 I_B 的控制，三极管失去放大作用。一般小功率硅三极管饱和时的压降典型值常取 0.3V。当 $U_{CE} = U_{BE}$，三极管处于临界饱和状态，集电结零偏，$U_{BC} = 0$。

（3）截止区。通常取特性曲线中 $I_B \leqslant 0$ 的区域为截止区，此时三极管发射结反偏，集电结也反偏时，处于截止状态。

三极管三种工作状态下的电压、电流关系及结电压的典型数据分别见表5-1和表5-2。

表5-1　　　　　　　　三极管（NPN型）三种工作状态下的电压、电流关系

放大	饱和	截止

注　对于PNP型三极管，所有电压极性和电流方向都与NPN型相反。

表5-2　　　　　　　　三极管三种工作状态结电压的典型数据

管型	工作状态				
	饱和		放大	截止	
	U_{BE}/V	U_{CE}/V	U_{BE}/V	U_{BE}/V	
				开始截止	可靠截止
硅三极管（NPN）	0.7	0.3	0.6~0.7	0.5	≤0
锗三极管（PNP）	-0.3	-0.1	-0.3~-0.2	-0.1	0.1

四、三极管的主要参数

1. 电流放大系数

（1）共射直流电流放大系数 $\bar{\beta}$。

（2）共射交流电流放大系数 β。

2. 极间反向电流

三极管由PN结构成，所以和二极管类似，其内部也有反向电流。

（1）集电极－基极反向饱和电流 I_{CBO}。I_{CBO} 是当三极管发射极开路，集电结加上反偏电压时的反向电流，与普通PN结反偏时相同，在一定温度下基本上是个常数，为纳安级，不

随反偏电压而变，但会随温度的升高而增大。

（2）集电极—发射极反向饱和电流 I_{CEO}。I_{CEO} 是当基极开路时，集电极与发射极之间加上反向电压时的集电极电流。因它从集电极流入，穿过基区从发射极流出，所以又称为穿透电流，它也会随温度的升高而增大。一般小功率硅管在几微安以下，所以在分析计算时往往将其忽略不计。

3. 极限参数

（1）集电极最大允许电流 I_{CM}。三极管的电流放大系数 β 是与集电极电流的大小有关的，引起 β 明显下降时的最大集电极电流称为 I_{CM}。当电流超过 I_{CM} 时，三极管的性能显著下降，失去放大作用。小功率管的 I_{CM} 一般在十几至几百毫安以内，而大功率管的 I_{CM} 则在几 A 以上。

（2）反向击穿电压 BV_{CEO}。基极开路时，集电极和发射极之间的反向击穿电压，发生击穿时，集电极电流急剧增大。

（3）最大允许集电极耗散功率 P_{CM}。P_{CM} 是指集电结允许损耗功率的最大值，此功率将导致集电结发热，结温升高，超过允许的工作温度时，管子可能会烧坏。

以上三个极限参数为三极管划出一个安全工作区。如图 5-23 所示。

五、三极管的应用

从三极管的特性曲线可知，它有三个工作状态，对应于不同的应用电路。

1. 放大应用

在模拟电子线路中，主要利用三极管的电流放大作用，让其工作在放大区，组成各种形式的放大电路。

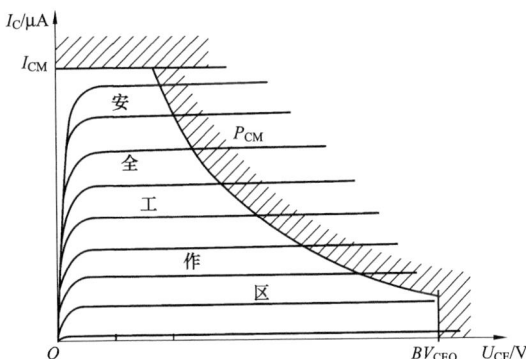

图 5-23　三极管的安全工作区

2. 开关应用

在数字电子线路中，三极管大多工作于截止区和饱和区，相当于开关的作用，而放大区只是三极管截止和饱和相互转换过程中的瞬时过渡过程。

第四节　基本放大电路

一、放大电路基础知识

1. 概述

放大电路是电子技术中最基本的单元电路，应用十分广泛。例如，日常生活中使用的收音机、电视机、各种通信设备或者各种自动控制系统中，通常都存在各式各样的放大电路。

放大电路的作用是把微弱的信号放大到所需要的大小。例如，从收音机天线得到的信号、从录音机磁头得到的信号只有通过放大电路，才能让人听得到。同样，从各种传感器得到的电信号也只有经过放大后才能推动指示仪表或执行机构。

2. 基本分类

（1）根据被放大信号的不同分为：直流放大电路（放大变化缓慢的信号）、音频放大电路（放大语音信号）、视频放大电路（放大图像信号）等。

（2）根据被放大信号的频率分为：低频放大电路、高频放大电路、超高频放大电路等。

（3）根据被放大信号的大小分为：小信号放大电路、大信号放大电路。

本节仅限于介绍低频小信号放大电路。

3. 放大电路的主要技术指标

放大电路的技术指标是用来定量描述放大电路的技术性能的，建立在输出信号基本不失真的前提下讨论。在测试时，一般在输入端加上一个已知的正弦电压作为激励，接通电源后测试有关电量。

图 5-24 所示为放大电路的方框图，它是一个四端双口网络。

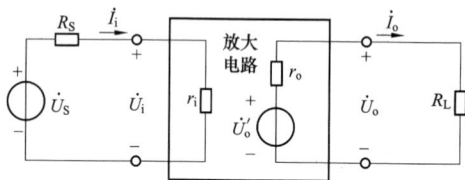

（1）放大倍数（增益）。

1）电压放大倍数——输出电压与输入电压之比，即

$$\dot{A}_U = \frac{\dot{U}_o}{\dot{U}_i} \quad (5-4)$$

2）电流放大倍数——输出电流与输入电流之比，即

$$\dot{A}_I = \frac{\dot{I}_o}{\dot{I}_i} \quad (5-5)$$

图 5-24　放大电路方框图

$\dot{U}_S$—信号源电压；R_S—信号源等效内阻；

$\dot{U}_i$—输入电压；$\dot{I}_i$—输入电流；R_L—负载电阻；

$\dot{U}_o$—输出电压；$\dot{I}_o$—输出电流

3）互阻放大倍数——输出电压与输入电流之比，即

$$\dot{A}_R = \frac{\dot{U}_o}{\dot{I}_i} \quad (5-6)$$

4）互导放大倍数——输出电流与输入电压之比，即

$$\dot{A}_G = \frac{\dot{I}_o}{\dot{U}_i} \quad (5-7)$$

（2）输入电阻。从放大电路输入端看进去的等效电阻称为放大电路的输入电阻，即

$$r_i = \frac{\dot{U}_i}{\dot{I}_i} \quad (5-8)$$

输入电阻反映了放大电路从信号源索取信号的大小。在图 5-24 中，信号源内阻 R_S 不为零时，有

$$\dot{U}_i = \frac{r_i}{r_i + R_S} \dot{U}_S \quad (5-9)$$

可以看出，对于电压源性质的信号源，输入电阻越大，输入端得到输入电压就越大。若信号源为电流源性质，则输入电阻越小，输入电流越大。

（3）输出电阻。输出电阻是从放大电路输出端看进去的等效电阻，即

$$r_{\mathrm{o}} = \left. \frac{\dot{U}}{\dot{I}} \right|_{\substack{\dot{U}_{\mathrm{S}}=0 \\ R_{\mathrm{L}}=\infty}} \qquad\qquad (5-10)$$

它定义为将输入信号源置零，保留信号源内阻，并将负载开路的情况下，在放大电路输出端加测试电压 U，与其产生的测试电流 I 之间的比值，需要指出的是这只是理论上的定义，不能用来实际测量。

放大电路的输出电阻反映了电路带负载的能力。从图 5-24 可以看出，当输出电阻为零时，放大电路的输出端变成一个理想的电压源，输出电压与负载无关，此时电路的带负载能力最强，所以通常希望输出电阻越小越好。

（4）通频带。通频带的宽度（带宽）是放大电路的一项重要指标，它的宽窄反映了放大电路对不同频率信号的放大能力。在选用或设计放大电路时，要使电路的通频带覆盖输入信号的频谱范围。

放大电路的技术指标除了上面介绍的以外，针对不同用途的电路，还会有一些其他指标，例如非线性失真系数、最大输出幅度、最大输出功率、信号噪声比、抗干扰能力等。

二、共发射极单级放大电路

单级放大电路是构成放大电路的基础，从本质上说，小信号放大的过程是一种能量转换的过程，当三极管用于放大时，就实现了这种转换控制作用。根据三极管三个极的不同接法有共发射极放大电路、共基极放大电路和共集电极放大电路三种电路形式。下面以应用最为广泛的共发射极放大电路为例，介绍放大电路的组成原理和基本分析法。

1. 电路的组成

图 5-25 所示为最基本的共发射极单级放大电路。

集电极电源电压 U_{CC}：为输出信号提供能量，并为三极管提供偏置电压。一般取值几伏到几十伏。

三极管 VT：放大元件，通过 U_{CC} 和 R_{B} 为其发射结提供较小的正偏压，通过 U_{CC} 和 R_{C} 为其集电结提供较大的反偏压。

基极偏置电阻 R_{B}：为基极提供合适的静态偏置电流，并使发射结处于正向偏置。一般取值几十千欧到几百千欧。

集电极电阻 R_{C}：将集电极电流的变化转换为电压的变化，以实现电压放大。一般取值几千欧到十几千欧。

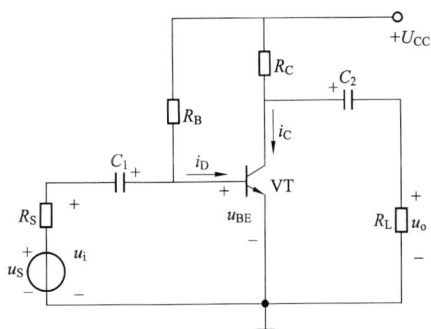

图 5-25　共发射极单级放大电路

耦合电容 C_1、C_2（又称隔直电容）：一方面，隔断了直流信号，使信号源、放大电路以及负载三者之间没有直流联系，互不影响；另一方面，耦合了交流信号，沟通了信号源、放大电路以及负载三者之间的交流通路，使交流信号畅通无阻地通过放大电路。一般取用几微法到几十微法的电解电容，接入电路时要注意电容的极性。

2. 工作原理

在图 5-25 所示电路中，在未接入输入信号 u_{i} 的情况下，由于电容的隔直作用，电路中只有各直流成分 I_{B}、I_{C}、I_{E}、U_{BE}、U_{CE}，此时电路处于静态。在合适的参数下，三极管

处于放大状态等待交流输入信号的到来。在电路加入交流输入 u_i 后，经 C_1 耦合到发射结，使得 u_{BE} 在直流电压 U_{BE} 的基础上发生变化，这种发射结正偏电压的变化，引起了基极电流 i_B 和集电极电流 i_C 的变化。i_C 的变化使 R_C 上压降变化，而集电极对地电压 $u_{CE} = U_{CC} - i_C R_C$，经 C_2 的耦合，u_{CE} 中的交流分量被传送到输出端成为交流输出电压 u_o，在参数合适的情况下，u_o 的幅值可以达到 u_i 的几十倍，从而达到放大的目的。

　　3. 基本分析方法

　　(1) 静态分析。对应于放大电路没有交流输入信号的状态，此时电路中的电压、电流只有直流分量，称为放大电路的静态工作点，亦称作 Q 点。进行静态分析主要就是求取这些直流参数，以确定三极管的工作状态。

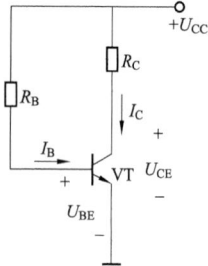

图 5-26　图 5-25 的直流通路

静态值既然是直流，故可以用放大电路的直流通路来计算，如图 5-26 所示（画直流通路时，将电容视作开路）。

根据图 5-26 所示直流通路，利用电路定理，静态值计算如下

$$I_B = \frac{U_{CC} - U_{BE}}{R_B} \qquad (5-11)$$

$$I_C = \beta I_B \qquad (5-12)$$

$$U_{CE} = U_{CC} - I_C R_C \qquad (5-13)$$

由上述计算结果，结合三极管伏安特性曲线，便可判断出三极管的工作状态是否合适。这种方法称为静态工作点的近似估算法，是工程上常用的方法。

　　该电路中，当 R_B 一经选定，则静态基极偏置电流 I_B 便固定不变，称为固定偏置放大电路，它不能稳定静态工作点。若由于某些原因，例如温度的变化引起集电极电流的变化，而基极电流则不能自动对这种变化加以调节，从而影响工作点的稳定性，势必造成放大电路的动态性能的变化，所以为了稳定静态工作点，放大电路常采用分压式的偏置电路如图 5-27 所示，简单分析如下。

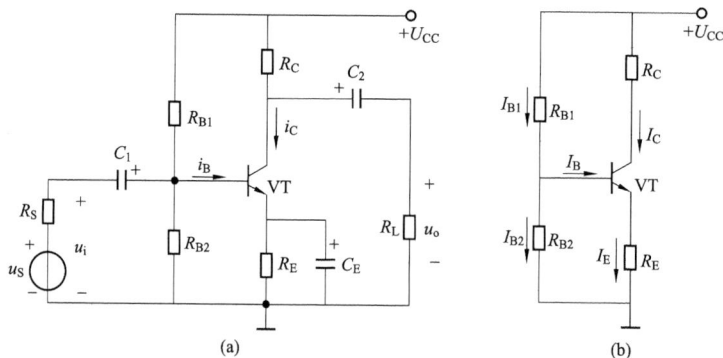

图 5-27　分压式偏置放大电路
(a) 放大电路；(b) 直流通路

　　由图 5-27 (b) 可知　　　　　　$I_{B1} = I_B + I_{B2}$

　　若满足 $I_{B2} \gg I_B$，则

$$I_{B1} \approx I_{B2} = \frac{U_{CC}}{R_{B1} + R_{B2}}$$

所以 $U_B = \frac{R_{B2}}{R_{B1} + R_{B2}} U_{CC}$，可以认为 U_B 与三极管参数无关，不受温度的影响，仅与分压电路有关。

引入发射极电阻 R_E 后，$U_{BE} = U_B - U_E = U_B - R_E I_E$，即

$$I_E = \frac{U_B - U_{BE}}{R_E}$$

若满足 $U_B \gg U_{BE}$，则 $I_E \approx \frac{U_B}{R_E}$。

又 $I_C \approx I_E$，所以 $I_C \approx \frac{U_B}{R_E}$，也可以认为 I_C 不受温度影响。

$$U_{CE} = U_{CC} - I_C R_C - I_E R_E$$

由于交流输入信号会在 R_E 上产生压降，将引起放大倍数的降低，因而在其两端并联一个容值较大的旁路电容，使之对交流压降忽略不计（分析略）。

（2）动态分析。

1）三极管的小信号等效模型。在放大电路输入交流小信号时，可以近似地用微变等效电路法将三极管电路用等效电路代替，如图 5-28 所示。

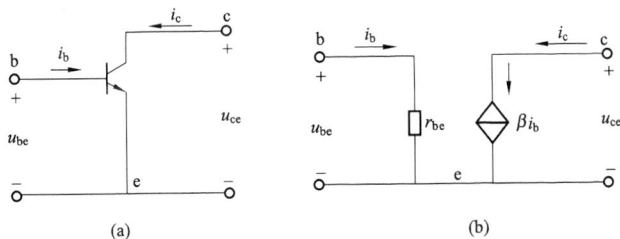

图 5-28　三极管及其微变等效电路

其中，r_{be} 的计算式为

$$r_{be} = r_{bb'} + (1 + \beta) \frac{26 (\text{mV})}{I_E (\text{mA})} \tag{5-14}$$

对于低频小功率管，式中 $r_{bb'}$ 约为 300Ω；对于高频小功率管，约为 100Ω。I_E 是静态电流值。

2）动态分析。当放大电路有交流输入时，三极管的各电压、电流都含有直流分量和交流分量，直流分量由静态分析来确定，而动态分析只考虑交流信号的传输，即只分析电路的交流分量，以求取电路的动态技术指标，如放大倍数、输入电阻和输出电阻。在进行动态分析之前，首先画出放大电路的交流通路，并用三极管微变等效电路替代三极管，图 5-29（a）为图 5-25 所示放大电路的交流通路（对于交流信号来说，直流电压 U_{CC} 和电容视为短路）。

若输入信号为正弦小信号时，则图 5-29（b）中的电压电流都可用正弦相量标注（如 $\dot{U}_i$、$\dot{I}_b$），如图 5-30 所示。

根据图 5-30，放大电路的动态值计算如下。

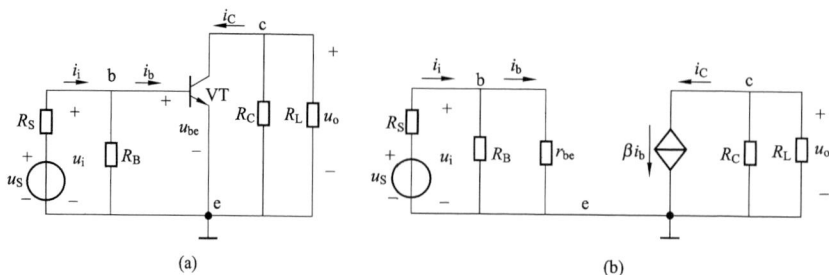

图 5-29　图 5-25 的交流通路及其微变等效电路

$$令\ R'_L=R_C/\!/R_L=\frac{R_C R_L}{R_C+R_L}$$

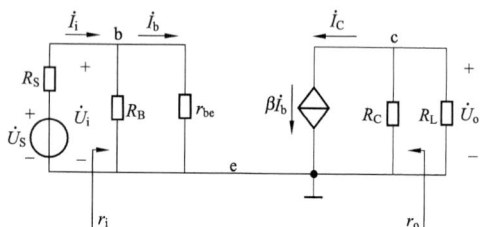

图 5-30　图 5-25 的微变等效电路

因为 $\dot{I}_c=\beta\dot{I}_b$，$\dot{U}_i=\dot{I}_b r_{be}$，$\dot{U}_o=-\dot{I}_c R'_L$

则根据定义有

$$\dot{A}_U=\frac{\dot{U}_o}{\dot{U}_i}=-\beta\frac{R'_L}{r_{be}}（负号表示输出与输入反相）$$

$$(5-15)$$

$$r_i=\frac{\dot{U}_i}{\dot{I}_i}=R_B/\!/r_{be} \qquad (5-16)$$

$$r_o=R_C \qquad (5-17)$$

说明：微变等效电路法适用于小信号工作的电路，前提是三极管处于放大区，只能用来解决交流信号的计算问题，不能用来求解静态问题，也不能用来分析非线性失真。

【例 5-5】　放大电路如图 5-25 所示，已知三极管的 $r_{bb'}=300\Omega$，$\beta=50$，$U_{BE}=0.7V$，$R_B=300k\Omega$，$R_C=3k\Omega$，$R_L=3k\Omega$，$U_{CC}=+12V$，试计算：静态工作点和 r_{be}；$\dot{A}_u$、r_i、r_o。

解

$$I_B=\frac{12-0.7}{300}\approx37\mu A$$

$$I_C=\beta I_B=50\times37=1.85mA$$

$$I_E=I_B+I_C=1.887mA$$

$$U_{CE}=U_{CC}-I_C R_C=12-1.85\times3=6.45V$$

$$r_{be}=r_{bb'}+(1+\beta)\frac{26(mV)}{I_E(mA)}=300+51\frac{26}{1.887}\approx1k\Omega$$

$$\dot{A}_u=\frac{-\beta(R_C/\!/R_L)}{r_{be}}=\frac{-50\times(3/\!/3)}{1}=-75$$

$$r_i=R_B/\!/r_{be}\approx r_{be}=1k\Omega\quad（因为\ R_B\gg r_{be}）$$

$$r_o=R_C=3k\Omega$$

三、其他组态的基本放大电路

1. 共集电极放大电路

（1）电路组成。交流信号从三极管的基极输入，发射极输出，集电极直接接电源电压。如图 5-31 所示。

（2）电路分析。

1）静态分析。因直流通路简单，不再画出，直接列写计算公式

$$I_B = \frac{U_{CC} - U_{BE}}{R_B + (1+\beta)R_E} \tag{5-18}$$

$$I_C = \beta I_B \tag{5-19}$$

$$I_E = I_B + I_C \tag{5-20}$$

$$U_{CE} = U_{CC} - I_E R_E \tag{5-21}$$

2）动态分析。图 5-32 所示为其微变等效电路。

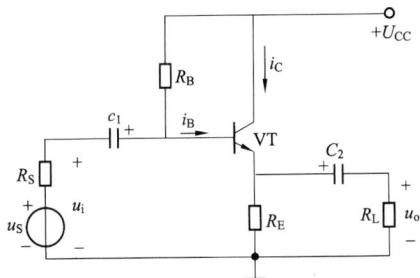

图 5-31　共集电极放大电路　　　图 5-32　图 5-31 的微变等效电路

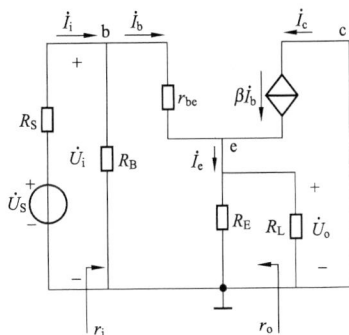

① 电压放大倍数。由图 5-31 可列出

$$\dot{U}_o = \dot{I}_e (R_E /\!/ R_L) = (1+\beta)\dot{I}_b (R_E /\!/ R_L) \tag{5-22}$$

$$\dot{U}_i = \dot{I}_b r_{be} + (1+\beta)\dot{I}_b (R_E /\!/ R_L) \tag{5-23}$$

所以

$$\dot{A}_u = \frac{\dot{U}_o}{\dot{U}_i} = \frac{(1+\beta)(R_E /\!/ R_L)}{r_{be} + (1+\beta)(R_E /\!/ R_L)} \tag{5-24}$$

此值为正，说明输出与输入同相。分母略大于分子，所以放大倍数小于 1，约等于 1，则有 $\dot{U}_o \approx \dot{U}_i$，输出随输入而变，故共集电极放大电路又称射极跟随器。

② 输入电阻。有

$$r_i = R_B /\!/ [r_{be} + (1+\beta)(R_E /\!/ R_L)] \tag{5-25}$$

此值较高，可达几十千欧到几百千欧。

③ 输出电阻。由于 $\dot{U}_o \approx \dot{U}_i$，当 $\dot{U}_i$ 一定时，$\dot{U}_o$ 基本保持不变，说明此电路有恒压输出特性，故其输出电阻较低。有

$$r_o = R_E /\!/ \frac{r_{be} + R'_S}{1+\beta} \quad (其中\ R'_S = R_S /\!/ R_B) \tag{5-26}$$

此值较低，一般只有几十欧（推导过程略，读者可根据定义自行推导）。

由于该电路输入电阻大，输出电阻小，因此常用作多级放大电路的输入级、输出级、缓冲级。

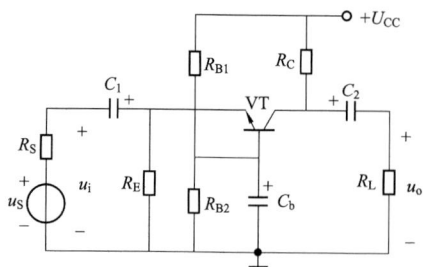

图 5-33 共基极放大电路

2. 共基极放大电路

（1）电路组成。交流信号从三极管的发射极接入，集电极输出，基极经基极旁路电容 C_b 接地，如图 5-33 所示。

（2）电路分析。

1）静态分析。该电路的直流通路如图 5-34 所示，与图 5-27（b）相同。

2）动态分析。

① 电压放大倍数。根据交流通路画出放大电路的微变等效电路，如图 5-35 所示。

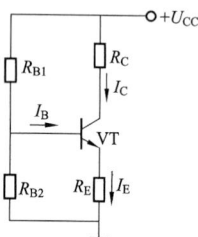

图 5-34 图 5-33 的直流通路

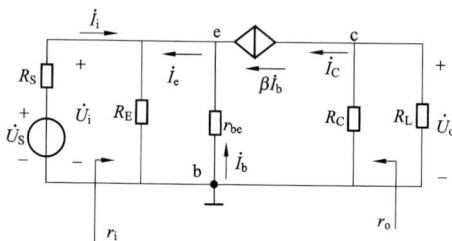

图 5-35 图 5-33 的微变等效电路

由图 5-35 可知

$$\dot{U}_o = -\dot{I}_c(R_C /\!/ R_L) = -\beta\dot{I}_b R'_L \quad (其中 R'_L = R_C /\!/ R_L) \tag{5-27}$$

$$\dot{U}_i = -\dot{I}_b r_{be} \tag{5-28}$$

$$\dot{A}_u = \frac{\dot{U}_o}{\dot{U}_i} = \frac{-\beta\dot{I}_b R'_L}{-\dot{I}_b r_{be}} = \frac{\beta R'_L}{r_{be}} \quad (此值为正, 因而共基极电路是同相放大电路) \tag{5-29}$$

② 输入电阻为

$$r_i = R_E /\!/ \frac{r_{be}}{1+\beta} \tag{5-30}$$

此值很小，一般为几欧到几十欧。

③ 输出电阻为

$$r_o \approx R_C \tag{5-31}$$

3. 差分放大电路

（1）电路组成。差分放大电路基本电路如图 5-36 所示，由两个单级共射放大电路组成，具有两个输入端，并且两个三极管特性及对应元件参数完全相同，电阻 R_E 起到稳定静态工作点的作用，负电源的采用补偿

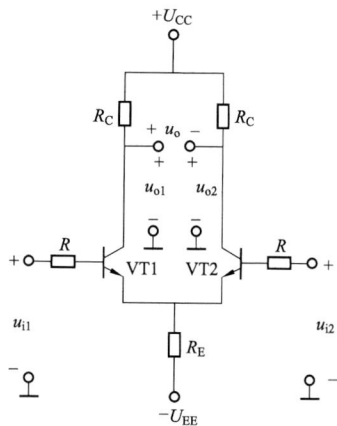

图 5-36 基本差分放大电路

了 R_E 上的直流压降对电路动态工作范围的影响。该电路在基本结构上完全对称，就其功能来说，是放大两个输入信号之差，因而又称为差动放大电路，简称差放。

（2）工作原理。一般来说，单级放大电路并不能同时满足多个性能指标的要求，因此，实际的放大电路都是由若干单级放大电路连接而成的多级放大电路，级与级之间可采用阻容（级间电容）耦合方式，也可直接耦合。当放大电路在没有输入信号时，由于电源波动、温度变化等原因，会使放大电路的工作点发生变化，这个变化量会被直接耦合的放大电路逐级加以放大并传送到输出端，导致了"零入不零出"的"零点漂移"现象，而差分放大电路具有抑制零点漂移的能力。

如果差分放大电路的两个输入端的输入信号大小相等，极性相同，称为共模输入；如果两个输入信号大小相等，极性相反，称为差模输入；如果两个输入信号是任意的，总可以分解为一对共模信号和一对差模信号两大部分。零点漂移对于两管的影响是相同的，相当于在其输入端加了一对共模信号。

1）静态分析。静态时 $u_{i1}=u_{i2}=0$，由于电路结构对称，设 $I_{B1}=I_{B2}=I_B$，$I_{C1}=I_{C2}=I_C$，$U_{BE1}=U_{BE2}=U_{BE}$，$U_{C1}=U_{C2}=U_C$，$\beta_1=\beta_2=\beta$，对 VT1（或 VT2）的输入回路列电压方程可得

$$I_B R + U_{BEQ} + 2I_{EQ}R_E = U_{EE} \tag{5-32}$$

则静态基极电流为

$$I_B = \frac{U_{EE} - U_{BE}}{R + 2(1+\beta)R_E} \tag{5-33}$$

一般情况下，$R \ll 2(1+\beta)R_E$，$U_{EE} \gg U_{BE}$，所以 $I_E = (1+\beta)I_B \approx \dfrac{U_{EE}}{2R_E}$（表明静态工作点基本上是稳定的，由负电源 U_{EE} 提供）。

$$I_C \approx \beta I_B$$

$$U_{CE} = (U_{CC} + U_{EE}) - I_C R_C - 2I_E R_E$$

2）动态分析。

① 共模输入。$u_{i1}=u_{i2}$，由于电路的对称性，两管的集电极电位变化显然相同，$u_o=0$。

② 差模输入。$u_{i1}=-u_{i2}=u_{id}$，由于差模信号对于集电极电流一增一减，通过 R_E 中的电流近于不变，所以 R_E 对差模信号不起作用，由前面共发射极放大电路的分析可知

$$u_{o1} = -i_{c1}R_C = -\frac{\beta R_C}{R + r_{be}}u_{i1} = -\frac{\beta R_C}{R + r_{be}}u_{id}$$

同理

$$u_{o2} = -i_{c2}R_C = -\frac{\beta R_C}{R + r_{be}}u_{i2} = \frac{\beta R_C}{R + r_{be}}u_{id}$$

则

$$u_o = u_{o1} - u_{o2} = -\frac{\beta R_C}{R + r_{be}}u_{id}$$

所以
$$A_{\mathrm{d}} = \frac{u_{\mathrm{o}}}{u_{\mathrm{i1}} - u_{\mathrm{i2}}} = -\frac{\beta R_{\mathrm{C}}}{R + r_{\mathrm{be}}}$$

此值表明，差模放大倍数与单级放大倍数相等，换句话说为了实现同样的放大倍数，差分放大电路使用了两倍于单级电路的元件数，换来了对零点漂移或者说共模信号的抑制能力。

说明：

① 差分放大电路的两个输入端均有信号输入称为"双入"。输出信号取自于两集电极电压之差，称为"双出"。上面分析为其"双入双出"电路状态下的电压放大倍数，大家可自行分析其他电路状态：双入单出、单入双出、单入单出。

② 差模输入电阻 r_{id} 和差模输出电阻 r_{od}：从两管输入端向里看，$r_{\mathrm{id}} = 2(R + r_{\mathrm{be}})$。从输出端看进去，双端输出时，$r_{\mathrm{od}} = 2R_{\mathrm{C}}$；单端输出时，$r_{\mathrm{od1}} = R_{\mathrm{C}}$。

<h2 style="text-align:center">习　　题</h2>

5-1　半导体材料有何特性？

5-2　什么是二极管的"死区电压"？硅管和锗管的典型值是多少？

5-3　简述三极管工作于放大电路的基本条件。

5-4　电路如图 5-37 所示，设电路输入电压 $u_{\mathrm{i}} = 10\sin\omega t(\mathrm{V})$，试画出输出端电压波形。

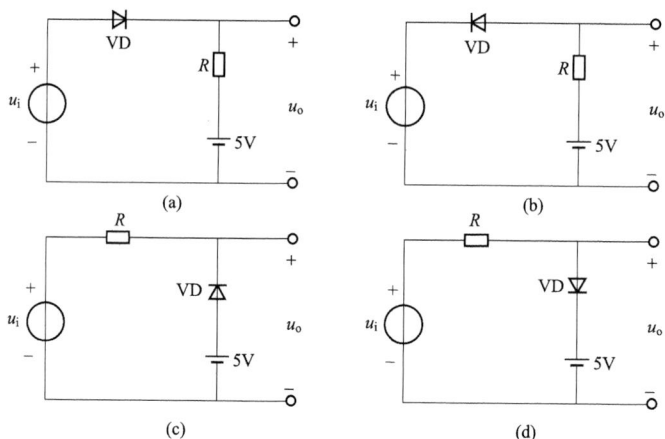

图 5-37　题 5-4 图

5-5　判断图 5-38 所示各电路中二极管的状态，并求出 A、B 两点间电压 U_{AB}，忽略二极管正向导通压降。

5-6　图 5-39（a）所示电路中，若其输入端加入图 5-39（b）所示脉冲信号，忽略二极管正向压降，试画出二极管端电压和输出电压波形。

5-7　求图 5-40 所示电路中通过稳压二极管的电流，并问限流电阻 R 其值是否合适？

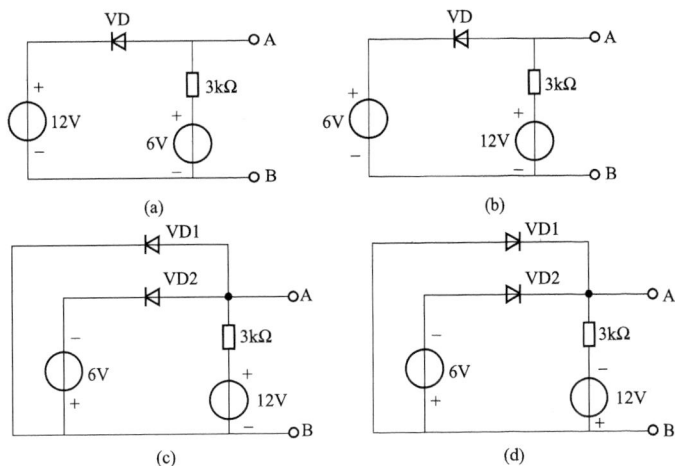

图 5-38　题 5-5 图

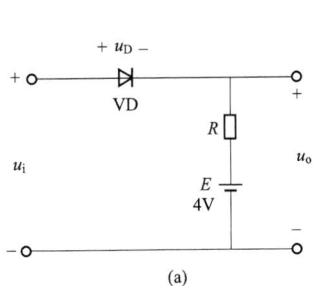

图 5-39　题 5-6 图

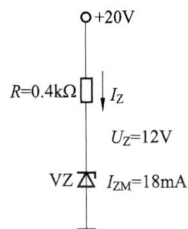

图 5-40　题 5-7 图

5-8　两个稳压管的稳定电压分别为 8V 和 10V，正向管压降均为 0.7V，试问它们可能得到几种不同的稳压值？画出相应的电路。

5-9　在放大电路中，测得三极管 VT1 和 VT2 的三个电极对地电位如图 5-41 所示，试判断它们的管型、材料，并指出 E、B、C 三个电极。

5-10　试判断图 5-42 中各三极管处于哪一个工作区？

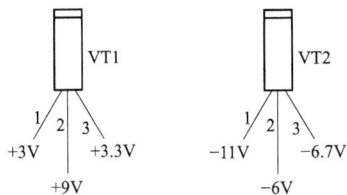

图 5-41　题 5-9 图

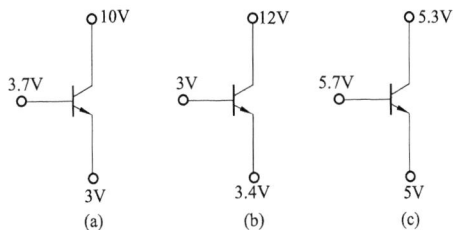

图 5-42　题 5-10 图

5-11　试述射极跟随器的特点。

5-12　图 5-43 所示电路，$R_B=470\text{k}\Omega$，$R_E=4.3\text{k}\Omega$，$U_{CC}=12\text{V}$，$R_L=2\text{k}\Omega$，三极管是 NPN 型硅管，$\beta=80$，$r_{bb}'=200\Omega$，$U_{BE}=0.7\text{V}$。

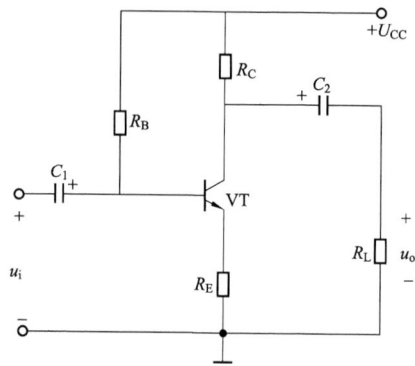

图 5 - 43 题 5 - 12 图

（1）计算静态工作点；

（2）画出交流通路及其微变等效电路；

（3）计算电压放大倍数及输入输出电阻；

（4）若在电路中接入射极旁路电容，试计算（2）、（3）。

第六章　集成运算放大器及负反馈

集成电路是相对于分立元件电路而言的，它通过集成工艺把组成放大电路所需要的元件以及元件间的连接同时制造在半导体芯片上，实现了材料、元件和电路的统一，具有体积小、功耗低、工作可靠、安装方便等特点。本章所讲的是集成运算放大器及其在电子线路中的一些基本应用，并简单介绍放大电路中负反馈的作用及其对电路性能的影响。

第一节　集成运算放大器介绍

一、概述

集成电路按功能可分为模拟集成电路和数字集成电路两大类，模拟集成电路的种类很多，大致可分为运算放大器、功率放大器、D/A 转换器、A/D 转换器以及模拟乘法器，其中集成运算放大器（简称集成运放）在各种模拟电路中应用最为广泛，它是由多级直接耦合的放大电路组成的高增益模拟集成电路。在外型上一般有圆壳式封装、扁平式封装和双列直插式封装等，如图 6-1 所示，目前多用双列直插式封装。

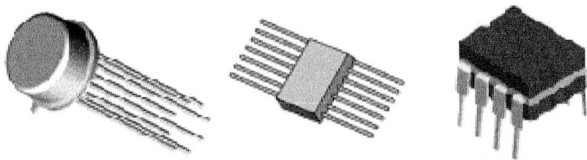

图 6-1　集成运算放大器的外形

二、集成运放的基本组成

各种类型的集成运放其基本结构类似，其内部电路通常包含四个基本组成部分，即输入级、中间级、输出级和偏置电路。如图 6-2 所示。

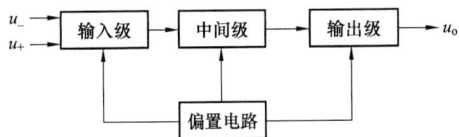

图 6-2　集成运放的基本结构框图

输入级：采用输入电阻高，能很好地抑制零点漂移的差分放大电路，所以电路具有同相和反相两个输入端。

中间级：主要作用是获得较大的电压增益，一般由共发射极电路构成，级间采用直接耦合方式。

输出级：与负载相接，要求其输出电阻低，带负载能力强，一般由射极跟随器构成。

偏置电路：主要作用是为上述各级电路提供稳定的、合适的静态工作偏置电流。

三、集成运放的主要技术指标

在集成运放的使用中，我们不需要去关注其内部电路如何，只要根据芯片的封装外形，了解其各引脚功能，并通过外电路的连接，实现不同的电路功能即可。

若将集成运放看成一个黑盒子，则可等效为一个双端输入、单端输出的高性能差分放大电路，其电路符号一般如图 6-3 所示。

为了合理地选用和正确地使用集成运放器件，需要对其有关的性能参数进行查阅了解，

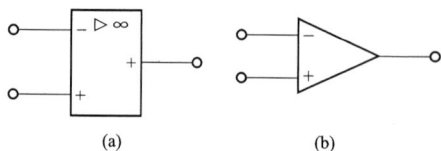

图 6-3 运算放大器常用电路符号

下面所列为一些主要技术指标。

1. 开环差模电压增益 A_{od}

A_{od}是指运放在无外加反馈状态下的差模电压放大倍数，一般用对数表示，即

$$A_{od} = 20\lg\left|\frac{u_o}{u_+ - u_-}\right| (\text{dB}) \qquad (6-1)$$

理想时 A_{od} 为无穷大。实际的运放 A_{od} 一般为 100dB 左右，高质量的运放可达 140dB。

2. 共模抑制比 K_{CMR}

共模抑制比的定义是开环差模电压增益与开环共模电压增益之比，一般也用分贝表示，即

$$K_{CMR} = 20\lg\left|\frac{A_{od}}{A_{oc}}\right| (\text{dB}) \qquad (6-2)$$

多数集成运放的 K_{CMR} 在 80dB 以上，高质量的运放可达 160dB。

3. 输入失调电压 U_{IO}

U_{IO} 是指为了使静态时输出电压为零，在输入端所需加的补偿电压。它的大小反映了输入级差分对管 U_{BE} （或 U_{GS}）的对称程度，在一定程度上也反映了温漂的大小。一般的运放 U_{IO} 值为 $1\sim10$mV，高质量的运放在 1mV 以下。

4. 输入失调电流 I_{IO}

I_{IO} 的定义是当输出电压等于零时，两个输入端偏置电流之差，即

$$I_{IO} = |I_{B1} - I_{B2}| \qquad (6-3)$$

反映运放输入级差分对管输入电流的不对称情况，一般运放为 $10\sim100$nA，高质量的运放低于 1nA。

5. 最大共模输入电压 U_{Icm}

最大共模输入电压 U_{Icm} 表示集成运放输入端所能承受的最大共模输入电压。如果超过此值，集成运放的共模抑制性能将显著恶化。

6. 最大差模输入电压 U_{Idm}

最大差模输入电压 U_{Idm} 表示运放反相输入端与同相输入端之间能够承受的最大电压。若输入电压超过这个限度，输入级差分对管中的一个管子的发射结可能被反向击穿。

7. 最大输出电压 U_{OPP}

U_{OPP} 是指能使运放输出电压与输入电压保持不失真放大的最大输出电压。

除了以上介绍的技术指标外，还有很多项其他指标，如温度漂移，静态功耗及输入、输出电阻，等等，此处不再一一介绍。

四、理想运放的技术指标

在分析集成运算放大器时，一般可以将它看成理想集成运放。

1. 理想化条件

理想集成运放化，主要基于以下理想化条件。

(1) 开环差模电压增益 $A_{od} = \infty$。

(2) 差模输入电阻 $r_{id} = \infty$；输入偏置电流 $I_{IB} = 0$。

(3) 输出电阻 $r_o = 0$。

（4）共模抑制比 $K_{CMR}=\infty$。

随着集成工艺的不断改进，实际的运放产品已非常接近于理想状态，因而在一般应用时，往往将实际运放按理想状态分析。

2. 集成运放的电压传输特性

集成运算放大器的电压传输特性如图6-4所示。它工作在线性区和非线性区（也称饱和区）的分析方法有所区别。

（1）工作在线性区。当运放在线性区工作时，它的输出电压与两个输入端的电压差值存在着线性关系，所以有

$$u_o = A_{od}(u_+ - u_-) \quad 即 \quad u_+ - u_- = u_o/A_{od}$$

由于运放的 A_{od} 很高，理想时 $A_{od}=\infty$，而 u_o 的值为有限值（满足线性条件），则有

$$u_+ = u_- \tag{6-4}$$

表明运放的同相输入端与反相输入端两点的电压相等，如同被短路一样，但实际上并未真正短路，因此称为"虚短"。

由于理想运放的差模输入电阻 $r_{id}=\infty$，因此它的两个输入端的电流均为零，即

$$i_+ = i_- = 0 \tag{6-5}$$

如图6-5所示，此时运放的两个输入端均不取电流，如同该两点被断开一样，而实际并未断开，故称其为"虚断"。

从电路上来说，由于运放的开环增益很高，直接使用必然超出其线性工作范围，使输出饱和，接近于电源电压，因此为了保证运放工作在线性区，一般在电路中要加入深度负反馈（详见本章第二节），以减小两个输入端的净输入信号差，此时运放工作于闭环状态。

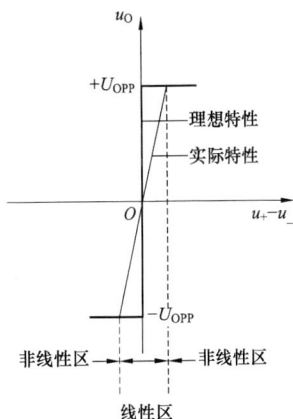

图6-4　集成运放传输特性

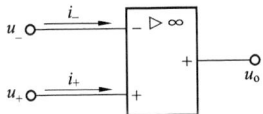

图6-5　集成运放的电压和电流

（2）非线性工作状态。若运放的输入信号过大，超出其线性范围时，它的输出电压只有两种情况，即为正向饱和值 $+U_{OPP}$，或为负向饱和值 $-U_{OPP}$。如图6-4所示。有

当 $u_+ > u_-$ 时，$u_o = +U_{OPP}$；

当 $u_+ < u_-$ 时，$u_o = -U_{OPP}$。

也就是说，"虚短"现象将不存在。

但由于理想运放的差模输入电阻 $r_{id}=\infty$，同样有 $i_+ = i_- = 0$，此时"虚断"的特点还将存在。从电路上来说，当运放处于开环或正反馈状态时，它将处于非线性工作区。

第二节　放大电路中的负反馈

一、反馈的基本知识

1. 反馈的概念

在电子技术领域中，把放大电路的输出量（电压或电流）的一部分或全部，通过反馈网络按照一定的方式馈送回输入回路，从而影响输入量（电压或电流）的过程，称为反馈。

　　任何引入反馈的放大电路都包含有两大部分：基本放大电路$\dot{A}$（它可以是单级的或多级的放大电路）和反馈网络$\dot{F}$（多数由阻容元件组成），二者组成了一个闭合环路，称为反馈放大电路或闭环放大电路；若将图中反馈通路去掉，但又保留反馈网络的负载作用，这样的放大电路称为基本放大电路或开环放大电路，如图6-6所示。

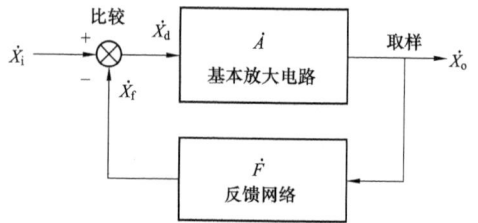

图6-6　反馈放大电路的电路模型

　　2. 反馈的极性

　　若引入的反馈信号增强了原输入信号的作用，使净输入信号增大，称之为正反馈。反之，若反馈信号减弱了原输入信号的作用，使净输入信号减小，则为负反馈。

　　判断反馈极性的方法是瞬时极性法。其基本思路是：首先假定某一瞬时放大电路输入信号的极性（相对于"地"而言），用⊕表示瞬时增量或电压的瞬时极性为正，⊖表示瞬时减量或电压的瞬时极性为负。然后从输入经过基本放大电路到输出，逐级判断电路各有关结点电压的瞬时极性，再由输出经反馈网络到输入，推出反馈信号在此瞬间的电压极性，最后观察反馈信号是增强还是削弱了净输入信号，进而得出结论。

　　【例6-1】　试判断图6-7所示电路引入的反馈极性。

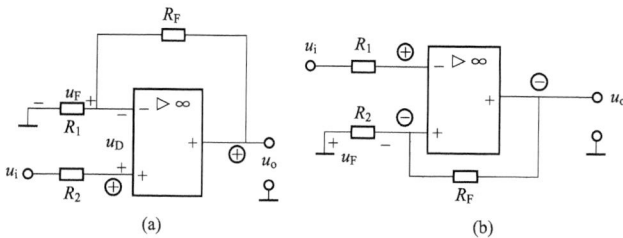

图6-7　反馈极性的判别
(a) 负反馈；(b) 正反馈

　　解　图6-7（a）中，输入电压为⊕时，输出电压也为⊕，此时R_1上的反馈电压对地将为⊕，净输入信号$u_D = u_i - u_F$。净输入信号减小了，是负反馈。

　　图6-7（b）中，当输入电压为⊕时，输出为⊖，反馈电压的瞬时极性为⊖，则$u_D = u_i + u_F$，即净输入信号增大了，是正反馈。

　　3. 反馈信号的取样

　　若反馈信号取自输出电压，则为电压反馈；若反馈信号取自输出电流，则为电流反馈。

　　判断电压反馈与电流反馈的常用方法是"假定输出短路"法。当电压取样时，若将输出电压短路，则反馈网络的输入消失，反馈信号也消失；反之，若反馈不受影响，说明反馈网络是以输出电流为取样对象的。

　　4. 反馈信号与输入信号的比较

　　如果反馈信号与输入信号在放大电路输入回路中以电压形式比较，为串联反馈；如果两者以电流形式比较，则为并联反馈。根据电路的结构特点，若电路中引入的是并联反馈，则接受反馈的点必然与输入信号在同一端钮上，否则引入的是串联反馈。

　　5. 反馈信号的通路

　　在前面放大电路的分析中可知，交流信号和直流信号通常是通过交流通路和直流通路分别讨论的，那么仅在直流通路中存在的反馈称为直流反馈；仅在交流通路中存在的反馈称为交流反馈；如果反馈网络既存在于直流通路中，又存在于交流通路中，则说明直流反馈和交流反馈共存于同一反馈网络之中。

一般来说，直流负反馈的目的主要是为了稳定静态工作点，只需判断出负反馈极性就可以，而交流负反馈对放大电路的影响与其反馈组态有关。

二、负反馈的类型

1. 电压串联负反馈

图 6-8 所示为电压串联负反馈方框图及典型电路。反馈信号取样于输出电压 u_o，在输入回路中以电压形式比较。净输入信号 $u_D = u_i - u_F$，反馈电压 $u_F = \dfrac{R_1}{R_1 + R_F} u_o$。

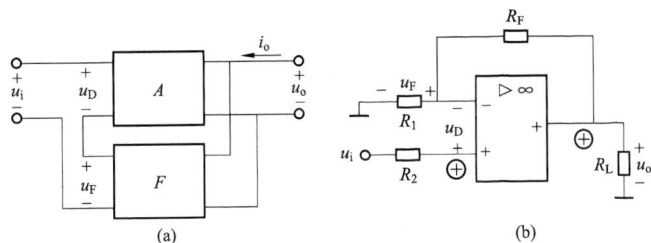

图 6-8 电压串联负反馈电路

(a) 方框图；(b) 典型电路

2. 电压并联负反馈

如图 6-9 所示，反馈信号取样于输出电压 u_o，在输入回路中反馈信号与输入信号以电流形式比较。净输入信号 $i_D = i_i - i_F$，反馈电流 $i_F = \dfrac{u_- - u_o}{R_F} = -\dfrac{u_o}{R_F}$。

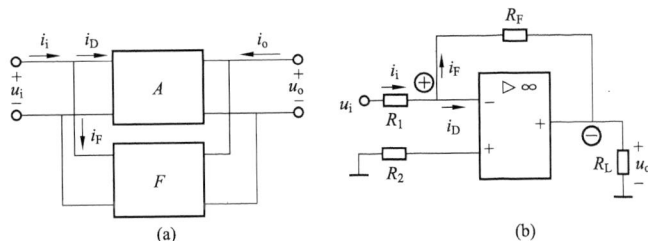

图 6-9 电压并联负反馈电路

(a) 方框图；(b) 典型电路

3. 电流串联负反馈

如图 6-10 所示，反馈信号取样于输出电流 i_o，在输入回路中反馈信号与输入信号以电压形式比较。净输入信号 $u_D = u_i - u_F$，反馈电压 $u_F = Ri_o$。

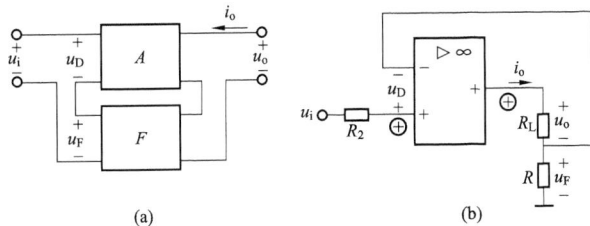

图 6-10 电流串联负反馈电路

(a) 方框图；(b) 典型电路

4. 电流并联负反馈

如图 6-11 所示，反馈信号取样于输出电流 i_o，在输入回路中反馈信号与输入信号以电流形式比较。净输入信号 $i_D = i_i - i_F$，反馈电流 $i_F = \dfrac{R}{R_F + R} i_O$。

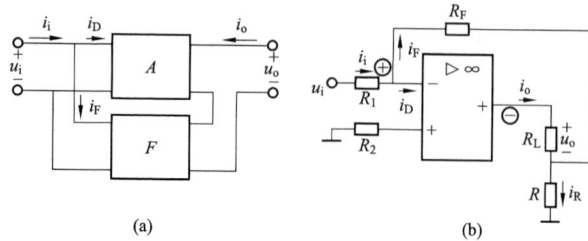

图 6-11　电流并联负反馈电路

(a) 方框图；(b) 典型电路

三、负反馈对放大电路性能的影响

放大电路的内部器件参数、环境温度、电源电压及负载等因素的变化，会导致放大电路的工作不稳定。当引入适当的负反馈后，虽然闭环放大倍数会下降，但放大电路的稳定性将得到提高。

1. 提高放大倍数的稳定性

放大电路引入负反馈后，可以使电路具有一定的自动稳定能力。

对于电压反馈，可以稳定输出电压。

在图 6-8 中，若负载 $R_L \downarrow \longrightarrow u_o \downarrow \longrightarrow u_F \downarrow \longrightarrow u_D \uparrow$

$\qquad\qquad u_o \uparrow \longleftarrow \underline{\qquad\qquad\qquad\qquad}$

当输入信号一定，而负载发生变化时，负反馈过程力图使输出信号保持不变，这就意味着电路的电压放大倍数的稳定性得到了提高。

对于电流反馈，可以稳定输出电流。

在图 6-10 中，若负载 $R_L \uparrow \longrightarrow i_o \downarrow \longrightarrow u_F$（$u_F = i_o R_F$）$\downarrow \longrightarrow u_D \uparrow$

$\qquad\qquad i_o \uparrow \longleftarrow \underline{\qquad\qquad\qquad\qquad}$

当输入信号一定，而负载发生变化时，电流负反馈将使输出电流保持稳定。

又由图 6-6 可知 $\dot{A} = \dfrac{\dot{X}_o}{\dot{X}_d}$，$\dot{F} = \dfrac{\dot{X}_f}{\dot{X}_o}$，$\dot{A}_f = \dfrac{\dot{X}_o}{\dot{X}_i} = \dfrac{\dot{A}}{1 + \dot{A}\dot{F}}$。

为了简化问题，我们讨论信号在中频段的情况，此时，$\dot{A}$ 为实数，$\dot{F}$ 一般也为实数，因此有式 $A_F = \dfrac{A}{1 + AF}$。为了分析当 A 变化时对 A_F 的影响，求 A_F 对 A 的导数，得

$$\frac{dA_F}{dA} = \frac{1}{(1 + AF)^2} \quad \text{或} \quad dA_f = \frac{dA}{(1 + AF)^2}$$

将上式等号两边除以式 $A_f = \dfrac{A}{1 + AF}$ 两边，得 $\dfrac{dA_f}{A_f} = \dfrac{1}{1 + AF} \times \dfrac{dA}{A}$。

由此表明：加入负反馈后，放大电路闭环放大倍数的相对变化量 dA_f / A_f 降低到了无反馈时放大网络开环放大倍数的相对变化量 dA/A 的 $1/(1 + AF)$。这就说明负反馈提高了放

大倍数的稳定性，提高程度与（1＋AF）有关，但它是以损失放大倍数为代价的，放大倍数将降为原来的 $1/(1＋AF)$。

【例6－2】　设某放大电路的开环放大倍数 $A＝1000$，由于环境温度的变化使 A 有 $±10\%$ 的变化。引入负反馈后，若反馈深度为 $1＋AF＝100$，求闭环放大倍数及其相对变化量。

解　由已知条件可计算出闭环放大倍数为

$$A_f = \frac{A}{1+AF} = \frac{1000}{100} = 10$$

无反馈时，放大倍数的相对变化量为

$$\frac{\mathrm{d}A}{A} = ±10\% = ±0.1$$

有反馈时，闭环放大倍数相对变化量为

$$\frac{\mathrm{d}A_f}{A_f} = \frac{1}{1+AF} \times \frac{\mathrm{d}A}{A} = \frac{1}{100} \times (±0.1) = ±0.1\%$$

由此可知，当开环放大倍数变化 10% 时，闭环放大倍数的相对变化量只有 0.1%，显而易见，引入负反馈后，降低了放大倍数，但换取了放大倍数稳定性的提高。

2. 减小非线性失真

由于放大器不可能做到完全线性，因此实际放大电路的输出信号和输入信号相比不可避免地要出现非线性失真。如图 6－12（a）所示，正弦波输入信号 X_i 经过一实际放大电路 A 放大后产生的输出信号波形为正半周幅值大、负半周幅值小（上大下小）的非正弦波。引入负反馈后，如图 6－12（b）所示，反馈网络将输出端失真后的信号（上大下小）送回到输入端，因反馈信号与输出信号成正比关系，仅有大小的变化，形状仍然相同。净输入信号为输入信号与反馈信号之差，因此，净输入信号发生了某种程度的预失真（上小下大），经过基本放大电路放大后，由于基本放大电路本身的失真和净输入信号的失真相反，在一定程度上互相抵消，使输出信号的失真大大减小。值得注意的是，对于输入

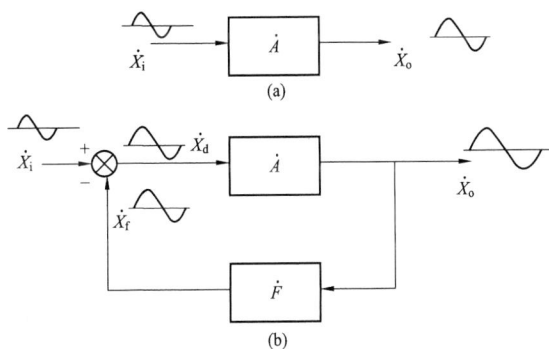

图 6－12　负反馈对非线性失真的改善

信号本身就有的失真，用负反馈的方法是改善不了的，负反馈只能改善环内的非线性失真，而且只有在非线性失真不太严重时，负反馈的改善作用才能体现。

3. 负反馈对输入电阻的影响

负反馈对输入电阻的影响决定于反馈信号与输入信号在放大电路输入回路中的比较方式。

（1）串联负反馈使输入电阻增大。图 6－13 所示为串联负反馈放大电路的方框。由图可得

$$\dot{U}_f = \dot{F}\dot{X}_o \tag{6-6}$$

$$\dot{U}_d = \dot{U}_i - \dot{U}_f \tag{6-7}$$

$$\dot{U}_i = \dot{U}_d + \dot{U}_f = \dot{U}_d + \dot{F}\dot{X}_o \tag{6-8}$$

无反馈时的输入电阻为

$$r_i = \dot{U}_d / \dot{I}_i \qquad (6-9)$$

引入串联负反馈后，输入电阻为

$$r_{if} = \frac{\dot{U}_f}{\dot{I}_i} = \frac{\dot{U}_d + \dot{U}_f}{\dot{I}_i} = \frac{\dot{U}_d + \dot{F}\dot{X}_o}{\dot{I}_i} = \frac{\dot{U}_d + \dot{F}\dot{A}\dot{U}_d}{\dot{I}_i} = \frac{(1+\dot{F}\dot{A})\dot{U}_d}{\dot{I}_i} = (1+\dot{A}\dot{F})r_i$$

$$(6-10)$$

（2）并联负反馈使输入电阻减小。图 6-14 所示为并联反馈放大电路的方框图。由图可得

$$\dot{I}_f = \dot{F}\dot{X}_o \qquad (6-11)$$

$$\dot{I}_d = \dot{I}_i - \dot{I}_f \qquad (6-12)$$

$$\dot{I}_i = \dot{I}_d + \dot{I}_f = \dot{I}_d + \dot{F}\dot{X}_o \qquad (6-13)$$

无反馈时的输入电阻 为

$$r_i = \dot{U}_i / \dot{I}_d \qquad (6-14)$$

引入并联负反馈后，输入电阻为

$$r_{if} = \frac{\dot{U}_i}{\dot{I}_i} = \frac{\dot{U}_i}{\dot{I}_d + \dot{I}_f} = \frac{\dot{U}_i}{\dot{I}_d + \dot{F}\dot{X}_o} = \frac{\dot{U}_i}{\dot{I}_d + \dot{A}\dot{F}\dot{I}_d} = \frac{\dot{U}_i}{\dot{I}_d}\frac{1}{1+\dot{A}\dot{F}} = \frac{1}{1+\dot{A}\dot{F}}r_i \quad (6-15)$$

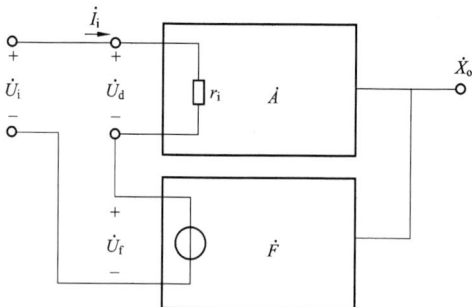

图 6-13　串联负反馈对输入电阻的影响　　　　图 6-14　并联负反馈对输入电阻的影响

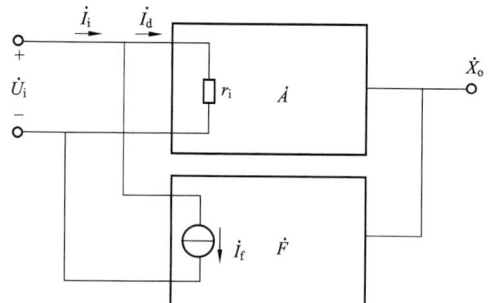

4. 负反馈对输出电阻的影响

负反馈对输出电阻的影响与反馈信号在放大电路输出端的取样方式有关。

电压负反馈的作用是稳定放大电路的输出电压，使输出电压更接近理想电压源，因此电压负反馈应使放大电路的输出电阻减小，可以证明，引入电压负反馈后 $r_{of} = r/(1+\dot{A}\dot{F})$。

电流负反馈的作用是稳定放大电路的输出电流，使输出电流更接近理想电流源，因此电流负反馈应使放大电路的输出电阻增大，可以证明，引入电流负反馈后 $r_{of} = r_o/(1+\dot{A}\dot{F})$。

在放大电路中引入不同组态的负反馈，对输入电阻和输出电阻会产生不同的影响。在实际工作中可根据特定要求，灵活地应用各种负反馈组态来改变输入电阻、输出电阻的阻值。

第三节　集成运放的线性应用电路

一、比例运算电路

比例运算电路的输出电压与输入电压之间存在着比例关系，是最基本的运算电路。

1. 反相比例运算电路

基本反相比例运算电路如图 6-15 所示，输入信号经电阻 R_1 加在反相输入端，同相输

入端经电阻 R_2 接地，称为平衡电阻，使同相端与反相端向外看出的等效电阻一致，通常其阻值选择为

$$R_2 = R_1 /\!/ R_F \tag{6-16}$$

输出信号经 R_F 馈送回反相输入端，R_F 和 R_1 构成了电压并联负反馈。

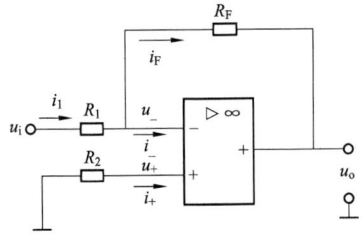

图 6-15　基本反相比例运算电路

由于"虚断"$i_+ = i_- = 0$，可得 $u_+ = 0$；又因"虚短"$u_+ = u_-$，可得 $u_- = 0$。

因此　　$i_1 = i_F$，所以　$\dfrac{u_i - u_-}{R_1} = \dfrac{u_- - u_o}{R_F}$。

则反相比例运算放大电路的输出电压与输入电压的关系为

$$u_o = -\frac{R_F}{R_1} u_i \tag{6-17}$$

从反馈的角度看，反相比例运算电路是深度电压并联负反馈，其输入电阻和输出电阻会大大减小。

2. 同相比例运算电路

若输入信号加在同相端输入，就构成同相比例运算电路，如图 6-16 所示。

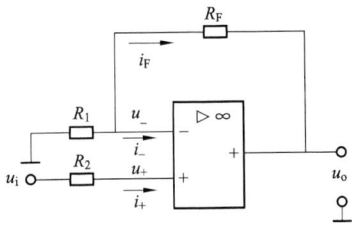

图 6-16　同相比例运算电路

利用"虚短"和"虚断"，即 $i_+ = i_- = 0$，$u_+ = u_-$，可得

$$u_+ = u_- = \frac{R_1}{R_1 + R_F} u_o \tag{6-18}$$

又　　　　　$u_+ = u_I$

则有

$$\frac{R_1}{R_1 + R_F} u_o = u_I \tag{6-19}$$

所以同相比例运算电路输出电压与输入电压的关系为

$$u_o = \left(1 + \frac{R_F}{R_1}\right) u_I \tag{6-20}$$

从反馈的角度看，同相比例运算电路是深度电压串联负反馈，所以它的输入电阻极大，而输出电阻很低。

当 $R_1 = \infty$ 或 $R_F = 0$ 时，则 $u_o = u_i$，称为电压跟随器（或同相跟随器），如图 6-17 所示。

二、加法运算电路

加法电路的输出量是多个输入量相加，用运放实现加法运算时，可以采用反相输入方式，也可以采用同相输入方式。

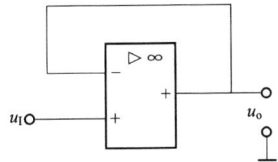

图 6-17　电压跟随器

1. 反相加法电路

两输入反相加法电路如图 6-18 所示。可以看出此电路是在反相比例运算电路的基础上扩展而得到的。

利用"虚短"和"虚断"，即 $i_+ = i_- = 0$，$u_+ = u_-$ 可得

$$i_1 + i_2 = i_F$$

即　　$\dfrac{u_{i1}-u_-}{R_1}+\dfrac{u_{i2}-u_-}{R_2}=\dfrac{u_--u_o}{R_F}$

由于同相端接地，故反相端为"虚地"。所以

$$\frac{u_{i1}}{R_1}+\frac{u_{i2}}{R_2}=-\frac{u_o}{R_F} \tag{6-21}$$

因此，反相加法电路的输出与输入之间的关系为

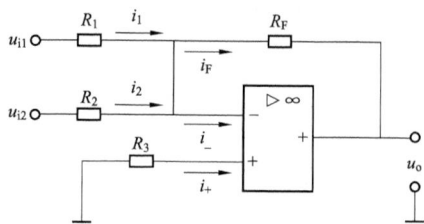

图 6-18　反相加法电路

$$u_o=-\left(\frac{R_F}{R_1}u_{i1}+\frac{R_F}{R_2}u_{i2}\right) \tag{6-22}$$

当然，依照同样的原则可以将反相加法电路的输入端扩充到三个及以上，电路的分析方法同上。在这种反相加法电路中，改变与某一个输入信号相连的电阻（R_1 或 R_2），并不影响其他输入电压与输出电压的比例关系，因此调节方便。

从同相端与反相端外接电阻必须平衡的条件出发，同相输入端电阻 R_3 的阻值应为

$$R_3=R_1\mathbin{/\mkern-5mu/}R_2\mathbin{/\mkern-5mu/}R_F \tag{6-23}$$

2. 同相加法电路

同相加法电路的输入信号是从同相端加入，电路如图 6-19 所示。可以看出同相加法电路是同相比例运算电路的扩展。

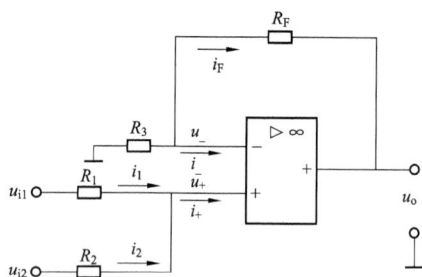

图 6-19　同相加法电路

由同相比例运算电路方程式可得出

$$u_o=\left(1+\frac{R_F}{R_3}\right)u_+ \tag{6-24}$$

又　　$\dfrac{u_{i1}-u_+}{R_1}+\dfrac{u_{i2}-u_+}{R_2}=i_+$

利用"虚短"和"虚断"，即 $i_+=i_-=0$，$u_+=u_-$ 可得

$$u_+=\frac{R_+}{R_1}u_{i1}+\frac{R_+}{R_2}u_{i2} \tag{6-25}$$

式中 $R_+=R_1\mathbin{/\mkern-5mu/}R_2$，为同相端向外看出的等效电阻。

则输出电压为

$$u_o=\left(1+\frac{R_F}{R_3}\right)\left(\frac{R_+}{R_1}u_{i1}+\frac{R_+}{R_2}u_{o2}\right) \tag{6-26}$$

令 $R_-=R_3\mathbin{/\mkern-5mu/}R_F$ 为反相端向外看出的等效电阻，则式（6-26）可变为

$$u_o=\frac{R_+}{R_-}\left(\frac{R_F}{R_1}u_{i1}+\frac{R_F}{R_2}u_{i2}\right) \tag{6-27}$$

根据输入端外接电阻应该平衡的要求，有 $R_+=R_-$，所以

$$u_o=\frac{R_F}{R_1}u_{i1}+\frac{R_F}{R_2}u_{i2} \tag{6-28}$$

式（6-28）与反相求和形式上相似，只差一个负号。但是式中 R_+ 涉及所有输入信号回

路连接的电阻，因此，当改变某一回路的电阻值时，其他各路电压关系也将改变。在外接电阻的选配上，既要考虑各个运算比例系数关系，又要使外接电阻平衡，计算和调节都比较麻烦，只有在满足 $R_+ = R_-$ 时，电路的调试才和反相加法电路一样简单。

三、减法运算电路

减法运算电路如图 6-20 所示，输入电压分别加在运放的反相输入端和同相输入端，也称差分比例运算电路。

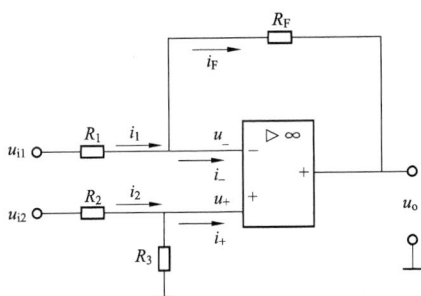

图 6-20　减法运算电路

利用"虚短"和"虚断"，即 $i_+ = i_- = 0$，$u_+ = u_-$，应用叠加定理可求得

$$u_o = -\frac{R_F}{R_1}u_{i1} + \left(1 + \frac{R_F}{R_1}\right)u_+ \qquad (6-29)$$

而同相输入端的电位为

$$u_+ = \frac{R_3}{R_2 + R_3}u_{i2} \qquad (6-30)$$

所以

$$u_o = -\frac{R_F}{R_1}u_{i1} + \left(1 + \frac{R_F}{R_1}\right)\left(\frac{R_3}{R_2 + R_3}\right)u_{i2} \qquad (6-31)$$

若 $R_1 = R_2$，$R_3 = R_F$ 时，整理式（6-31），可求得差分比例运算电路输出与输入的关系为

$$u_o = \frac{R_F}{R_1}(u_{i2} - u_{i1}) \qquad (6-32)$$

电路的输出电压与两个输入电压之差成正比，实现了差分比例运算。

四、积分运算电路

积分运算电路如图 6-21 所示，图中用电容 C 替代了反相比例运算电路中的电阻 R_F。

由于电容 C 上电流与电压的关系为 $i_C = C\dfrac{du_C}{dt}$，利用"虚短"、"虚断"和"虚地"的概念可求出输出与输入的关系

$$\frac{u_i}{R_1} = C\frac{du_C}{dt} = -C\frac{du_o}{dt}$$

即

$$u_o = -\frac{1}{R_1 C}\int_0^t u_i dt + u_o\Big|_{t=t_0} \qquad (6-33)$$

图 6-21　积分运算电路

式中 $\tau = R_1 C$，称为积分时间常数，$u_o(t_0)$ 为积分开始时电容上的初始电压值。若 $u_o(t_0) = 0$，则 $u_o = -\dfrac{1}{R_1 C}\int_0^t u_i dt$。

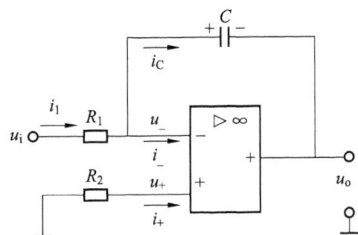

积分电路是一种应用比较广泛的模拟信号运算电路，广泛应用于波形的产生及变换、延时和定时、自动控制和测量系统、模拟计算系统，等等。

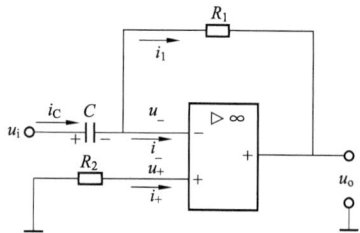

图 6-22　微分运算电路

五、微分运算电路

将积分电路中 C 与 R_1 的位置互换，即组成基本微分电路，如图 6-22 所示。

利用"虚短"、"虚断"和"虚地"的概念可求出输出与输入的关系

$$u_o = -R_1 C \frac{\mathrm{d}u_i}{\mathrm{d}t} \qquad (6-34)$$

式中 $\tau = R_1 C$，称为微分时间常数，其值越小运算精度越高。微分电路可以实现波形变换，其电路应用不如积分电路广泛。

第四节　集成运放的非线性应用电路

集成运放在其非线性应用电路中，处于开环或正反馈工作状态，输出电压只有正向饱和值和负向饱和值两种情况，它的两个输入端之间是有差值的，$u_+ = u_-$ 成为输出电压跳变的临界点，"虚短"将不存在，但"虚断"还将有效。

电压比较器是一类常用的模拟信号处理电路，它将一个模拟量输入电压与参考电压进行比较，其输出只能是高电平或低电平两种状态，在测量、控制以及波形发生等方面有着广泛的应用。

一、单门限比较器

如图 6-23（a）所示，在运放的同相输入端加一个参考电压 U_{REF}，输入信号从反相端加入，由于运放工作在开环状态，其开环电压增益很高，所以有

$u_i < U_{\mathrm{REF}}$ 时，$u_o = +U_Z$；

$u_i > U_{\mathrm{REF}}$ 时，$u_o = -U_Z$。

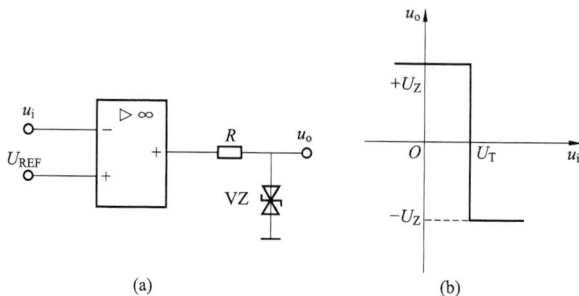

(a)　　　　　　　　(b)

图 6-23　反相输入单门限电压比较器及其电压传输特性

$u_i = U_{\mathrm{REF}}$ 为输出电压发生跳变的临界点，。式中 U_Z 为双向稳压二极管 VZ 的稳压值，R 为限流电阻，R 和 VZ 的接入起到了限制输出电压幅度的作用，目的是为了与其他电路的高、低电平兼容，若去掉后，输出值即为运放的饱和输出电压。参考电压 U_{REF} 称为门限电压或阈值电压 U_T，其值可正、可负，若 $U_{\mathrm{REF}} = 0$，则称为过零比较器。由于电路只有一个门限电压，因此称为单门限电压比较器。图 6-23（b）为其电压传输特性。

如果参考电压加在反相输入端，输入信号从同相端输入，如图 6-24（a）所示，其电

压传输特性如图 6-24（b）所示。$u_i < U_{REF}$ 时，$u_o = -U_Z$；$u_i > U_{REF}$ 时，$u_o = +U_Z$。

【例 6-3】 电路如图 6-23（a）所示，输入信号 u_i 波形如图 6-25 所示，设双向稳压管 $U_Z = \pm 6V$，试画出 $U_{REF} = 0V$、$U_{REF} = 1V$、$U_{REF} = -2V$ 时 u_o 的波形。

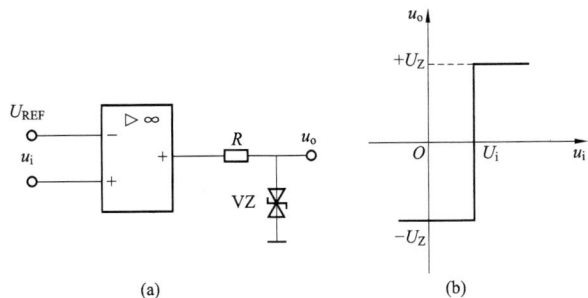

图 6-24 同相输入单门限电压比较器及其电压传输特性

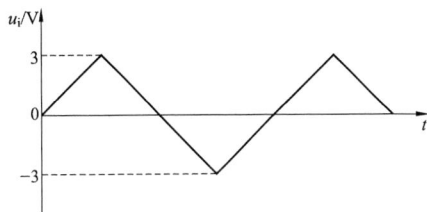

图 6-25 例 6-3 输入电压波形

解 由于输入信号加在运放反相输入端，因此 $u_I < U_{REF}$ 时，$u_O = +U_Z$，$u_I > U_{REF}$ 时，$u_o = -U_Z$。不同的 U_{REF} 电压下，输出电压波形如图 6-26 所示，此电路可以将三角波变成方波，而且调节 U_{REF} 可以调节方波的脉宽。

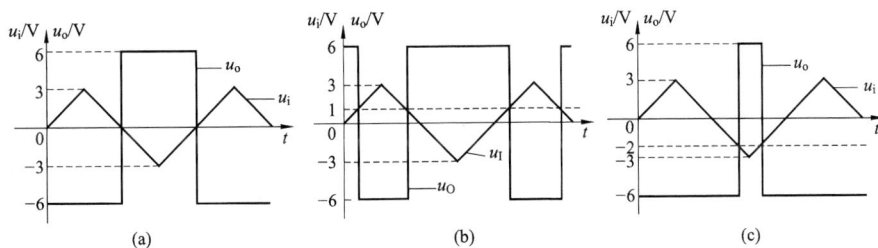

图 6-26 ［例 6-3］输出电压波形

(a) $U_{REF} = 0$ 的输出电压；(b) $U_{REF} = 1V$ 的输出电压；(c) $U_{REF} = -2V$ 的输出电压

二、滞回比较器

单门限比较器的电路简单、灵敏度高，但是抗干扰能力差。如果输入信号受到干扰或噪声的影响，特别是在门限电平上下波动时，则输出电压可能发生多次跳变。若在控制系统中发生这种情况，则可能导致执行机构产生误动作。采用具有滞回传输特性的比较器可以有效地提高电路的抗干扰能力，如图 6-27（a）所示，该比较器又称为迟滞比较器或施密特触发器，图 6-27（b）所示为其电压传输特性。输入电压 u_I 经电阻 R_1 加在反相输入端，参考电压 U_{REF} 经电阻 R_2 接在同相输入端，此外从输出端通过电阻 R_F 将输出电压引回至同相输入端，电路引入了正反馈，使阈值电压随 u_O 的变化而变化。电阻 R 和双向稳压管 VZ 起限幅作用，将输出电压的幅度限制在 $\pm U_Z$。

下面求阈值电压，由于比较器的输出电压有两种可能的状态，即 $+U_Z$ 或 $-U_Z$，根据叠加定理可得

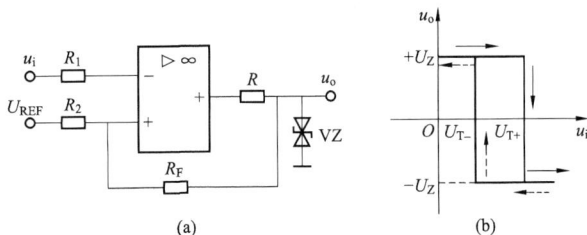

图 6-27 滞回电压比较器及其电压传输特性

$$u_+ = \frac{R_F}{R_2 + R_F} U_{REF} + \frac{R_2}{R_2 + R_F} u_o \qquad (6-35)$$

当 $u_- < u_+$ 时，$u_o = +U_Z$，随着 u_i 逐渐从小增大到 $u_i = u_- = u_+$ 时，u_o 将从 $+U_Z$ 跳变到 $-U_Z$。此时的门限电平称为上阈值，用 U_{T+} 表示，即有

$$U_{T+} = \frac{R_F}{R_2 + R_F} U_{REF} + \frac{R_2}{R_2 + R_F} U_Z \qquad (6-36)$$

当 $u_- > u_+$ 时，$u_o = -U_Z$，随着 u_1 逐渐从大减小到 $u_1 = u_- = u_+$ 时，u_o 将从 $-U_Z$ 跳变到 $+U_Z$。此时的门限电平称为下阈值，用 U_{T-} 表示，即有

$$U_{T-} = \frac{R_F}{R_2 + R_F} U_{REF} - \frac{R_2}{R_2 + R_F} U_Z \qquad (6-37)$$

由以上分析可知滞回电压比较器有两个门限电平，当输入信号由小逐渐增大时，门限电平为 U_{T+}；当输入信号由大逐渐减小时，门限电平为 U_{T-}。

上述两个门限电平之差称为门限宽度或回差，用符号 ΔU_T 表示，由以上两式可求得

$$\Delta U_T = U_{T+} - U_{T-} = \frac{2R_2}{R_2 + R_F} U_Z \qquad (6-38)$$

由式（6-38）可见，门限宽度 ΔU_T 的值取决于 U_Z、R_2 和 R_F，与参考电压 U_{REF} 无关。虽然改变 U_{REF} 的大小可以同时调节 U_{T+} 和 U_{T-}，但二者之差不变；也就是说，当 U_{REF} 改变时，滞回比较器的传输特性将平行移动，但其宽度将保持不变。

以上分析的是反相输入方式的滞回比较器。若将输入电压 u_1 与参考电压 U_{REF} 的位置互换，即可得到同相输入滞回比较器，读者可自行分析。

【例 6-4】 在图 6-28 所示的滞回比较器中，假设 $U_{REF} = 1V$，稳压管的双向稳压值为 $\pm 9V$，$R_1 = 10k\Omega$，$R_2 = 15k\Omega$，$R_F = 30k\Omega$。试估算其两个门限电平及门限宽度，并画出电路的传输特性。

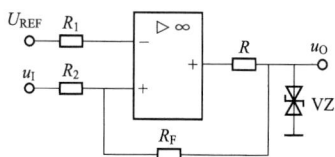

图 6-28 [例 6-4] 电路图

解 电路的输入信号由同相端加入，是同相滞回比较器。$u_+ = u_- = U_{REF} = 1V$ 为输出电压跳变的临界点。

根据叠加定理，可得

$$u_+ = \frac{R_F}{R_2 + R_F} u_i + \frac{R_2}{R_2 + R_F} u_o$$

由于 $u_+ = U_{REF}$，则有 $u_i = \frac{R_2 + R_F}{R_F} U_{REF} - \frac{R_2}{R_F} u_o$

当 $u_+ > u_-$ 时，$u_o = +U_Z$，随着 u_i 逐渐从大减小，使 $u_+ = U_{REF}$，u_o 将从 $+U_Z$ 跳变到 $-U_Z$，所以 $U_{T-} = \frac{R_2 + R_F}{R_F} U_{REF} - \frac{R_2}{R_F} U_Z = \frac{15 + 30}{30} \times 1 - \frac{15}{30} \times 9 = -3V$

当 $u_+ < u_-$ 时，$u_o = -U_Z$，随着 u_1 逐渐从小增大，使 $u_+ = U_{REF}$，u_o 将从 $-U_Z$ 跳变到 $+U_Z$，所以 $U_{T+} = \frac{R_2 + R_F}{R_F} U_{REF} + \frac{R_2}{R_F} U_Z = \frac{15 + 30}{30} \times 1 + \frac{15}{30} \times 9 = 6V$

$$\Delta U_T = U_{T+} - U_{T-} = \frac{2R_2}{R_F}U_Z = 9\text{V}$$

电压传输特性如图 6-29 所示。

运算放大器的非线性应用除了上面提到的电压比较器外，还常用于有源滤波、波形发生器等方面。

三、集成运放应用中的实际问题

在集成运放组成具体电路时，基本电路与实用电路之间是有区别的，实用电路为了使电路能正常、可靠地工作，还需要解决一些实际问题。

图 6-29　［例 6-4］电压传输特性

1. 器件的选用

集成运放的种类较多，在实际选用时，应尽量选用通用型运放，因为它们容易购得且性价比最高，同时必须注意技术指标并不是越高越好，因为有些技术指标之间是相互矛盾和制约的。实际选用时应该以够用适当留有余地即可，不必盲目追求器件的高指标。

2. 自激振荡的消除

自激振荡是运放中经常出现的一种异常现象，在线性应用中深度负反馈的引入，往往引起电路的自激振荡而使电路无法工作，通常是在运放电路中适当的位置上接入补偿电容或 RC 补偿电路，从而破坏电路自激振荡产生的条件，使运放在闭环时能稳定地工作。

对于实际的运放产品，有部分产品在制造时已经将补偿电容集成在电路内部（内补偿型集成运放），一般应用不需补偿。

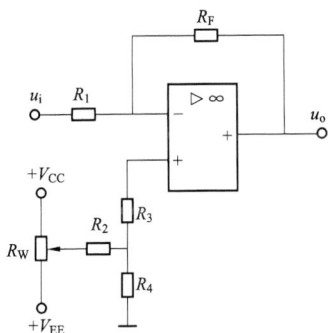

3. 集成运放的调零

一类集成运放内部设有调零电路接口，外接调零即可满足要求。

另一类集成运放内部无调零电位器或内部调零不能满足要求时，即需外接调零电路。外接调零电路就是利用正、负电源通过调节外接电位器将一个固定的电压值加在运放的输入端。图 6-30 所示为常用的一种。图 6-30 中是同相端调零，也可以组成反相端调零电路。

4. 集成运放的保护

图 6-30　集成运放外接调零电路

为了避免集成运放在工作中因意外情况造成损坏，一般实用电路都有一定的保护电路，常用的有输入保护、输出保护、电源保护等，在实际设计时可参阅相关保护电路，此处不再一一列举。

习　　题

6-1　请论述反馈的概念及其一般判别方法。

6-2　怎样分析电路中是否存在反馈？如果放大电路输入信号本身就是一个失真的正弦波，那么引入负反馈后能否改善这种失真？

6-3　若某反馈放大电路中 $|\dot{A}| = 1000$，$|\dot{F}| = 0.01$。

(1) 其闭环放大倍数 $|\dot{A}_f|$ 是多少？

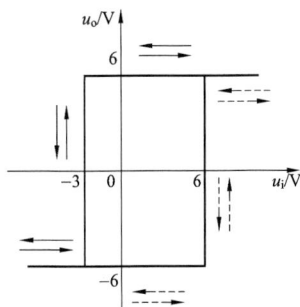

（2）如果 $|\dot{A}|$ 发生 $\pm10\%$ 的变化，则 $|\dot{A}_F|$ 的相对变化量是多少？

（3）如果 $|\dot{A}_F|$ 为 100，$|\dot{A}|$ 变化 $\pm25\%$ 时，要求 $|\dot{A}_F|$ 的相对变化量不超过 $\pm1\%$，求 $|\dot{A}|$ 及 $|\dot{F}|$ 的取值。

6-4　已知某放大电路输入为 10mV 时，输出是 1V，当电路引入负反馈后输出降至 200mV，问该电路的闭环电压放大倍数及反馈放大系数各是多少？

6-5　论述交流负反馈的组态及其对电路性能的影响。

6-6　判断图 6-31 所示电路从运放 A2 引至 A1 的反馈属于哪种类型。

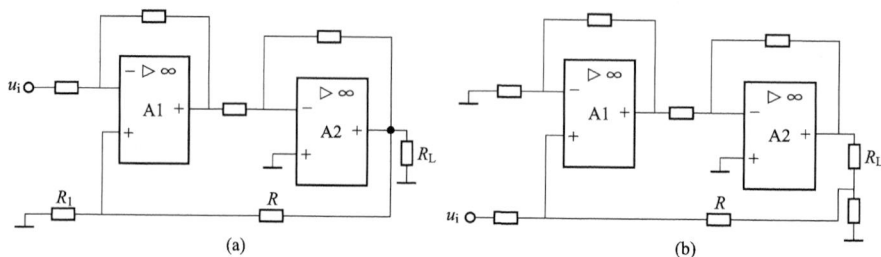

图 6-31　题 6-6 图

6-7　集成运放一般由哪几部分构成？其线性区和非线性区工作时的分析依据及电路结构有何区别？

6-8　按下列运算关系式画出运算电路原理图，并计算电阻阻值。

（1）$u_o = -5u_i$（$R_F = 50\text{k}\Omega$）；

（2）$u_o = -(u_{i1} + 0.4u_{i2})$（$R_F = 100\text{k}\Omega$）；

（3）$u_o = 4u_i$（$R_F = 20\text{k}\Omega$）；

（4）$u_o = 2u_{i2} - u_{i1}$（$R_F = 20\text{k}\Omega$）。

6-9　图 6-32 是由理想集成运放组成的运算电路。

（1）试求电路的输出电压与输入电压之间的关系。

（2）为减小失调，R_{P1} 和 R_{P2} 应如何取值？

6-10　试求图 6-33 中输出电压表达式。

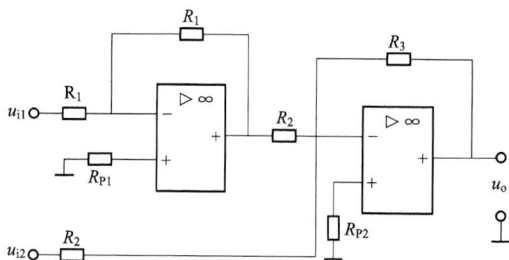

图 6-32　题 6-9 图

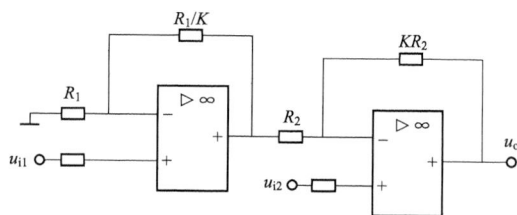

图 6-33　题 6-10 图

6-11　求图 6-34 所示电压比较器的阈值，并画出其电压传输特性。已知 $R_1 = 5\text{k}\Omega$，$R_F = 5\text{k}\Omega$，$R = 2\text{k}\Omega$，稳压管稳压值为 $\pm6\text{V}$。

6-12　图 6-35 所示为一滞回比较器电路，参数见图示，试估算其门限电平 U_{T+} 和

U_{T-} 及门限宽度 ΔU_T，并画出该比较器的传输特性。

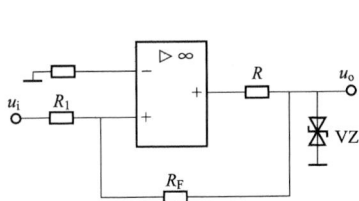

图 6-34 题 6-11 图

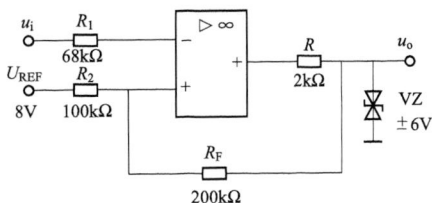

图 6-35 题 6-12 图

实操项目五 运算放大器的线性应用

一、实训目的

(1) 了解集成运放组成的比例、加法、减法和积分等基本运算电路的功能。

(2) 掌握以上几种电路的测试和分析方法。

二、实训器材

(1) 双踪示波器。

(2) 低频信号发生器。

(3) 数字式（或指针式）万用表。

(4) 电子技术实验台。

(5) 导线若干。

三、实训内容及步骤

1. 实训内容

(1) 反相比例运算电路。

(2) 同相比例运算电路。

(3) 反相加法运算电路。

(4) 减法运算电路。

(5) 积分运算电路。

2. 实训步骤

(1) 反相比例运算电路。

1) 按图 6-36 连接实验电路，接通 ±12V 电源，输入端对地短路，进行调零和消振。

2) 输入端 U_i 接入直流信号，测量相应的输出电压 U_o，记入表 6-1 中。

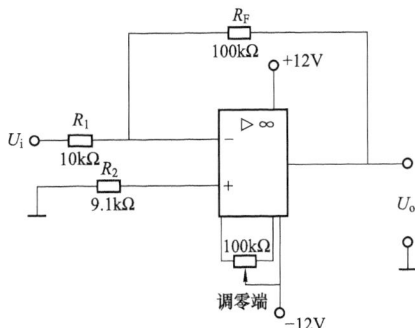

图 6-36 实训图 1

表 6-1　　反相比例运算电路数据表

U_i(V)	U_o(V)	A_u 实测计算值	A_u 理论计算值
0.2			
-0.2			

（2）同相比例运算电路。

1）按图6-37连接实验电路，实验步骤同上，将结果记入表6-2中。

2）按图6-38连接实验电路，实验步骤同上，将结果记入表6-3中，并绘制输入、输出曲线。

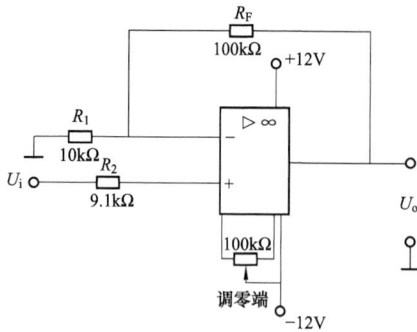

图6-37 实训图2

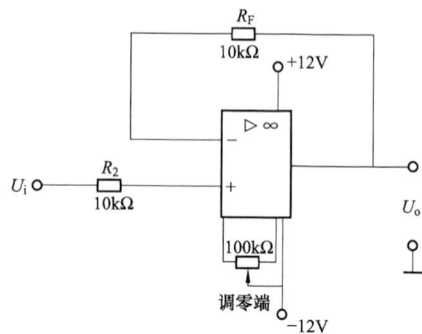

图6-38 实训图3

表6-2 同相比例运算电路数据表

U_i(V)	U_o(V)	A_u 实测计算值	A_u 理论计算值
0.2			
−0.2			

表6-3 电压跟随电路数据表

U_i(V)	U_o(V)	A_u 实测计算值	A_u 理论计算值
1			
2			
3			
4			

（3）反相加法运算电路。

1）按图6-39连接实验电路，输入端对地短路，进行调零和消振。

2）输入信号采用直流信号，测量输出电压U_o，记入表6-4中。

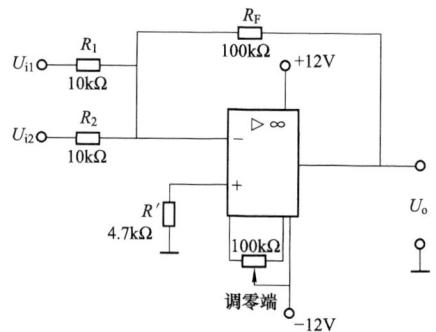

图6-39 实训图4

表6-4 反相加法运算电路数据表

U_{i1}(V)	0.2	−0.2	0.3
U_{i2}(V)	0.3	0.3	−0.2
U_o(V) 实测值			
U_o(V) 理论值			

（4）减法运算电路。

1）按图 6-40 连接实验电路，输入端对地短路，进行调零和消振。

2）输入信号采用直流信号，测量输出电压 U_o，记入表 6-5 中。

表 6-5　　　　减法运算电路数据表

U_{i1}(V)	0.2	−0.2	0.2
U_{i2}(V)	0.3	0.3	−0.3
U_o(V) 实测值			
U_o(V) 理论值			

（5）积分运算电路。实验电路如图 6-41 所示，按通 ±12V 稳压电源。

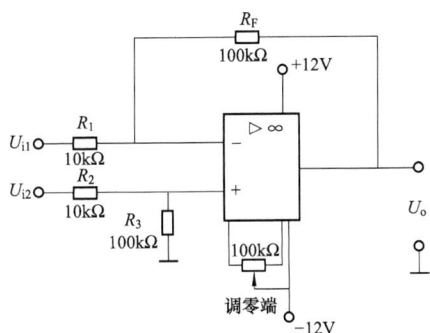

图 6-40　实训图 5　　　　图 6-41　实训图 6

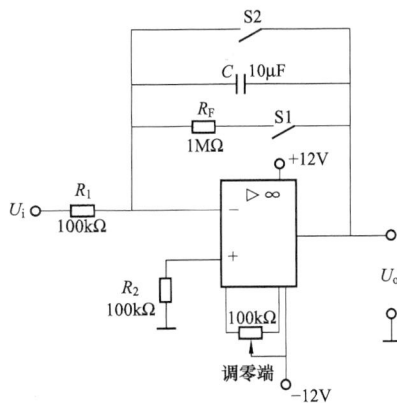

1）打开 S2，闭合 S1 对运放输出进行调零；

2）调零完成后，再打开 S1，闭合 S2，使 $u_o(0)=0$；

3）预先调好直流输入电压 $U_i=0.5$V，接入实验电路，再打开 S2，然后用数字电压表测输出电压 U_o，每隔 5s 读一次 U_o，记入表 6-6 中，直到 U_o 不继续明显增大为止。

表 6-6　　　　积分运算电路数据表

t(s)	0	5	10	15	20	25	30	…	…	…
U_o(V)										

四、实训注意事项

（1）实验前要熟记运放组件各管脚的位置，切忌正、负电源极性接反和输出端短路，否则将会损坏集成块（图 6-42 所示为集成运放 μA741，它是八脚双列直插式组件，②脚和③脚为反相输入端和同相输入端，⑥脚为输出端，⑦脚和④脚为正电源端和负电源端，①脚和⑤脚为失调调零端，在①、⑤脚之间可接入一只几十 kΩ 的电位器进行调零，并将电位器滑动触头接到负电源端。⑧脚为空脚）。

（2）实验中要正确使用测量表，合理选择测量量程。

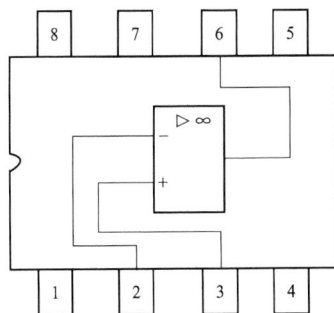

图 6-42　实训图 7

第七章　直流稳压电源

在工农业生产和科学实验中，主要采用交流电，但是在某些场合，例如电解、电镀、蓄电池的充电、直流电动机等，都需要直流电源供电。此外，在电子线路和各种自动控制系统中还需要用电压非常稳定的直流电源。目前，广泛采用各种半导体直流稳压电源。

图 7-1 所示是半导体直流稳压电源的原理方框图，它表示把交流电变换为直流电的过程。图中各环节的功能如下。

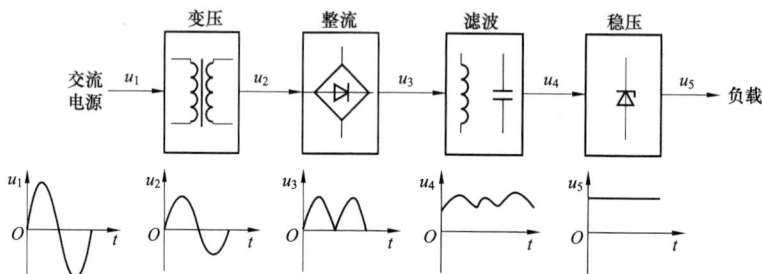

图 7-1　半导体直流稳压电源的原理方框图

（1）整流变压器：将交流电源电压变换为符合整流需要的电压。

（2）整流电路：将交流电压变换为直流电压，可以脉动，但极性不变。

（3）滤波电路：减小直流电压中的脉动程度，以适合负载的需要。

（4）稳压环节：在交流电源电压波动或负载变动时，使直流电源输出电压稳定。在对直流电压稳定程度要求较低的电路中，稳压环节可以省略。

第一节　整流电路

一、单相半波整流电路

单相半波整流电路是最简单的整流电路，其电路如图 7-2（a）所示，它由整流变压器 T、整流二极管 VD 及负载电阻 R_L 组成。R_L 代表需要用直流电源供电的负载。

由于二极管 VD 正偏导通时，其正向电阻比负载电阻 R_L 小得多；加上反偏电压截止时，其反向电阻却比负载电阻 R_L 大很多，为分析简单，可将二极管当作理想二极管来处理，即正向电阻为零，反向电阻为无穷大。

设整流变压器二次侧电压为

$$u_2 = U_{2m}\sin\omega t = \sqrt{2}U_2\sin\omega t \tag{7-1}$$

式中：U_{2m}、U_2 分别为整流变压器二次侧电压的幅值和有效值。

在变压器二次侧电压 u_2 为正半周时，二极管 VD 正偏导通，正向电阻为零，其压降可以忽略，负载电阻 R_L 上的电压为

$$u_o = u_2$$

则流过负载 R_L 的电流为

$$i_o = \frac{u_o}{R_L} = \frac{u_2}{R_L}$$

流过二极管 VD 的电流为

$$i_D = i_o$$

在 u_2 的负半周时，二极管 VD 反偏截止，其反向电阻为无穷大，电流为零，即

$$i_D = i_o = 0$$

所以负载电阻 R_L 上的电压为

$$u_o = 0$$

二极管 VD 两端的电压为

$$u_D = u_2$$

此电压值为负，对二极管施以反向电压。

整流电路中各处的电压、电流波形如图 7-2 (b) 所示。由于负载上只得到了半个周期的波形，故该电路称为单相半波整流电路。

由图 7-2 (b) 所示波形图可清楚地看出，负载上得到的输出电压 u_o 是单极性的。此电压为直流电压，其大小有变化，包含有恒定直流成分和交变的谐波成分。其恒定直流成分（即整流输出电压值）的计算可以通过计算输出电压的平均值得到。

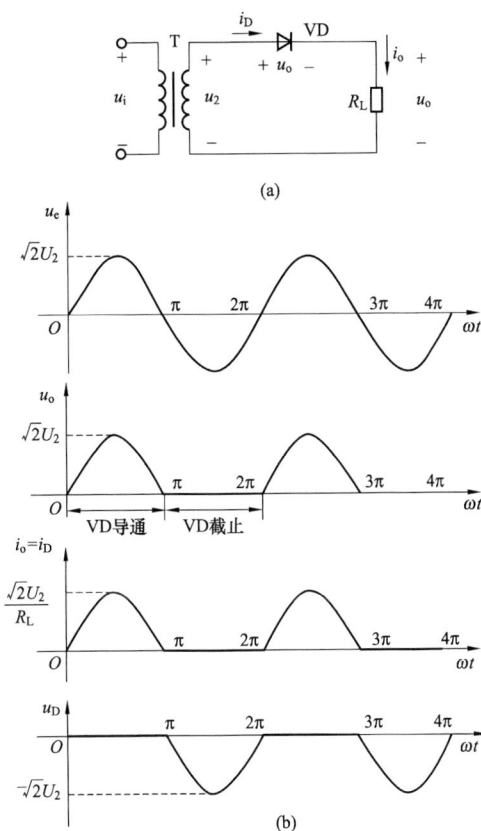

图 7-2 单相半波整流电路
(a) 电路图；(b) 波形图

半波整流输出电压的平均值为

$$U_{o(AV)} = \frac{1}{2\pi}\int_0^\pi \sqrt{2}U_2 \sin\omega t \, \mathrm{d}(\omega t) = \frac{\sqrt{2}}{\pi}U_2 = 0.45U_2 \tag{7-2}$$

进一步可得出整流输出电流的平均值为

$$I_{o(AV)} = \frac{U_{o(AV)}}{R_L} = 0.45\frac{U_2}{R_L} \tag{7-3}$$

整流二极管正向平均电流为

$$I_{D(AV)} = I_{o(AV)} = 0.45\frac{U_2}{R_L} \tag{7-4}$$

二极管承受的最大反向峰值电压为

$$U_{RM} = \sqrt{2}U_2 \tag{7-5}$$

通常可用输出电压的脉动系数 S 来衡量整流输出波形的脉动程度。脉动系数定义为输出电压的谐波成分中基波峰值与平均值之比，即

$$S = \frac{U_{o1M}}{U_{o(AV)}} \tag{7-6}$$

考虑到，u_2 的傅里叶级数展开形式为

$$u_2 = \frac{\sqrt{2}}{\pi}U_2 + \frac{\sqrt{2}}{2}U_2\sin\omega t - \frac{2\sqrt{2}}{3}U_2\cos2\omega t + \cdots \qquad (7-7)$$

显然，$U_{o1M} = \frac{\sqrt{2}}{2}U_2$，$S = \frac{U_{o1M}}{U_{o(AV)}} = \frac{\frac{\sqrt{2}}{2}U_2}{\frac{\sqrt{2}}{\pi}U_2} = \frac{\pi}{2} \approx 1.57$

在整流电路中，整流二极管的选择和整流变压器二次电压有效值的确定，可根据负载的需要来确定。

【例 7-1】 某电子装置要求电压值为 9V 的直流电源，已知负载电阻为 $R_L = 750\Omega$，选用单相半波整流电路，则变压器二次电压 U_2 应为多大？脉动系数 S 为多少？整流二极管的正向平均电流 $I_{D(AV)}$ 和最大反向峰值电压 U_{RM} 各等于多少？选用合适的整流二极管。

解 由题意知，$U_{o(AV)} = 9V$

在半波整流电路中，$U_{o(AV)} = 0.45U_2$，所以可得

$$U_2 = \frac{U_{o(AV)}}{0.45} = \frac{9}{0.45} = 20V$$

半波整流电路的脉动系数均为

$$S = 1.57$$

输出直流电流为

$$I_{o(AV)} = \frac{U_{o(AV)}}{R_L} = \frac{9}{750} = 0.012A = 12mA$$

整流二极管正向平均电流为

$$I_{D(AV)} = I_{O(AV)} = 12mA$$

整流二极管承受的最大反向峰值电压为

$$U_{RM} = \sqrt{2}U_2 = \sqrt{2} \times 20V = 28.2V$$

通过查有关手册，可选择整流二极管为 2AP4（16mA，50V）。

选择二极管时，可遵循如下原则：所选二极管的最大整流电流 $I_F = (1.5 \sim 2) \times$ 实际电路中二极管承受的最大正向平均电流；所选二极管的最高反向工作电压 $U_R = (2 \sim 2.5) \times$ 实际电路中二极管承受的最大反向峰值电压。

单相半波整流电路结构简单，但脉动系数大，只利用了交流电的半个周期，电源利用率低。同时，变压器二次侧中存在直流电流分量，容易使变压器铁芯磁化饱和，其应用受到了较大限制。

二、单相桥式整流电路

单相桥式整流电路如图 7-3（a）所示，图 7-3（b）为图 7-3（a）的简化画法，电路采用四个整流二极管并接成电桥的形式。

在 u_2 的正半周，二极管 VD1、VD3 导通，VD2、VD4 截止，电流 $i_{D1}(i_{D3})$ 沿图 7-3（a）中实线所示回路流过负载 R_L，$u_o = u_{ab} = u_2$，此时，VD2、VD4 承受的反向电压为 a、b 间的交流电压 u_2，其最大值为 $\sqrt{2}U_2$，即

$$U_{RM2} = U_{RM4} = \sqrt{2}U_2$$

在 u_2 的负半周，二极管 VD2、VD4 导通，VD1、VD3 截止，电流 $i_{D2}(i_{D4})$ 沿图 7-3（a）

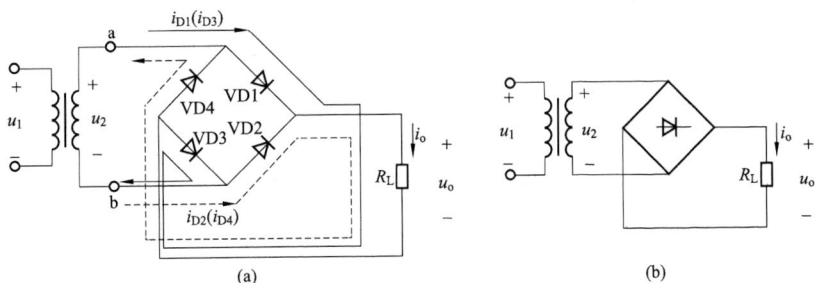

图 7 - 3 单相桥式整流电路

(a) 电路图；(b) 简便画法

中虚线所示回路流过负载 R_L，$u_o = u_{ba} = -u_{ab} = -u_2$，此时，VD1、VD3 承受的反向电压为 a、b 间的交流电压 u_2，其最大值也为 $\sqrt{2}U_2$，即

$$U_{RM1} = U_{RM3} = \sqrt{2}U_2$$

桥式整流电路中有关电流、电压的波形如图 7 - 4 所示。

由图 7 - 4 可知，在 u_2 的正负两个半周都有整流电压输出，其输出电压平均值为

$$U_{o(AV)} = 2 \times \frac{1}{2\pi} \int_0^\pi \sqrt{2}U_2 \sin\omega t \, \mathrm{d}(\omega t)$$

$$= \frac{2\sqrt{2}}{\pi}U_2 = 0.9U_2 \qquad (7-8)$$

整流输出电流的平均值为

$$I_{o(AV)} = \frac{U_{o(AV)}}{R_L} = 0.9\frac{U_2}{R_L} \qquad (7-9)$$

每个整流二极管的正向平均电流为

$$I_{D(AV)} = \frac{1}{2}I_{o(AV)} = 0.45\frac{U_2}{R_L} \qquad (7-10)$$

每个二极管承受的最大反向峰值电压为

$$U_{RM} = \sqrt{2}U_2 \qquad (7-11)$$

用傅里叶级数可将 u_2 展开为

$$u_2 = \frac{2\sqrt{2}}{\pi}U_2 - \frac{4\sqrt{2}}{3\pi}U_2\cos\omega t - \frac{4\sqrt{2}}{15\pi}U_2\cos4\omega t - \cdots$$

从而可得桥式整流电路的脉动系数为

$$S = \frac{U_{o1M}}{U_{o(AV)}} = \frac{\frac{4\sqrt{2}}{3\pi}U_2}{\frac{2\sqrt{2}}{\pi}U_2} = \frac{2}{3} \approx 0.67$$

$$(7-12)$$

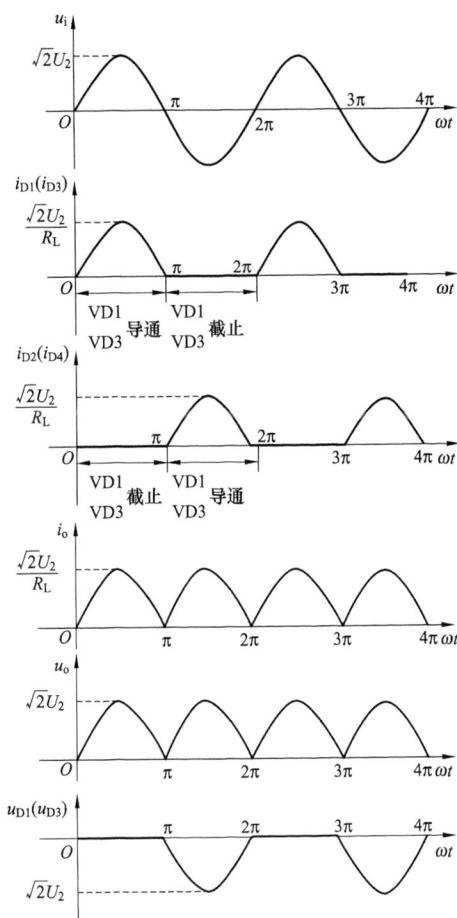

图 7 - 4 单相桥式整流电路波形图

在单相桥式整流电路中，变压器二次侧电流为交流，铁心不会磁化，有利于变压器能量传递；u_2 的正负半周都能输出，变压器利用率高，其脉动系数较小，因此，单相桥式整流电路得到了广泛应用。

【例 7-2】 已知直流负载电阻 $R_L = 80\Omega$，直流负载电压为 110V。现采用单相桥式整流电路，交流电源电压为 380V。

(1) 如何选择整流二极管？

(2) 求整流变压器的变比及容量。

解 (1) 负载电流

$$I_{o(AV)} = \frac{U_{o(AV)}}{R_L} = \frac{110}{80} = 1.4A$$

每个二极管的正向平均电流为

$$I_{D(AV)} = \frac{1}{2}I_{o(AV)} = 0.7A$$

变压器二次侧电压的有效值为

$$U_2 = \frac{U_{o(AV)}}{0.9} = \frac{110}{0.9} = 122V$$

考虑到变压器二次绕组及二极管的电压降，变压器的二次侧电压大约比上述计算值要高出 10%，即 $U_2 = 122 \times 1.1 = 134V$。

每个二极管承受的最大反向峰值电压为

$$U_{RM} = \sqrt{2}U_2 = \sqrt{2} \times 134 = 189V$$

因此，可选用 2CZ55E 二极管，其最大整流电流为 1A，其反向工作峰值电压为 300V。

(2) 整流变压器的变比

$$K = \frac{380}{134} = 2.8$$

变压器二次侧电流的有效值为

$$I_2 = \frac{U_2}{R_L} = \frac{U_{o(AV)}}{0.9R_L} = \frac{I_{o(AV)}}{0.9} = \frac{1.4}{0.9} = 1.55A$$

变压器的容量为

$$S_2 = U_2 I_2 = 134 \times 1.55 = 208VA$$

可选用 BK300（300VA），380/134V 的变压器。

由于单相桥式整流电路应用普遍，现在已生产出集成整流桥块，就是用集成技术将四个二极管集成到一个硅片上，引出四根线，如图 7-5 所示。

三、晶闸管和可控整流电路

前面讨论的整流电路在应用上有一个很大的

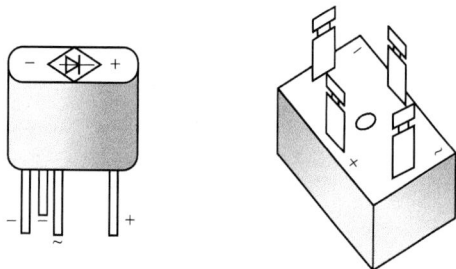

图 7-5 整流桥快

局限，就是在输入的交流电压一定时，输出的直流电压也是一个固定值，一般不能任意调节。但是，在许多情况下，都要求直流电压能够进行调节，即具有可控的特点。晶体闸流管（Silicon Controlled Rectifier）（简称晶闸管，又名 SCR 或可控硅）就是由于这种需要于1957 年研制出来的。近几年，这类可控导通和关断的器件（统称电力电子器件）发展迅猛，在工业各个领域上已得到广泛应用。这里仅简单介绍一下 SCR 的基本构造、工作原理以及由 SCR 组成的可控整流电路。

1. 晶闸管

晶闸管是具有三个 PN 结的四层结构，如图 7 - 6 (a) 所示。引出的三个电极分别为阳极 A、阴极 K 和控制极（或门极）G。图 7 - 6 (b) 所示为晶闸管的表示符号。

为说明晶闸管的工作原理，可把晶闸管看成是由 PNP 和 NPN 型两只晶体管连接而成，其等效过程如图 7 - 7 所示。

从图 7 - 7 中可以看出，阳极 A 相当于 PNP 型晶体管 T1 的发射极，阴极 K 相当于 NPN 型晶体管 T2 的发射极。当晶闸管阳极、控制极均加正向电压时，晶闸管 T2 处于正向偏置，U_{GK} 产生的门电流 I_G 即为 T2 的基极电流 I_{B2}，T2 的集电极电流是 I_{C2}，也就是 T1 管的基极电流 I_{B1}，T1 的集电极电流为 I_{C1}。晶闸管的工作过程如下：

$$U_{GK} \rightarrow I_G \rightarrow I_{B2}\uparrow \rightarrow I_{C2}\uparrow \rightarrow I_{B1}\uparrow \rightarrow I_{C1}(I_A)\uparrow \rightarrow I_{B2}\uparrow$$

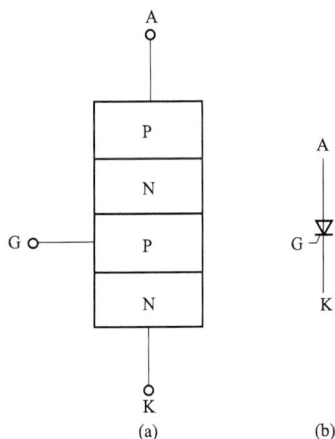

图 7 - 6 晶闸管的结构及其表示符号

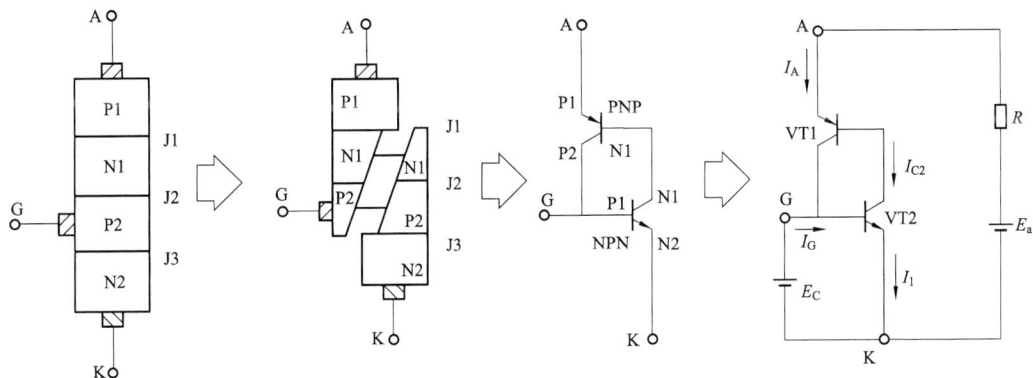

图 7 - 7 晶闸管的双晶体管模型

如果上述过程得以持续，晶闸管将会因为强烈的内部正反馈，而使两个晶体管很快达到饱和导通，这就是晶闸管的导通过程。导通后，晶闸管的压降很小，电源电压几乎全部加在负载上，晶闸管中流过的电流就是负载电流。

晶闸管导通后，其导通状态完全依靠管子本身的正反馈作用来维持，所以即使控制极电流信号消失，晶闸管仍然处于导通状态。可见，控制极的作用仅仅是触发晶闸管使其导通，晶闸管导通之后，控制极的控制作用就消失了。此时，若要关断晶闸管，可以采取减小阳极电流使之不能维持正反馈、断开阳极电源或者在晶闸管的阳极与阴极之间加反向电压的方法。

晶闸管的导通与阻断是由阳极电流 I_A、阳极与阴极之间电压 U_A 及控制极电流 I_G 等决定的，常用实验曲线来表示它们之间的关系，这就是晶闸管的伏安特性曲线 $I_A = f(U_A)$，如图 7-8 所示。

从正向特性看，当 $I_G = I_{G0} = 0$，且 $U_A < U_{BO}$ 时，晶闸管处于正向阻断状态，只有很小的正向漏电流通过。当 U_A 增大到某一数值时，晶闸管由阻断状态突然导通，所对应的电压称为正向转折电压 U_{BO}。I_G 越大，使晶闸管导通所加的阳极电压 U_A 就越低。晶闸管导通后，就有较大电流通过，但管压降只有 1V 左右。

从反向特性看，晶闸管处于反向阻断状态，只有很小的反向漏电流通过。当反向电压增大到某一数值时，使晶闸管反向导通（击穿），所对应的电压称为反向转折电压 U_{BR}。

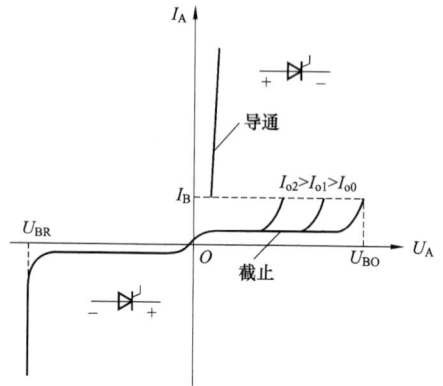

图 7-8 晶闸管的伏安特性曲线

目前我国生产的晶闸管的型号及其含义如下（以 KP 200-18F 为例）。

K 表示晶闸管；

P 表示普通型；

第一个数字 200 代表额定正向平均电流为 200A；

第二个数字 18 代表额定电压为 1800V（一般用其百位数或千位数表示）；

额定正向平均电流大于 100A 的晶闸管型号最后还有一位字母，表示晶闸管导通时的平均电压组别，共九级，用 A～I 字母表示 0.4～1.2V。这里的 F 代表晶闸管导通时的平均电压为 0.9V。

2. 可控整流电路

比较常用的可控整流电路是单相半控桥式整流电路，如图 7-9 所示。电路与图 7-3（a）所示二极管不可控桥式整流电路相似，只是其中两个臂中的二极管被晶闸管替换。

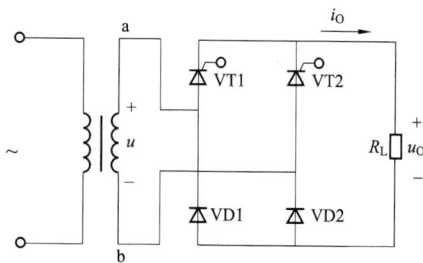

图 7-9 接电阻负载的单相半控桥式整流电路

在电压 u 的正半周，晶闸管 VT1 和二极管 VD2 承受正向电压。这时如对 VT1 引入触发脉冲 u_G（即在控制极与阴极之间加一正向脉冲），则 VT1 和 VD2 导通，电流的通路为

$$a \rightarrow VT1 \rightarrow R_L \rightarrow VD2 \rightarrow b$$

这时，VT2 和 VD1 都因承受反向电压而截止。同样，在电压 u 的负半周，晶闸管 VT2 和二极管 VD1 承受正向电压。这时如对 VT2 引入触发脉冲，则 VT2 和 VD1 导通，电流的通路为

$$b \rightarrow VT2 \rightarrow R_L \rightarrow VD1 \rightarrow a$$

这时，VT1 和 VD2 截止。

当整流电路接的是电阻性负载时，电压与电流的波形如图 7 - 10 所示。

晶闸管在正向电压下不导通的范围称为控制角（又称移相角），用 α 表示，而导电范围则称为导通角，用 θ 表示。显然，导通角 θ 越大，输出电压越高。整流输出电压的平均值可以用控制角表示，即

$$U_o = \frac{1}{\pi}\int_{\varepsilon}^{\pi} \sqrt{2}U\sin\omega t\, d(\omega t)$$

$$= \frac{\sqrt{2}}{\pi}U(1+\cos\alpha) = 0.9U\frac{1+\cos\alpha}{2}$$

$$(7-13)$$

可以看出，当 $\alpha = 0°$ 时（$\theta = 180°$），两个晶闸管在对应半周分别全导通，$U_o = 0.9U$，输出电压最高，相当于不可控二极管单相桥式整流输出电压。若 $\alpha = 180°$ 时（$\theta = 0°$），$U_o = 0$，这时，晶闸管全关断。当调节控制角 α，便可调节输出电压 U_o 的大小。

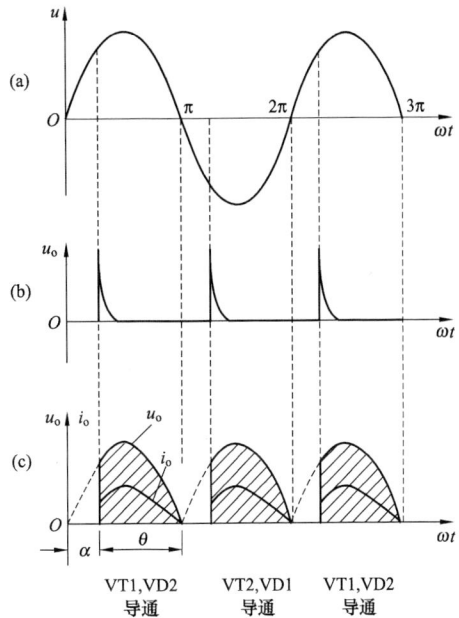

图 7 - 10　接电阻性负载时单相半控桥式整流电路电压与电流的波形

第二节　滤波电路

滤波电路一般由电容、电感等储能元件组成。将滤波电路接在整流电路和负载之间，利用电容、电感在电路中的储能作用，在脉动电压增大时，将一部分能量储存起来，而在脉动电压减小时，再向负载释放出能量，使负载得到的电压、电流脉动成分减小，从而得到比较平滑的直流电压或直流电流。下面介绍几种常见的滤波电路。

一、电容滤波器

电容滤波电路是最简单的滤波电路，也是最常用的滤波形式，即在负载两端并联一个大容量的滤波电容 C，如图 7 - 11 （a）所示。

设接通电源前，电容 C 上的电压为零。在 $\omega t = 0$ 处接通电源时，变压器二次侧电压 u_2 为正半周，二极管 VD 因正偏而导通，一方面供电给负载电阻 R_L，同时对电容 C 充电。在忽略二极管正向电阻和变压器二次侧绕组电阻的情况下，充电电压 u_C 与上升的正弦电压 u_2 一致，如图 7 - 11 （b）的 $u_O = u_C$ 波形中的 OA 段所示。当 u_2 在 A 点达到最大值时，u_C 也达到最大值，之后，u_2 按正弦规律下降，u_C 也将由于电容 C 放电逐渐下降。当 $u_2 < u_C$ 时 [图 7 - 11 （b）中波形的 B 点之后]，VD 承受反向电压而截止，电容 C 只对负载 R_L 放电，负载中仍有电流，此期间 u_C 按放电曲线 BD 下降，放电时间常数 $\tau = R_L C$。通常 $\tau = R_L C$ 较大，u_C 下降缓慢。在 u_2 的第二个正半周，当 $u_2 > u_C$ 时 [图 7 - 11 （b）波形中的 D 点之后]，VD 又重新导通，电容 C 再次开始充电至最大电压，进一步重复第一周期中的过程。如此周而复始，形成一个周期性的电容充放电过程。由图 7 - 11 （b）所示的 $u_O = u_C$ 的波形

可见输出直流电压平均值比没有电容滤波情况下的要大，同时，其输出电压中的脉动成分所占比例也大为减小。

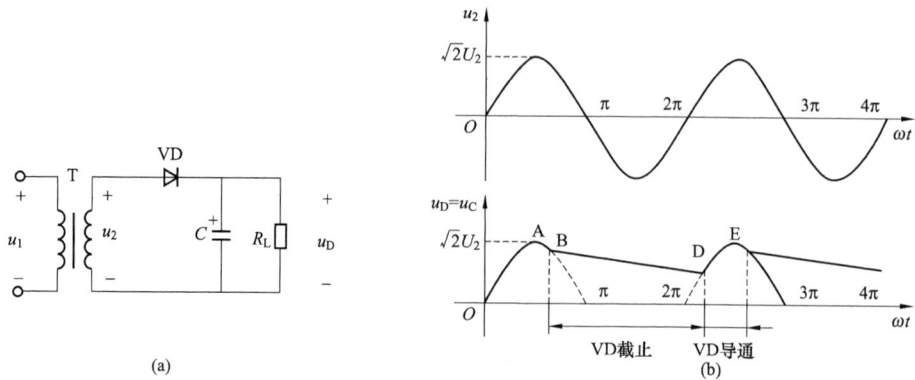

图 7-11　单相半波整流电容滤波电路
(a) 电路图；(b) 波形图

在单相桥式整流电路中接入滤波电容 C 后的工作过程与单相半波整流情况相同。只是，在一个周期内，电容充放电两次，电容向负载放电的时间减小了，输出电压的波形如图 7-12 所示。与图 7-11 (b) 的 $u_O = u_C$ 波形相比，其脉动更小，更加平滑，且直流电压更高一些。

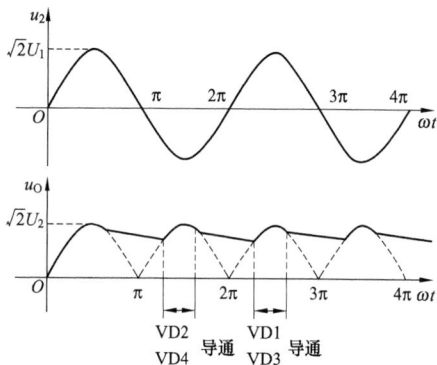

图 7-12　单相桥式整流电容
滤波电路波形图

如果负载开路，则电容充电至最大值后不会放电，电容两端电压将达到 u_2 的幅值 $\sqrt{2}U_2$，输出电压的平均值也达到最大值 $U_{O(AV)} = \sqrt{2}U_2$。

为了得到比较平滑的输出电压，一般要求

$$R_L C \geq (3 \sim 5)\frac{T}{2} \qquad (7-14)$$

式中：T 为交流电源 u_2 的周期。

滤波电容 C 的容量可由上式求得，通常取值几十微法到数千微法以上。一般滤波电容容量较大，选用电解电容器，其耐压值应大于 $\sqrt{2}U_2(1+10\%)$。

当放电时间常数满足式 (7-14) 时，半波整流电容滤波和桥式整流电容滤波电路的输出电压可用下式估算

$$U_{O(AV)} = U_2 \text{（半波整流电容滤波）} \qquad (7-15)$$

$$U_{O(AV)} = 1.2U_2 \text{（桥式整流电容滤波）} \qquad (7-16)$$

由图 7-11 (b) 和图 7-12 中的波形可以看出，接入电容后二极管的导通时间缩短了，即导通角小于 180°。而在一个周期内，电容 C 的充电电荷量和放电电荷量应该相等，即流过电容的电流平均值为零，所以，二极管的电流平均值与负载电流的平均值仍然满足如下关系

$$I_{D(AV)} = I_{O(AV)} = \frac{U_{O(AV)}}{R_L} = \frac{U_2}{R_L} \quad \text{（半波整流电容滤波）} \tag{7-17}$$

$$I_{D(AV)} = \frac{1}{2}I_{O(AV)} = \frac{U_{O(AV)}}{2R_L} = 0.6\frac{U_2}{R_L} \quad \text{（桥式整流电容滤波）} \tag{7-18}$$

与未接入电容 C 时的情况相比较，可知二极管导通时间减小，但电流平均值提高，因此其电流峰值和有效值必然较大，产生的电流冲击易损坏二极管，所以选择整流二极管时，要适当增大最大整流电流的安全裕量。对于半波整流电容滤波电路，二极管承受的最高反向电压为 $2\sqrt{2}U_2$；对于桥式整流电容滤波电路，二极管承受的最高反向电压仍为 $\sqrt{2}U_2$。

【例 7-3】 有一单相桥式电容滤波整流电路，已知交流电源频率 $f=50\text{Hz}$，负载电阻 $R_L=200\Omega$，要求直流输出电压 30V，选择整流二极管及滤波电容器。

解 （1）选择整流二极管。

流过二极管的电流

$$I_{D(AV)} = \frac{1}{2}I_{O(AV)} = \frac{U_{O(AV)}}{2R_L} = \frac{30}{2\times200} = 0.075\text{A} = 75\text{mA}$$

取 $U_{O(AV)} = 1.2U_2$，变压器二次侧电压有效值为

$$U_2 = \frac{U_{O(AV)}}{1.2} = \frac{30}{1.2} = 25\text{V}$$

二极管所承受的最高反向电压

$$U_{RM} = \sqrt{2}U_2 = \sqrt{2}\times25 = 35\text{V}$$

可选用二极管 2CZ52B，其最大整流电流为 100mA，反向工作峰值电压为 50V。

（2）选择滤波电容器。根据 $R_LC \geqslant (3\sim5)\dfrac{T}{2}$，取 $R_LC = 5\times\dfrac{T}{2} = 5\times\dfrac{1/50}{2} = 0.05\text{s}$

已知 $R_L=200\Omega$，所以，$C = \dfrac{0.05}{R_L} = \dfrac{0.05}{200} = 250\times10^{-6}\text{F} = 250\mu\text{F}$

选用 $C=250\mu\text{F}$，耐压为 50V 的电解电容。

二、电感滤波器

在整流电路和负载之间串入一个铁心电感线圈 L，即构成电感滤波电路。桥式整流电感滤波电路如图 7-13 所示。根据电感具有阻止电流变化的特点，当输出电流 i_o 发生变化时，L 两端将产生一反电动势，其方向将阻止电流发生变化，从而使输出电流 i_o 比较平滑，在输出端得到比较平滑的输出电压 u_o。

在图 7-13 中，整流输出电压 u_A 与未接入电感 L 时的输出波形一样，说明采用电感滤波时整流二极管的导通角仍为 $180°$，由此可以把 u_A 看作是由直流分量和多种高次谐波分量叠加而成的。电感线圈 L 对 u_A 的交流分量具有阻抗，且谐波频率越高，阻抗越大，而对 u_A 的直流分量没有阻抗。因此 u_A 的直流分量经电感 L 后基本没有电压损失，而 u_A 的交流分量的很大一部分要降落在电感 L 上，所以降

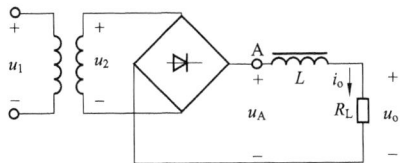

图 7-13 桥式整流电感滤波电路

低了输出电压的脉动成分。滤波电感 L 越大，负载电阻 R_L 越小，滤波效果越好。

　　电感滤波电路的特点：整流二极管导通角大，没有冲击电流；与电容滤波电路相比，输出电压较低；电感有铁心，其体积、质量、成本较大，且易引起电磁干扰；一般用于低压大电流场合。

三、电感电容滤波器（LC滤波器）

　　若要进一步减小输出电压的脉动程度，可采用 LC 滤波电路，这是一个复式滤波电路，是由电感滤波及电容滤波复合而成的，如图 7-14 所示。对整流输出电压 u_A 中的高次谐波而言，电感 L 的感抗 X_L 与电容 C、负载 R_L 的阻抗构成一分压器，由于 L 和 C 都较大，其分压比明显小于纯电感滤波时 X_L 与 R_L 的分压比，所以负载两端的电压交流分量比纯电感滤波时将更小，输出电压更加平滑。

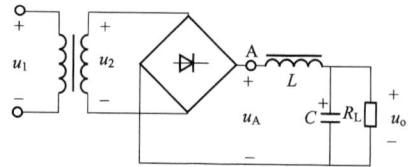

图 7-14　桥式整流 LC 滤波电路

　　由前面的分析可知，整流输出端 A 点的电压平均值为

$$U'_{o(AV)} = 0.9U_2 \tag{7-19}$$

　　若忽略电感上的直流压降，则 LC 滤波电路的输出直流电压为

$$U_{o(AV)} \approx U'_{o(AV)} = 0.9U_2 \tag{7-20}$$

　　通常情况下，只有 $R_L < 3\omega L$ 时，才能得到上述结果，否则若 L 太小或 R_L 太大，LC 滤波电路将呈现电容滤波的特性。LC 滤波电路适用于电流较大且要求输出电压脉动很小的场合。

第三节　稳　压　电　路

　　经整流和滤波后的电压往往会随交流电源电压的波动和负载的变化而变化。电压的不稳定有时会产生测量和计算的误差，引起控制装置的工作不稳定，甚至根本无法正常工作。特别是精密电子测量仪器、自动控制、计算装置等都要求有很稳定的直流电源供电。

一、稳压管稳压电路

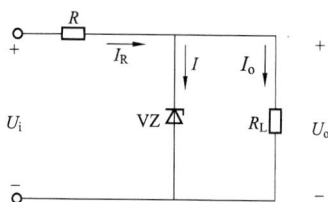

图 7-15　稳压二极管稳压电路

　　最简单的直流稳压电路是采用稳压二极管来稳定电压。图 7-15 所示为一种稳压二极管稳压电路，经过整流电路整流和电容滤波得到直流电压 U_i，再经限流电阻 R 和稳压二极管 VZ 组成的稳压电路接到负载电阻 R_L 上。这样，负载上得到的就是一个比较稳定的电压。

　　由图 7-15 可知，稳定的输出直流电压

$$U_o = U_i - I_R R = U_Z \tag{7-21}$$

　　1. 电路的稳压原理

　　(1) 当电网电压变化时（假设 R_L 不变），整流输出压 U_i 就会随着变化，例如 U_i 增加时，输出电压 U_o 就有增大的趋势，而 U_o 即 U_Z 的微小增加，会引起稳压管电流 I 的较大增加，使得流过电阻 R 上的电流 $I_R = I + I_o$ 增大，限流电阻 R 上的压降增大，以此来抵消由于 U_i 的增大而引起的 U_o 的增加，从而保证 U_o 基本不变；反之亦然。

（2）当电网电压不变，即 U_i 不变时，负载电流 I_o 增大，会使 U_o 有下降的趋势，但 U_o 的微小下降将会使稳压管电流 I 有较大的减小，I 的减小部分便可抵消 I_o 的增加，使流过限流电阻 R 的电流基本不变，从而保持了输出电压 U_o 基本稳定。

2. 参数选择

（1）根据负载对稳压电路的要求选择合适的稳压管和整流输出电压 U_i。

通常情况下，按下列关系式选择稳压管，即

$$U_Z = U_o \tag{7-22}$$
$$I_{ZM} = (2 \sim 3) I_{omax} \tag{7-23}$$

式中：I_{omax} 为最大负载电流。

整流输出电压 U_i 可由下式选择

$$U_i = (2 \sim 3) U_o \tag{7-24}$$

（2）限流电阻 R 的选择。从稳压管安全工作和保证输出电压稳定的角度出发，计算限流电阻 R 的选择范围。

在图 7-15 中，可能会出现两种条件最恶劣的情况，其一是当整流输出电压 U_i 达最小值 U_{iman}（一般电网电压允许波动 $\pm 10\%$，U_i 会随电网电压有相同比例的变化）时，同时 R_L 变到最小即负载电流达到最大为 I_{omax}，在这种情况下，流过稳压管的电流为最小值，但为了维持输出电压 U_o 的稳定，则要求此时流过稳压管的电流大于稳定电流 I_Z，即

$$\frac{U_{imin} - U_o}{R} - I_{omax} > I_Z$$

可得

$$R < \frac{U_{imin} - U_o}{I_{omax} + I_Z}$$

其二是当整流输出电压 U_i 达最大值 U_{imax} 时，同时 R_L 变到最大即负载电流达到最小为 I_{omin}（大多数情况取为 0），在这种情况下，流过稳压管的电流为最大值，但为了保证稳压管安全工作，则要求此时流过稳压管的电流小于稳压管的最大稳定电流 I_{ZM}，即

$$\frac{U_{imax} - U_o}{R} - I_{omin} < I_{ZM}$$

可得

$$R > \frac{U_{imax} - U_o}{I_{omin} + I_{ZM}}$$

从而可得限流电阻 R 的选择范围为

$$\frac{U_{imax} - U_o}{I_{omin} + I_{ZM}} < R < \frac{U_{imin} - U_o}{I_{omax} + I_Z} \tag{7-25}$$

如果式（7-25）不成立，则说明整流输出电压 U_i 的选择和稳压管选择不合适，需要调整 U_i 和选择更大容量的稳压管。

二、集成稳压器

集成稳压器的品种非常丰富，早期生产的稳压器引出端子多，调整管需外接，外围元件

较多，现均已淘汰。目前广泛使用的是三端集成稳压器。

集成三端稳压器有固定电压输出和输出可调两类。固定输出电压的代表性型号有 78××（正输出电压）和 79××（负输出电压）系列，它只有三个管脚（外形及管脚排列如图 7-16 所示）：输入（IN）、输出（OUT）和接地（GND）。

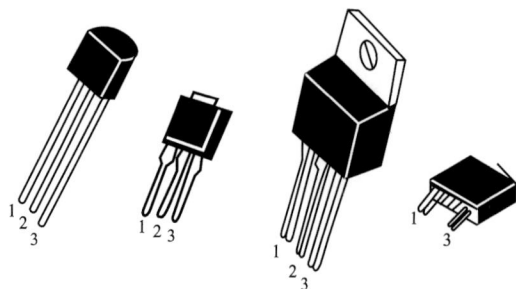

其允许输出电流为 1A，输出电压有 5、6、8、9、12、15V 和 24V 多种，对应型号分别为 7805～7824。此外，还有允许输出电流为 100mA、500mA、3A 等品种，相应型号为 78L××、78M××、78T××。79 系列的型号命名类似。

图 7-16　集成三端稳压器的几种封装形式

输出电压可调的集成稳压器代表性型号有 LM317（正输出电压）、LM337（负输出电压）。它的三个管脚为输入（IN）、输出（OUT）和调整端（ADJ）。它的最大输出电流为 1.5A，输出电压范围为 1.25～37V，输出电压调整依靠外接的两个电阻完成。上述集成三端稳压器中分别含有过流限制、过热切断、安全工作区保护等多种保护电路。

图 7-17 所示为三端稳压器的典型应用原理图，正常工作时，输入端和输出端的电压差要在 2～3V 以上，但也不能太大，否则稳压器的功耗较大，发热严重。对于输出电压在 5～18V 之间的稳压器，要求最大输入电压不超过 37V；输出电压为 24V 的稳压器，最大输入电压不超过 40V。集成稳压器是功耗较大的器件，要将其固定在足够大的散热器上，以帮助散热。输入端接入电容 C_1，这样当集成稳压器远离整流滤波电路时，可以减小输入电压中的纹波电压；输出端接入电容 C_2 用来抑制电源电路串入的高频干扰；输出端所接 C_3 是电解电容，它用来改善瞬态负载响应特性。VD 为保护二极管，用来在输入端短路时，给负载电容一个放电通道，防止输出端滤波电容上的电压加到调整管的发射结上，导致发射结反向击穿而损坏稳压电路。

如果负载要求提供更大的电流输出，可以采用外接功率三极管扩大输出电流的办法，如图 7-18 所示。VT2 是外接的功率 PNP 管，它与 7805 内的 NPN 型调整管组成复合管，使用时应根据所需负载电流选用合适的外接功率管。VT1 和电阻 R_1 组成 VT2 的限流保护，以防止 VT2 因过流而损坏。

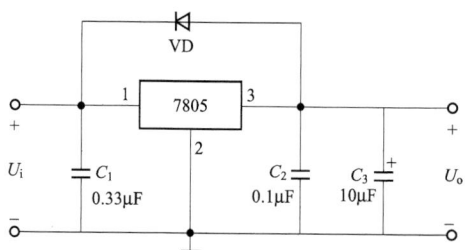

图 7-17　三端稳压器的典型应用

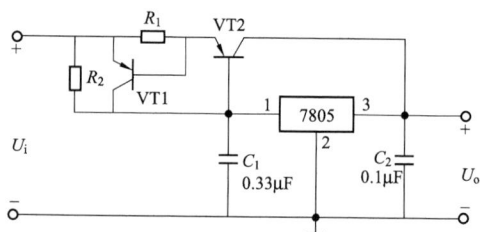

图 7-18　三端稳压器的扩流电路

当需要同时输出正负电压时，比如为集成运算放大器供电，可采用图 7-19 所示电路。

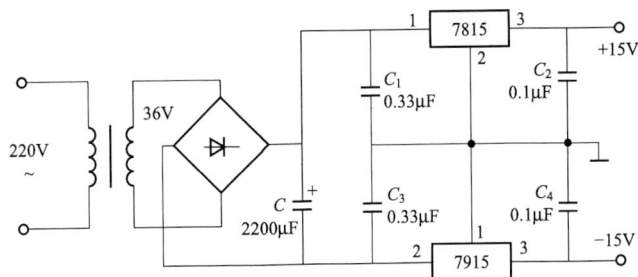

图 7-19 ±15V 双路输出稳压电路

三端电压可调集成稳压器 LM117/LM317（正输出）和 LM137/LM337（负输出）的输出电压可在 1.25~37V 之间调节。当然，为保证内部调整管始终工作在放大区，输入直流电压应比最大输出电压至少大 2~3V。图 7-20 是 LM317 的典型应用电路，电阻 R_1 两端电压为 1.25V，流过 R_1 的电流为 $1.25/R_1$，该电流与调整端流出的电流 I_{ADJ} 一起流过 R_2，故输出电压 U_o 为

$$U_o = 1.25 \times \left(1 + \frac{R_2}{R_1}\right) + I_{ADJ}R_2 \qquad (7-26)$$

因调整端电流 I_{ADJ} 为 $50\mu A$，而 R_1 的阻值又较小，式（7-26）中第二项可忽略不计，所以图 7-20 所示电路的输出电压可以用下式估算，即

$$U_o = 1.25 \times (1 + R_2/R_1)$$

三、开关型稳压电路

前面介绍的线性稳压电路简单、调整容易、输出电压纹波小，具有优良的电气特性。但由于调整管串联在负载回路中，

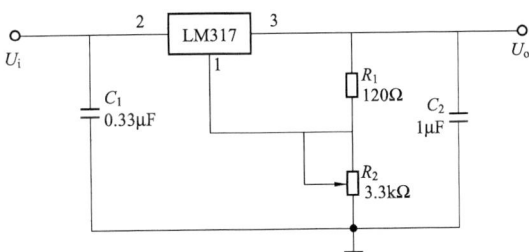

图 7-20 可调稳压器 LM317 的典型应用

而且必须工作在放大区，势必引起一定的功率损耗。所以，线性稳压电源的功率转换效率比较低，一般不超过 50%。另外，线性稳压电源要采用笨重的工频电源变压器，为了给调整管散热，还要配备大面积的散热器。所以线性稳压电源有效率低、体积大而重的缺点，较适用于小功率、供电质量要求高的场合。

开关型稳压电源具有变换效率高、体积小、质量轻的优点，可以加入多种控制和保护功能，现已在航空航天、计算机、通信、交通、家用电器等领域的各类电子设备中广泛使用。开关稳压电源中功率调整管工作在开关状态，以数十 kHz 以上的频率在饱和、截止状态之间快速转换。当三极管饱和导通时，虽然流过较大的电流，但管压降很小，不会形成太大的功率损耗；而三极管截止关断时，虽承受较高的电压，但集电极电流基本为零，也不会形成功率损耗。功率转换效率大为提高，通常可达 80% 以上。

开关型稳压电源的实用电路种类很多，按激励方式分，有自激式和他激式；按控制方式分，有保持开关频率不变，控制导通脉冲宽度的脉冲宽度调制型（称为 PWM 型）；有保持开关导通时间不变，控制开关频率的脉冲频率调制型（简称 PFM）；还有同时改变导通脉冲宽度和工作频率的混合调制型。实际实用电路中，PWM 方式用得较多。下面介绍几种典型

开关稳压集成电路。

1. 集成开关稳压电路 TOP202Y

TOP202Y 属于 TOPSwitch 系列中的 TOP200 子系列，具有输入的交流电压范围宽、频率宽、PWM 控制功能齐全、内置功率开关管的特点。具有三端 TO220 封装、DIP8 封装、SMD8 封装结构，而应用比较多的是三端 TO220 封装。TOP202Y 内置了 700V 的 MOSFET，具有超 135℃温度保护功能，并且具有过流保护功能。

TOP202Y 的引脚功能见表 7-1，其构成的实用电路如图 7-21 所示。

表 7-1   **TOP202Y 引脚功能**

脚序		英文符号	功能	说明
TO220	DIP8			
1	4	G 或者 C	控制极端	该脚是反馈电流输入端、误差放大电路输入端。该脚是补偿功能电容、旁路电容、自启动电容的连接点。此脚具有补偿、启动频率、偏流、调控占空比四大功能
2	1、2、3 7、8	S	源极端	该脚是内部 MOSFET 的源极引出端。该脚是实用电路的初级电路的基准点、公共连接点
3	5	D	漏极端	该脚是内部 MOSFET 的漏极引出端。该脚也是内部电路的连接点。该脚实用电路一般外接防峰电路

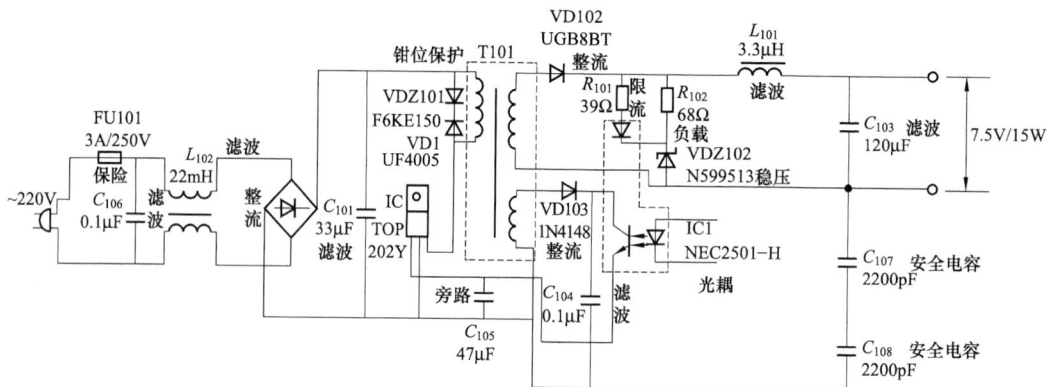

图 7-21   TOP202Y 构成的实用电路

交流电源 220V 经 FU101 熔断器后，由 C_{106}、L_{102} 组成的电磁干扰滤波电路滤除干扰信号。净化的交流电经桥式整流后由 C_{101} 滤波，引入到开关变压器的一次绕组，后引入到 TOP202Y 的漏极端。其外接件 VDZ101（P6KE150）、VD1（UF4005）组成 TOP202Y 的防峰电路。

变压器 T101 的二次侧绕组经 VD102（UGB8BT）整流，经由 L_{101}（$3.3\mu H$）与 C_{103}（$120\mu F$）组成的滤波电路，输出 7.5V/15W 的直流电压；另一绕组与 VD103（1N4148）、IC1（NEC2501-H）组成反馈网络，起稳压作用：IC1 内的光敏三极管的发射极电流影响 TOP202Y 的控制极电流，从而控制内部 MOSFET 的导通程度，达到稳定输出电压的目的。当输出电压变高时，内部 MOSFET 的导通程度变小，使得输出电压朝减小的方向变化；当输出电压变低时，内部 MOSFET 的导通程度变大，使得输出电压朝增加的方向变化；从而使 7.5V 的输出电压得以稳定。

表 7-2 列出了 TOP202Y 构成的实用电路中有关元器件选择的参考数据。

表 7-2　　　　　　　　　　**TOP202Y 构成的实用电路的外围元器件的选择**

元器件	功能	说明
FU101	熔断器	一般采用管式熔断器。注意最大瞬间通过电流与峰值电压
VDZ101	防峰二极管	P6KE150 的钳位电压为 150V，峰值功率为 5W，钳位时间 1ns。因此，可根据此参数选择相近或高于此器件参数的器件。它比使用压敏电阻进行浪涌保护优越得多，具有响应时间快、瞬态功率大、漏电流低、击穿电压偏差小、钳位电压较易控制、无损坏极限、体积小等特点
VD1	快速恢复二极管	可选择参数为：1A/600V，反向恢复时间小于或等于 75ns 的二极管
VD102	整流二极管	可选择肖特基二极管或快恢复二极管。当输出电压较低时，一般选择肖特基二极管
C_{101}	滤波电容	可选择大于 33μF 的，耐压大于或等于 350V 的电解电容
IC1	光电耦合器	光电耦合器的输出端要尽量靠近 TOP202Y 的 C 控制端。可选择线性光电耦合器，电流传输比的允许范围一般应为 50%～200%
C_{106}	滤波电容	该电容与 L_{102} 组成电磁干扰滤波器，C_{106} 用于滤除差模干扰。此电容一般要选择高频特性好的薄膜电容
C_{103}	滤波电容	此电容的等效电阻、等效电感要尽量小，以免电容损耗过大影响电压输出的可靠性
C_{105}	滤波电容	此电容为 TOP202Y 的 C 端滤波电容，在设计调试时，要尽量与 TOP202Y 的源极靠近
R_{101}	限流电阻	该电阻为光电耦合器中发光二极管外接的限流电阻
R_{102}	负载电阻	该电阻与稳压二极管 VDZ102 组成假负载，在空载或轻载时使输出电压稳定，提高了负载调整率。此电阻阻值较小，在几百欧姆以下

2. 降压式 DC/DC 集成开关稳压电路 LM2595

LM2595 是降压式 DC/DC 变换集成稳压电路。它具有几种固定输出电压，即 3.3V 的 LM2595-3.3、5V 的 LM2595-5.0、12V 的 LM2595-12，可调输出电压的 LM2595-ADJ。具有 TO220、TO263 封装结构，外围元器件简单，实用性强。图 7-22 所示为 LM2595 构成的 12V 变换成 5V 的实用电路。

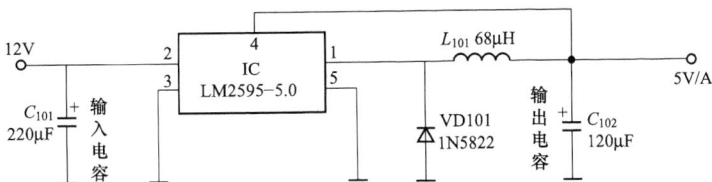

图 7-22　LM2595 构成的实用电路

图 7-23 所示为 LM2595-ADJ 构成的可调输出电压电路，与图 7-22 的不同之处见图中虚线框部分。分压电阻 R_{101}、R_{102} 决定输出电压 U_o 的大小，R_{101} 一般取 $240\Omega \sim 1.5\mathrm{k}\Omega$，且 $U_o = 1.23 \times (1 + R_{102}/R_{101})$。前馈电容 C_{FF} 的采用主要是为了稳定输出电压以及降低输出电容的 ESR。在输出电压大于 10V 的电路中，前馈电容很重要，其估算公式为

$$C_{FF} = 1/(31 \times 1000 \times R_{102})。$$

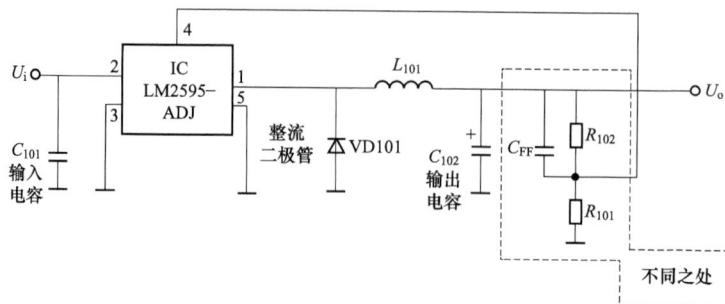

图 7-23　LM2595-ADJ 构成的可调输出电压电路

LM2595 的引脚功能见表 7-3，其主要参数见表 7-4。

为了获得高质量的输出电压，其外接元器件的选择就比较重要，部分元器件的选购技巧参见表 7-5。

表 7-3　　　　　　　　　　　　　　　**LM2595 引脚功能**

脚序	英文符号	功能	说明
1	OUT	输出端	内接开关管，外接续流电感等输出电路元器件
2	VIN	电源电压输入端	此脚一般外接滤波电容，以净化电源质量
3	GND	接地端	电源公共端，负极性端
4	FB	反馈端	外接可调、可变电阻，实现不同程度的分压。此脚对稳定输出端电压具有一定作用
5	ON/OFF	通断控制端	内接启动电路，低电平时为"通"状态。因此，此脚可以接地实现"通"状态控制

表 7-4　　　　　　　　　　　　　　　**LM2595 主要参数**

名称（单位）	参数	名称（单位）	参数
最大输入电压（V）	40	输出电流（A）	1
振荡频率（kHz）	150	内置稳压电路稳压基准（V）	2.5
基准电压（V）	1.235		

表 7-5　　　　　　　　　　　　　　　**LM2595 外围元器件的选择**

元器件	功能	说明
C_{101}	输入电容	可以选择低 ESR（Equivalent Series Resistance）的钽电容、电解电容。一般情况选择与输出电容同类型的电容。此电容主要作用在于维持稳压电源的稳定性，一般要求容量在 $22\mu F$ 以上

元器件	功能	说明
C_{102}	输出电容	输出电容的主要作用在于降低输出电压的纹波电压。其耐压的选择一般应为输出电压的 1.25 倍以上，容量由纹波电压决定，一般选择低 ESR 的钽电容、电解电容，有时可以采用较小电容和较大电容并联使用，达到更好的滤波效果：
L_{101}	电感	选择电感时要注意最大输入电压、最大负载电流的影响以及电路的开关频率、额定电流。一般电感值越大，能输出的电流就越小，变换效率却高。电感值估算公式为：$L \leqslant 50 \times 10^{-6}/I_{peak}$，其中 I_{peak} 为电感线圈的峰值电流，即最大负载电流。也可以参考下列数据选择电感：

输出电压（V）	最大输入电压（V）与负载电流（A）（电压/电流）	输出电容耐压（V）	输出电容容量（μF）
3.3	5/1	16	330
3.3	40/1	35	220
3.3	10/0.5	25	150
3.3	40/1	35	82
5	8/1	16	330
5	15/1	35	180
5	9/0.5	16	180
5	40/0.5	25	100
12	18/1	25	120
12	40/1	25	82
12	15/0.5	25	180
12	40/0.5	25	56

电感型号	L4	L5	L6	L9	L10	L11	L12	L13
电感量（μH）	68	47	33	220	150	100	68	47
直流饱和电流（A）	0.32	0.37	0.44	0.32	0.39	0.48	0.58	0.7
电感型号	L14	L15	L16	L17	L18	L20	L21	L22
电感量（μH）	33	22	15	330	220	100	68	47
直流饱和电流（A）	0.83	0.99	1.24	0.42	0.55	0.82	0.99	1.17
电感型号	L23	L24	L26	L27	L28	L29	L30	L35
电感量（μH）	33	22	330	220	150	100	68	47
直流饱和电流（A）	1.4	1.7	0.8	1	1.2	1.47	1.78	2.15

续表

元器件	功能	说明
VD101	整流二极管	VD101 的主要作用是在开关断开时,为负载继续提供电流。在选择 VD101 时,反向额定电压为最大输出电压的 1.25 倍以上,额定电流为最大负载电流的 1.25 倍以上。优选开关速度快、正向压降低的管子。一般选择肖特基二极管以及具有快速平稳软触发导通特性的快速恢复二极管为宜。也可以参考下列数据选择:

肖特基二极管	快速恢复二极管	最大反向电压（V）	最大正向导通电流（A）
1N5817	—	20	1
1N5818 11DQ03		30	1
1N5819		40	1
11DQ05	MUR120	50	1
1N5820	—	20	3
1N5821	—	30	3
1N5822	—	40	3
31DQ05	MUR320	50	3

3. 升压式 DC/DC 集成开关稳压电路 LT1930

LT1930 为升压式 DC/DC 变换集成电路,在许多便携式电子产品中应用。此集成电路使用固定频率、内部补偿电流型 PWM 技术,噪音低,内置开关管,输出电压可调。

LT1930 构成的实用电路如图 7-24 所示。LT1930 的引脚功能见表 7-6,其主要电参数见表 7-7。部分外接元器件的选择参见表 7-8。

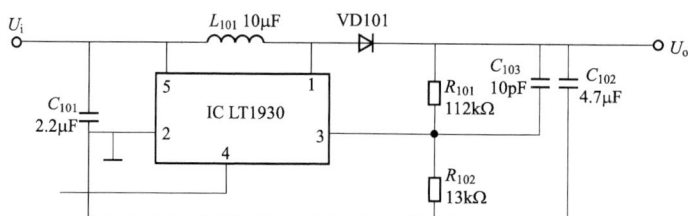

图 7-24　LT1930 构成的实用电路

表 7-6　　　　　　　　　　　　　　　　LT1930 引脚功能

脚序	英文符号	功能	说明
1	SW	开关控制端	
2	GND	接地端	
3	FB	反馈端	
4	$\overline{\text{SHDN}}$	关断模式控制端	当该脚为低电平（<0.5V）时,电源被控制关断,当该脚为高电平（>2.4V）时,电源正常工作。当不控制电源时,该脚直接接电源电压输入端。如果电源电压输入端大于 10V 时,则必须经 120kΩ 左右的电阻与电压输入端相连
5	VIN	电源电压输入端	

当 $U_{IN} < U_{OUT}$ 时，U_{IN} 引入到 LT1930 的 5 脚电源端，为其提供电能，L_{101} 起储能作用，VD101 起续流作用，R_{101} 与 R_{102} 组成固定分压电路，使得 U_{OUT} 为固定输出，即

$$U_{OUT} = 1.255 \times (1 + R_{101}/R_{102}) \tag{7-27}$$

表 7 - 7　　　　　　　　　　　　　　　LT1930 主要电参数

名称（单位）	参数	名称（单位）	参数
输入电压范围（V）	2.6～16	内部开关管饱和管压降（电流 1A 时）数值/mV	400
输出电压最大值（V）	34	关闭耗电最大值/μA	20
内部开关管最大电流（A）	1	输出功率（3.3V、5V）/W	2.4（电流输出为 480mA）
输出功率（5V、12V）（W）	3.6（电流输出为 300mA）	工作温度范围/℃	40～85

表 7 - 8　　　　　　　　　　　　　　　LT1930 外接元器件的选择

元器件	功能	说明
C_{101}	输入电容	可选择 X5R 多层陶瓷电容。该电容主要用来减小来自电源的电流峰值，降低集成电路的开关噪音。该电容一般选择低 ESR 电容，容量大小由输入电源阻抗大小决定，一般取值为 1～4.7μF，并且设计制作尽量靠近 VIN 与 GND 端
C_{102}	输出电容	可选择 X5R 多层陶瓷电容。该电容主要用来减小输出电压的纹波电压。该电容一般选择低 ESR 电容。滤波电容容量大小可以依经验来选取：开关频率为几 kHz 时，每安培的输出电流所对应电容的容量为 1000μF 左右。在没有低 ESR 电容的情况下，可选择几只电解电容并联使用，选择 4.7～10μF 的电容即可。电容耐压一般为最大输出电压的 1.3 倍
C_{103}	电容	该电容为 10μF 到几十 pF。钽电解电容滤波效果较好，但成本高。因此，有时可选择瓷介电容与电解电容并联使用来代替钽电解电容，可达到同样效果且成本低
VD101	二极管	可选择肖特基二极管，例如 MBR0530、MBR0520、UPS5817 等。低导通压降二极管对电路影响小。如果选择的肖特基二极管的反向电压参数不行时，可选择快速恢复二极管。另外，二极管的选择通用原则是要考虑二极管的平均电流、反峰电压、峰值电流、允许功耗等
L_{101}	电感	电感量一般在 4.7～10μH 之间，工作频率为 1.2MHz，直流电阻小，电流大于 1A

习　　题

7-1　图 7-25 所示是什么整流电路？试说明其工作原理，并画出整流电压的波形。已知 $R_L = 80\Omega$，直流电压表的读数为 110V，试求直流电流表的读数、交流电压表的读数和整流电流的最大值。

7-2　图 7-26 所示单相桥式整流电路。若变压器二次绕组电压有效值 $U_2 = 20$V，试回答：

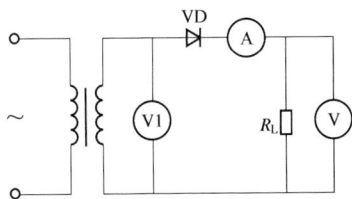

图 7 - 25　题 7 - 1 图

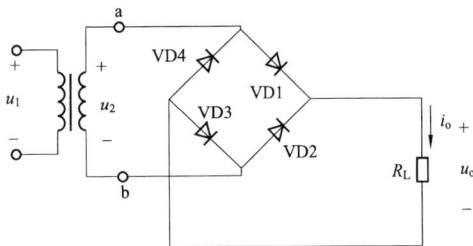

图 7 - 26　题 7 - 2 图

(1) 正常工作时，直流输出电压 $U_{O(AV)} = ?$

(2) 每个二极管的正向平均电流 $U_{D(AV)} = ?$ 最大反向峰值电压 $U_{RM} = ?$

(3) 若二极管 VD1 因虚焊而断开，将会出现什么现象？直流输出电压 $U_{O(AV)} = ?$

(4) 若二极管 VD1 极性接反，则电路会出现什么问题？

(5) 若四个二极管全部反接，则直流输出电压 $U_{O(AV)} = ?$

7-3 有一电压为 110V，电阻为 55Ω 的直流负载，采用单相桥式整流电路（不带滤波器）供电，试求变压器二次绕组电压和电流有效值。

7-4 在图 7-27 所示单相桥式整流电容滤波电路中，变压器二次绕组电压有效值 $U_2 = 20V$，$R_L = 20Ω$，试求

(1) 负载电流 $I_{O(AV)} = ?$

(2) 每个二极管的正向平均电流 $I_{D(AV)} = ?$ 最大反向峰值电压 $U_{RM} = ?$

(3) 电容 C 的耐压应为多少？

7-5 在图 7-27 所示单相桥式整流电容滤波电路中，设滤波电容 $C = 1000\mu F$，$R_L = 5.1k\Omega$，交流电源频率为 50Hz。试问：

(1) 若要求直流输出电压 $U_{O(AV)}$ 为 18V，问变压器二次侧电压 U_2 需要为多少？

(2) 如果 R_L 减小，直流输出电压 $U_{O(AV)}$ 是增大还是减小？二极管的导通角是增大还是减小？

(3) 如果电容 C 因虚焊而未接入，直流输出电压 $U_{O(AV)}$ 是增大还是减小？二极管的导通角是增大还是减小？

7-6 在图 7-27 所示单相桥式整流电容滤波电路中，如果要求输出直流电压为 25V，输出直流电流为 200mA，问滤波电容 C 至少应选多大的容量？整流变压器的变比是多少？

7-7 对图 7-28 所示电路，试分析其工作原理。

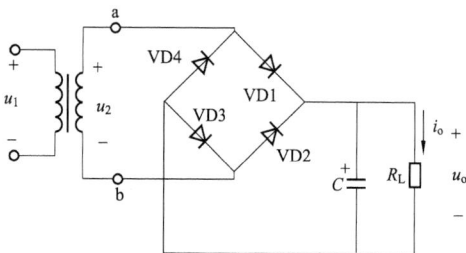

图 7-27 题 7-4～题 7-6 图

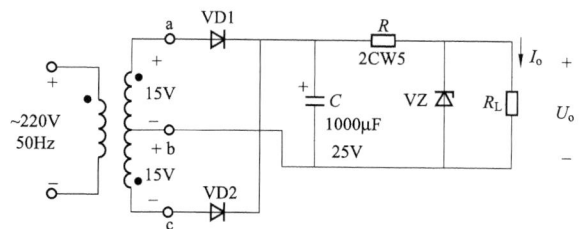

图 7-28 题 7-7、题 7-8 图

7-8 在图 7-28 所示整流滤波稳压电路中，已知稳压管 VZ 的稳定电压 $U_Z = 12V$、$I_{ZM} = 20mA$、$I_Z = 5mA$，负载电流变化范围 0～4mA，电网电压波动范围 ±10%，试确定限流电阻的阻值。

7-9 电路如图 7-29 所示，已知稳压管 VZ 为 2CW5，其稳定电压 $U_Z = 12V$、$I_{ZM} = 20mA$、$I_Z = 5mA$，负载电流变化范围 0～5mA，电网电压波动范围 ±10%，限流电阻 $R = 1k\Omega$。滤波电容 C 采用耐压为 50V、容量为 470μF 的电解电容，试分析电路是否能正常工作？若不能，会出现什么问题？应改变哪个元件参数才能正常工作？

7-10　图 7-30 所示电路，已知 $u=$ 28.2$\sin\omega T$V，稳压管的稳定电压 $U_Z=6$V，$R_L=2$kΩ，$R=1.2$kΩ。试求：

（1）S1 断开、S2 合上时的 I_o、I_R 和 I_Z；

（2）S1 和 S2 均合上时的 I_o、I_R 和 I_Z；并说明 $R=0$ 和 VZ 接反两种情况下电路能否起稳压作用。

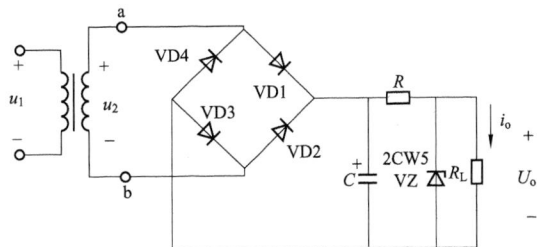

图 7-29　题 7-9 图

7-11　图 7-31 是由三端集成稳压器 W7805 组成的直流稳压电源。已知 W7805 的输出电压为 5V，$I_Z=9$mA，电路的输入电压为 18V，求电路的输出电压。

7-12　图 7-32 所示是由三端集成稳压器 W7805 组成的直流稳压电源。已知 W7805 的输出电压为 5V，$I_Z=5$mA，试分析当负载电阻在 40～80Ω 之间变化时，I_o 和 U_o 的变化范围。

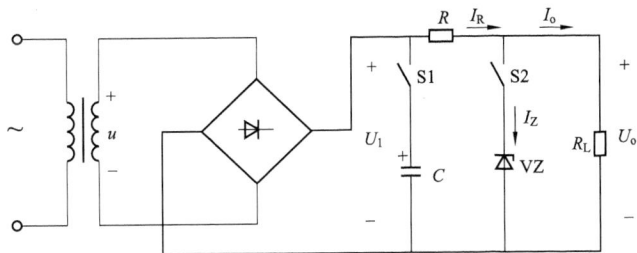

图 7-30　题 7-10 图

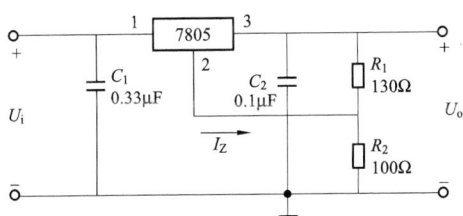

图 7-31　题 7-11 图　　　　　　　图 7-32　题 7-12 图

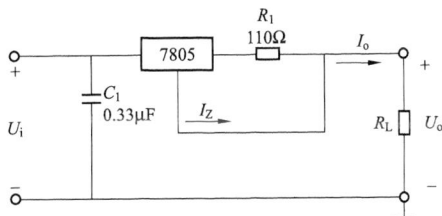

7-13　图 7-33 所示电路中，变压器二次侧电压有效值 $U_1=20$V，$U_2=50$V；$R_1=100$Ω，$R_2=30$Ω；二极管最大整流电流 I_{OM} 和反向工作峰值电压 U_{RWM} 见表 7-9。

表 7-9　　　　　　　　　　　　　题 7-13 数据

型号	I_{OM}/A	U_{RWM}/V
2CZ52C	0.1	100
2CZ55C	1	100

（1）试校核电路中各整流桥所选用的二极管型号是否合适；

（2）若将绕组 $2-2'$ 的极性接反，对整流电路有无影响，为什么？

（3）若将 a、b 间连线去掉，电路是否仍能工作？此时输出电压 U_o 和输出电流 I_o 等于多少？所选用的二极管是否合适？

7-14　有一电阻性负载，它需要可调的直流电压 $U_{O(AV)} = 0 \sim 60V$，电流 $I_{O(AV)} = 0 \sim 10mA$。现采用单相半控桥式整流电路，试计算变压器二次绕组的电压有效值。

7-15　图 7-34 所示为一个工作在自激状态的单端反激式变换器。绕组 N1、N2 的同名端决定了在三极管 VT 进入截止区时，VD2 导通，实现变压器中储存的磁能向负载的传递，绕组 N3 和 VD1 是能量回授电路，N4 是反馈绕组，试分析电路的振荡过程。

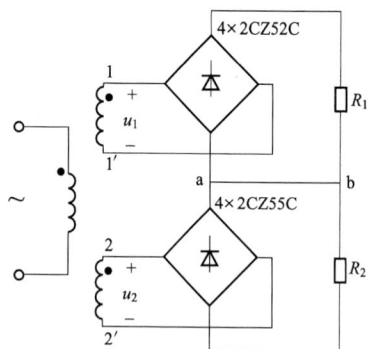

图 7-33　题 7-13 图　　　　　　　　　图 7-34　题 7-15 图

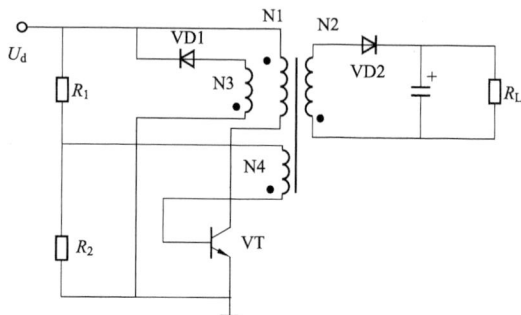

第八章 逻辑代数及实用逻辑电路

第一节 逻辑代数的基础知识

一、模拟电路和数字电路

在电子电路中既存在模拟电路也存在数字电路。模拟电路中的电信号（电压和电流）是随时间连续变化的模拟信号。模拟电路注重研究的是输入和输出信号间的大小及相位关系，如图 8-1 中所示正弦波信号、三角波信号等。在模拟电路中，晶体管三极管通常工作在放大区。

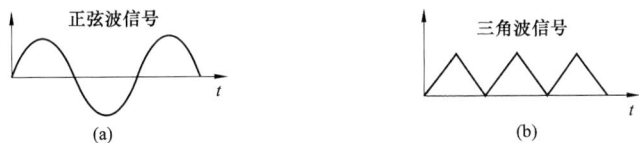

图 8-1 模拟信号

数字电路中的电信号则是不随时间连续变化的数字信号（即脉冲信号）。它是一种跃变信号，并且持续时间短暂，如图 8-2 中的尖顶波和矩形波。数字电路注重研究的是输入、输出信号之间的逻辑关系。在数字电路中，晶体管一般工作在截止区和饱和区，起开关的作用。

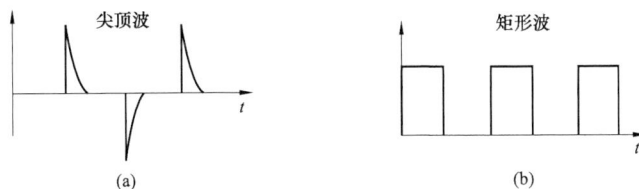

图 8-2 数字信号

二、逻辑代数的基础知识

逻辑代数（又称布尔代数），在生活中，有许多事物之间具有因果关系。所谓逻辑，就是条件与结果之间的因果关系。分析这种逻辑关系并且按一定规律进行运算的代数，称为逻辑代数。它是分析设计逻辑电路的数学工具。虽然它和普通代数一样也用字母 A，B，C…表示变量，但变量的取值只有 "0"，"1" 两种，分别称为逻辑 "0" 和逻辑 "1"。这里 "0" 和 "1" 并不表示数量的大小，而是表示两种相反的逻辑状态。

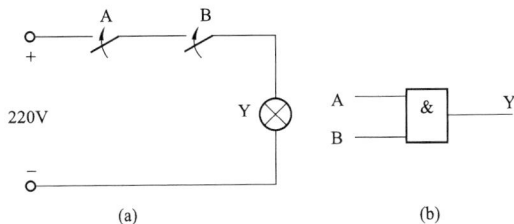

图 8-3 与运算
(a) 电路；(b) 逻辑符号

1. 逻辑代数中的三种基本运算

逻辑代数中只有逻辑乘（与运算）、逻辑加（或运算）、求反（非运算）三种基本运算。

(1) 与运算。"与" 逻辑关系是指当决定某事件的条件全部具备时，该事件才发生。这种因果关系被称为与逻辑。如图 8-3 (a) 中开关 A、B 串联，只有当 A、B 同时闭合时，电灯 Y 才能发光。串联开关 A、B 就构成了与门电路。其逻辑表达式是：$Y=A \cdot B$。逻辑符号如图8-3（b）所示。真值表见表8-1。

表8-1　　　　　　　　　　　　与 运 算 真 值 表

A	B	Y
0	0	0
0	1	0
1	0	0
1	1	1

（2）或运算。"或"逻辑关系是指当决定某事件的条件之一具备时，该事件就发生。这种因果关系称为或逻辑。如图8-4（a）中开关A、B并联，当其中任何一个接通，灯Y都会发光。并联开关A、B构成了或门电路。其逻辑关系为：$Y=A+B$。逻辑符号如图8-4（b）所示。真值表见表8-2。

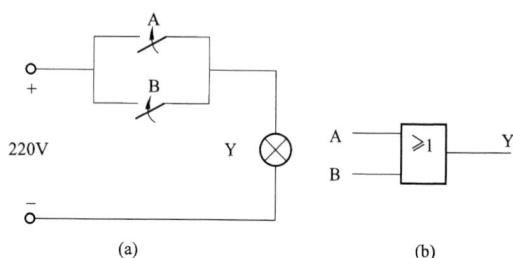

图8-4　或运算
（a）电路；（b）逻辑符号

表8-2　　　或 运 算 真 值 表

A	B	Y
0	0	0
0	1	1
1	0	1
1	1	1

（3）非运算。某事情发生与否，取决于一个条件，并且是对该条件的否定。这种因果关系称为非逻辑。如图8-5（a）中，当A闭合，Y不亮；反之则发光。"非"逻辑关系是否定或相反的意思。逻辑表达式为：$Y=\overline{A}$。逻辑符号如图8-5（b）所示，真值表见表8-3。

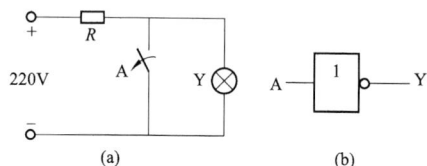

图8-5　非运算
（a）电路；（b）逻辑符号

表8-3　　非 运 算 真 值 表

A	Y
0	1
1	0

2. 逻辑代数中几种常用的复合运算

（1）与非运算。逻辑表达式为

$$Y=\overline{A \cdot B}$$

$$(8-1)$$

逻辑符号如图8-6所示。真值表见表8-4。

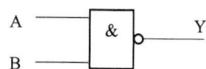

图8-6　与非运算逻辑符号

表8-4　　与 非 运 算 真 值 表

A	B	Y
0	0	1
0	1	1
1	0	1
1	1	1

（2）或非运算。逻辑表达式为

$$Y=\overline{A+B} \tag{8-2}$$

逻辑符号如图8-7所示，真值表见表8-5。

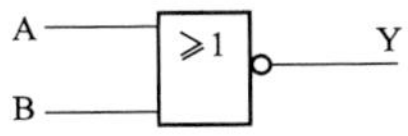

图8-7 或非运算逻辑符号

表8-5	或非运算真值表	
A	B	Y
0	0	1
0	1	0
1	0	0
1	1	0

（3）异或运算。逻辑表达式为

$$Y=\overline{A}B+A\overline{B}=A\oplus B \tag{8-3}$$

逻辑符号如图8-8所示，真值表见表8-6。

（4）同或运算。逻辑表达式为

$$Y=AB+\overline{A}\overline{B}=A\odot B \tag{8-4}$$

逻辑符号如图8-9所示，真值表见表8-7。

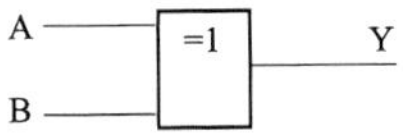

图8-8 异或运算逻辑符号

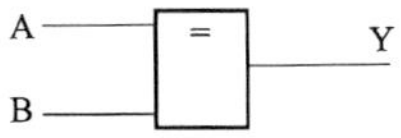

图8-9 同或运算逻辑符号

表8-6	异或运算真值表	
A	B	Y
0	0	0
0	1	1
1	0	1
1	1	0

表8-7	同或运算真值表	
A	B	Y
0	0	1
0	1	0
1	0	0
1	1	1

3. 逻辑代数的基本定律、定理、规则

（1）基本定律。逻辑代数基本定律，见表8-8。

表8-8 逻辑代数基本定律

名称	和"与"相关的	和"或"相关的	和"非"相关的
自等律	$A \cdot 1=A$	$A+0=A$	
0-1律	$A \cdot 0=0$	$A+1=1$	
重叠律	$A \cdot A=A$	$A+A=A$	
还原律			$\overline{\overline{A}}=A$
互补律	$A \cdot \overline{A}=0$	$A+\overline{A}=1$	
交换律	$A \cdot B=B \cdot A$	$A+B=B+A$	
结合律	$A(BC)=(AB)C$	$A+(B+C)=(A+B)+C$	
分配律	$A(B+C)=AB+AC$	$A+BC=(A+B)(A+C)$	

（2）基本定理。逻辑代数的基本定理见表8-9。

表 8 - 9 逻辑代数的基本定理

名称	和"与"有关的	和"或"有关的
摩根定理（反演律）	$\overline{AB}=\overline{A}+\overline{B}$	$\overline{A+B}=\overline{A}\cdot\overline{B}$
吸收定理	$A(A+B)=A$	$A+AB=A$
	$A(\overline{A}+B)=AB$	$A+\overline{A}B=A+B$
	$(A+B)(A+\overline{B})=A$	$AB+A\overline{B}=A$

（3）基本规则。

1）代入规则。代入规则指的是，对于任何一个含有变量 A 的逻辑等式，如果用同一个逻辑式取代等式两端变量 A，等式依然成立。

例如，在$\overline{AB}=\overline{A}+\overline{B}$中如果用逻辑式 BC 代替变量 B，则等式$\overline{ABC}=\overline{A}+\overline{BC}=\overline{A}+\overline{B}+\overline{C}$成立。

2）反演规则。对于任何一个逻辑式 Y，如果将逻辑式中所有的"·"换成"+"，"+"换成"·"，0 换成 1，1 换成 0，原变量换为反变量，反变量换为原变量，就可以得到逻辑式$\overline{Y}$。

注意：不属于单个变量上的非号要保持不变。

计算顺序是先算括号内，再算"·"，最后算"+"。

例如，$Y=\overline{AB}+CD$，则$\overline{Y}=\overline{A}+\overline{B}\ (\overline{C}+\overline{D})$。

3）对偶规则。对于任何一个逻辑式 Y，如果将逻辑式中所有的"·"换成"+"，"+"换成"·"，0 换成 1，1 换成 0，得到的新的逻辑式称为 Y 的对偶式，记作 Y'。

例如，$Y=A\overline{B}+AC$，则 $Y'=(A+\overline{B})\ (A+C)$。

4. 逻辑函数的表示方法及化简

（1）逻辑函数式的表示方法。所谓逻辑函数是指一种函数关系，它以逻辑变量作为输入，以运算结果作为输出。写作

$$Y=F(A,B,C\cdots)$$

逻辑函数的表示方法通常有真值表、逻辑函数表达式、逻辑图、波形图等，其中真值表和波形图是唯一的，逻辑表达式及逻辑图则具有多样性。

真值表：把输入变量的所有取值组合与输出逻辑函数值之间的对应关系用表格的形式表示出来。如前面与门、或门、非门的真值表所示。

函数表达式：把输入输出之间的逻辑关系写成与、或、非等运算的组合即代数式。

逻辑图：把输入与输出间的各变量的与、或、非等关系用逻辑符号表示。

波形图：把输入和输出变量对应取值，随时间按照一定规律变化所得的图形。

（2）逻辑函数式的常见形式。对于一个逻辑关系，其逻辑表达式不是唯一的，可以有多种形式，并且可以互相转换。常见的几种形式如下：

$$Y=AB+\overline{B}C \quad 与—或表达式 \tag{8-5}$$

$$=(B+C)\ (\overline{B}+A) \quad 或—与表达式 \tag{8-6}$$

$$=\overline{\overline{AB}\cdot\overline{\overline{B}C}} \quad 与非—与非表达式 \tag{8-7}$$

$$=\overline{\overline{B+C}+\overline{\overline{B}+A}} \quad 或非—或非表达式 \tag{8-8}$$

$$=\overline{\overline{\overline{AB}+\overline{BC}}} \quad \text{与—或—非表达式} \tag{8-9}$$

（3）逻辑函数的代数化简法。代数化简法就是在"与或"的基础上，利用公式和定理，消去表达式中多余的乘积项和每个乘积项中多余的因子，得出逻辑函数的最简与或式。通过化简可达到少用元件，提高可靠性的效果。

1）并项法。利用 $AB+A\overline{B}=A$，把两个乘积项合并起来，消去一个变量。

【例8-1】　化简 $Y=ABC+\overline{A}BC+\overline{B}C$。

解　$Y=ABC+\overline{A}BC+\overline{B}C=BC+\overline{B}C=C$

2）吸收法。利用 $A+AB=A$，吸收掉多余的乘积项。

【例8-2】　化简 $Y=\overline{AB}+\overline{A}C+\overline{B}D$。

解　$Y=\overline{AB}+\overline{A}C+\overline{B}D$

$\quad\quad =\overline{A}+\overline{B}+\overline{A}C+\overline{B}D \quad$（摩根定理）

$\quad\quad =\overline{A}+\overline{A}C+\overline{B}+\overline{B}D=\overline{A}+\overline{B}$

3）消去法。利用 $A+\overline{A}B=A+B$，消去乘积中多余的因子。

【例8-3】　化简 $Y=\overline{AB}+AC+BD$。

解　$Y=\overline{AB}+AC+BD$

$\quad\quad =\overline{A}+\overline{B}+AC+BD \quad$（摩根定理）

$\quad\quad =\overline{A}+AC+\overline{B}+BD=\overline{A}+C+\overline{B}+D$

4）配项法。利用 $A+\overline{A}=1$，在函数与或表达式中加上多余项，以消除更多的乘积项，从而得到最简与或式。

【例8-4】　证明 $AB+\overline{A}C+BC=AB+\overline{A}C$。

解　$AB+\overline{A}C+BC=AB+\overline{A}C+BC(A+\overline{A})=AB+\overline{A}C+ABC+\overline{A}BC=AB+\overline{A}C$

实际化简逻辑函数时，常常要综合以上各项方法，灵活性很大，因此需要熟练掌握逻辑公式、定理和运算技巧。

【例8-5】　化简函数 $Y=A(\overline{A}C+BD)+B(C+DE)+B\overline{C}$。

解　$Y=A(\overline{A}C+BD)+B(C+DE)+B\overline{C}$

$=A\overline{A}C+ABD+BC+B\overline{C}+BDE$	（分配律）
$=ABD+BC+B\overline{C}+BDE$	（互补律）
$=ABD+B+BDE$	（互补律）
$=B$	（吸收定理）

第二节　分立元件逻辑门电路及门电路的组合

分立元件门电路是由分立的半导体二极管、三极管及 MOS 管与电阻等元器件组成的电路。

逻辑门电路是数字电路中最基本的逻辑元件。所谓门就是一种开关，它能按照一定的条件去控制信号的通过或不通过。门电路的输入和输出之间存在一定的逻辑关系（因果关系），所以门电路又称为逻辑门电路。与前面所讲过的基本逻辑关系相对应，基本的逻辑门电路有与门、或门、非门。另外一些常用的门电路还有与非门、或非门、异或门等。

在实现逻辑运算时，输入和输出信号都是用电平（或称电位）的高低表示的。高电平和低电平都不是一个固定的数值，而是有一定的变化范围。电平的高低一般用"1"和"0"两种状态区别，若规定高电平为"1"，低电平为"0"则称为正逻辑；反之则称为负逻辑。若无特殊说明，均采用正逻辑。

一、二极管与门电路

图 8-10（a）所示是硅二极管与门电路。输入变量为 A、B，输出变量为 Y。当输入 A、B 不全为"1"时（即至少有一个输入端的电位为 0V），设 A 端输入 0V 的低电平，则 VDA 导通，Y 端被钳制为 0.7V，输出为逻辑"0"。当输入 A、B 端全为高电平"1"时（设两个输入端的电位均为 5V），VDA、VDB 截止，Y 端为 5V 电压，输出为逻辑"1"。

"与"逻辑表达式为

$$Y = A \cdot B \tag{8-10}$$

图 8-10（b）、（c）所示分别为"与"门逻辑符号和波形图，真值表与表 8-1 相同。

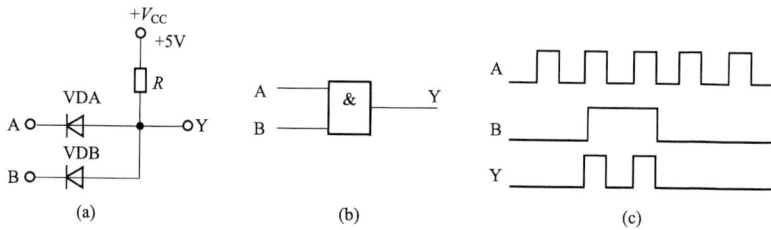

图 8-10 二极管与门
（a）电路；（b）逻辑符号；（c）波形

二、二极管或门电路

图 8-11（a）所示是二极管或门电路。当输入 A、B 至少有一个为"1"，假设 A 端输入 5V 电压，则 VDA 导通，Y 端被钳制为 4.3V，即输出 Y 为"1"。当输入 A、B 端全为低电平"0"，VDA、VDB 截止，此时 Y 端为 0V，即输出 Y 为"0"。

或逻辑表达式为

$$Y = A + B \tag{8-11}$$

图 8-11（b）、（c）所示分别为"或"门逻辑符号和波形图，真值表与表 8-2 相同。

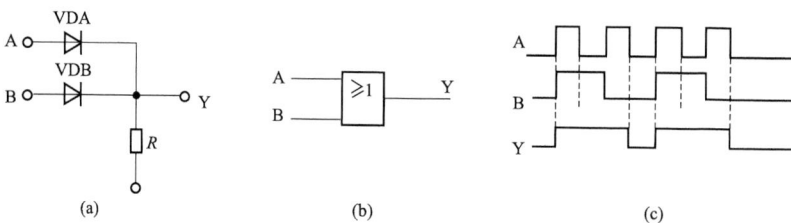

图 8-11 二极管或门
（a）电路；（b）逻辑符号；（c）波形

三、晶体管非门电路

图 8-12（a）所示为晶体管非门电路。当 A 为"1"时（即 A 端输入 5V 电压），晶体管饱和导通，输出端 Y 为"0"。当 A 为"0"时（即 A 端输入 0V 电压），晶体管截止，输出端 Y 为"1"。非门电路也称为反相器。其逻辑表达式为 $Y = \overline{A}$。

图 8-12（b）、（c）所示分别为"非"门逻辑符号和波形图，真值表与表 8-3 相同。

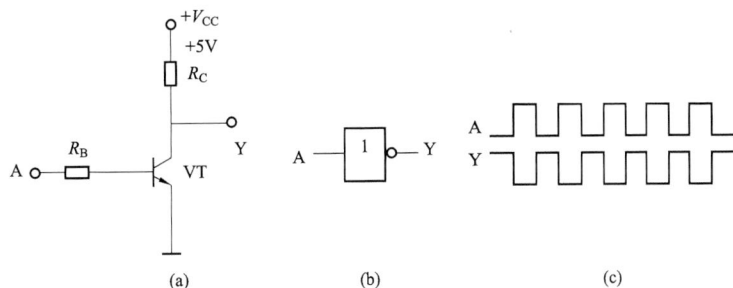

图 8-12　晶体管非门
(a) 电路；(b) 逻辑符号；(c) 波形

四、基本逻辑门电路的组合

1. 与非门电路

与非门电路的逻辑图、逻辑符号、波形如图 8-13 所示，真值表见表 8-10。当输入端全为 1 时，Y 为 0；当输入端至少有一个 0 时，Y 为 1。其逻辑表达式为

$$Y = \overline{AB} \tag{8-12}$$

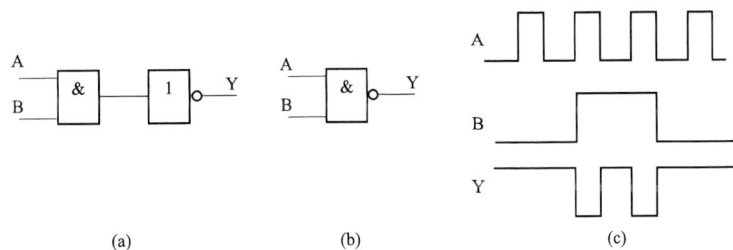

图 8-13　与非门
(a) 逻辑图；(b) 逻辑符号；(c) 波形

表 8-10　　　　　　　　　　　　与　非　门　真　值　表

A	B	Y
0	0	1
0	1	1
1	0	1
1	1	0

2. 或非门电路

或非门电路的逻辑图、逻辑符号、波形如图 8-14 所示，真值表见表 8-11。其逻辑表达式为

$$Y = \overline{A+B} \tag{8-13}$$

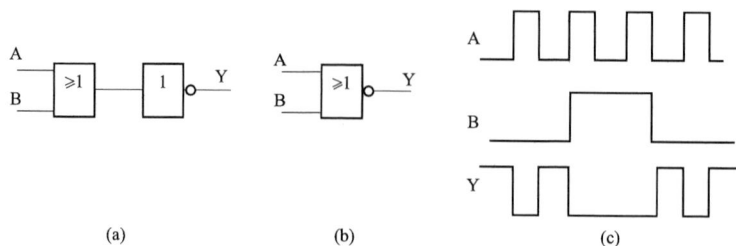

图 8-14　或非门

(a) 逻辑图；(b) 逻辑符号；(c) 波形

表 8-11 　　　　　　　　　　　　**或 非 门 真 值 表**

A	B	Y
0	0	1
0	1	0
1	0	0
1	1	0

3. 与或非门

与或非门的逻辑图和逻辑符号如图 8-15 所示。其逻辑表达式为

$$Y=\overline{AB+CD} \tag{8-14}$$

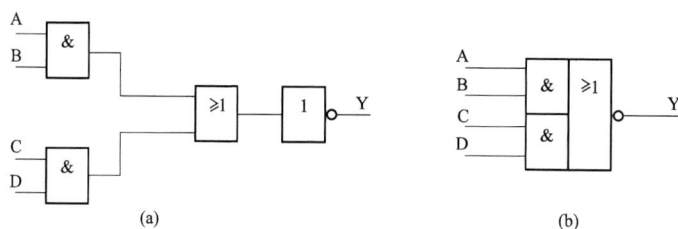

图 8-15　与或非门

(a) 逻辑图；(b) 逻辑符号

第三节　集 成 门 电 路

一、TTL 与非门的外形及用法

TTL 集成电路，因其输入级和输出级都采用半导体三极管得名——晶体管—晶体管逻辑电路，简称 TTL。图 8-16 所示为 TTL 门电路外形。TTL 门电路是双极型集成电路，与分立元件相比，具有速度快、可靠性高和微型化等优点，目前分立元件电路已被集成电路替代。下面将集中介绍集成"与非"门。

图 8-16　TTL 门电路外形

1. 74LS20

图 8-17 所示为 74LS20 的外部引脚排列图，它的内部含有两组相互独立的与非门，每个与非门有四个输入端、一个输出端，两组的构造和逻辑功能相同。NC 表示内部无法

连接。

逻辑表达式为

$$Y=\overline{A \cdot B \cdot C \cdot D} \tag{8-15}$$

其逻辑功能见表 8-12。当输入端有一个或一个以上的低电平时，输出端为高电平；只有当输入端全部为高电平时，输出端才为低电平。即有"0"得"1"，全"1"得"0"。

表 8-12　　　　　　　　　　　　　74LS20 的逻辑功能表

输入				输出
A	B	C	D	Y
0	0	0	0	1
0	0	0	1	1
0	0	1	1	1
0	1	1	1	1
1	1	1	1	0

2. 74LS00

图 8-18 所示为 74LS00 的外部引脚图，在它的内部有四个 2 输入与非门。其逻辑表达式为：$Y=\overline{AB}$。逻辑功能见表 8-13。

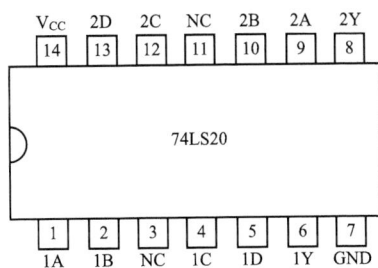

图 8-17　74LS20 的外部引脚图　　　　图 8-18　74LS00 的外部引脚图

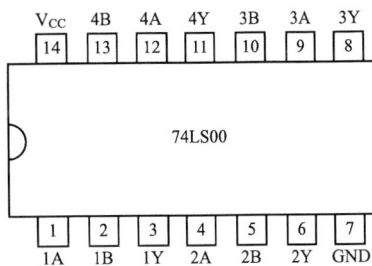

表 8-13　　　　　　　　　　　　　74LS00 的真值表

A	B	Y
0	0	1
0	1	1
1	0	1
1	1	0

二、TTL 三态输出门（简称 TSL 门）的外形及应用

三态输出门的逻辑符号如图 8-19 所示，除正常的输入端外，还加了一个控制端 $\overline{EN}$（也称为使能端）。当 $\overline{EN}$ 为 0 时，电路的工作状态与两输入与非门相同，即 $Y=\overline{AB}$；当 $\overline{EN}$ 为 1 时，输出端会出现高阻抗状态（简称高阻态或禁止态）。可见它有三种输出状态，即高电

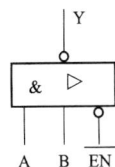

图 8-19　三态输出门逻辑符号

平、低电平、高阻态。

　　利用三态与非门可以实现总线功能，如图 8-20 所示，当各个门的 $\overline{EN}$ 端轮流出现 0 时，就可以把各个门的输出信号轮流传输到总线上，而不相互干扰。

　　在 TTL 电路中，不仅有三态输出的与非门、反相器、缓冲器等，在许多中规模乃至大规模集成电路中也常采用三态输出电路。74LS125 是三态输出四总线缓冲器，其引脚如图 8-21 所示，其功能见表 8-14。

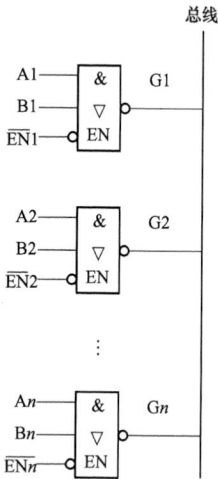

图 8-20　三态门实现总线功能图

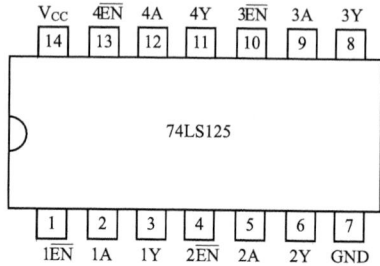

图 8-21　74LS125 外部引脚排列图

表 8-14　　　　　　　　　　　　　　　74LS125 逻辑功能表

输入		输出
$\overline{EN}$	A	Y
0	0	1
	1	0
1	任意	高阻态

三、TTL 集电极开路门（OC 门）的外形及应用

　　在实践中，我们时常需要将几个门的输出端并联，以实现"线与"功能，但由于基本 TTL 电路内部结构的影响而不能实现。TTL 集电极开路门恰好解决了这一难题，其逻辑符号如图 8-22 所示。

　　利用 OC 门"线与"时，如图 8-23 所示，必须外接负载电阻（R_P）和电源（V_{CC}），其逻辑表达式为

$$Y = Y1Y2 = \overline{A1B1} \cdot \overline{A2B2} = \overline{A1B1 + A2B2}$$

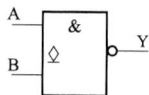

图 8-22　OC 门逻辑符号

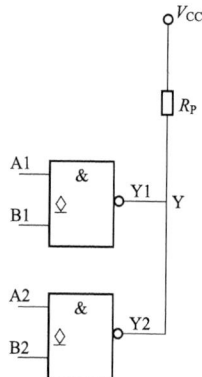

图 8-23　OC 门实现"线与"的电路图

第四节　简单组合逻辑电路的分析及设计

一、概述

按电路结构和工作原理的不同，数字电路常可分为组合逻辑电路和时序逻辑电路。

如图 8-24 所示，在任意时刻电路的稳定输出变量，只与该时刻的各个输入变量的组合有关，这样的逻辑电路被称为组合逻辑电路。其逻辑关系可表示为

$$Yt = Ft(I_1, I_2, \cdots, I_n) \quad (t = 1, 2, \cdots, n) \quad (8-16)$$

从电路结构上看，组合电路由常用门电路组成；没有存储信号的记忆元件（即没有记忆功能）；在输入与输出间无反馈连接。

二、基本分析方法

由给定组合电路的逻辑图出发，分析输入与输出间的逻辑关系、确定其逻辑功能，所遵循的基本步骤，称为组合逻辑电路的基本分析方法。

分析步骤如下。

(1) 根据已知逻辑电路图，写出输入与输出之间的逻辑表达式。

(2) 进行化简，写出最简与或表达式。

(3) 列出真值表。

(4) 用文字阐述其逻辑功能。

下面通过实例来说明其分析步骤。

【例 8-6】 写出图 8-24 所示电路输出信号的逻辑表达式，并说明功能。

解 (1) 从逻辑图，写出输出函数的逻辑表达式为

G1 门：$Y_1 = \overline{A}$

G2 门：$Y_2 = \overline{B}$

G3 门：$Y_3 = \overline{Y_1 B} = \overline{\overline{A}B}$

G4 门：$Y_4 = \overline{Y_2 A} = \overline{A\overline{B}}$

G5 门：$Z = \overline{Y_3 Y_4}$

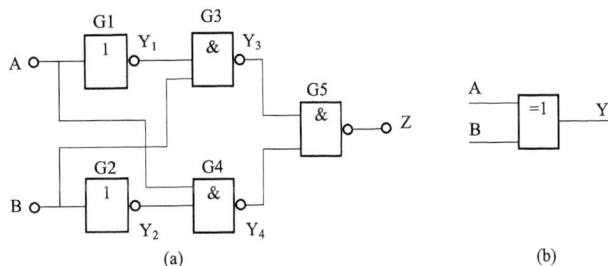

图 8-24 ［例 8-6］的图

(a) 逻辑图；(b) 异或门逻辑符号

(2) 化简和变换逻辑表达式为

$$Z = \overline{Y_3 Y_4} = \overline{\overline{\overline{A}B}\ \overline{A\overline{B}}} = \overline{\overline{A}B} + \overline{\overline{A\overline{B}}} = \overline{A}B + A\overline{B}$$

(3) 列出它的真值表，见表 8-15。

表 8-15　　　例 8-6 的真值表

输入		输出
A	B	Z
0	0	0
0	1	1
1	0	1
1	1	0

（4）确定逻辑功能。由表 8-15 可知，当输入变量不同为 1 或 0 时，输出为 1；否则，输出为 0。这种电路称为异或门，其逻辑符号如图 8-24（b）所示。其逻辑式也可写为

$$Z=\overline{A}B+A\overline{B}=A\oplus B$$

三、设计方法

根据要求，设计出需要的逻辑电路，且要求电路为最简，称为逻辑电路的设计方法。设计时要遵循以下步骤。

（1）进行逻辑抽象，列出真值表。

（2）根据真值表写出逻辑函数表达式。

（3）化简表达式为最简与或表达式。

（4）根据所给器件情况变换逻辑表达式的形式。

（5）画出逻辑图。

【例 8-7】 试用与非门设计一个三人（A、B、C）表决器，要求按"少数服从多数"原则决定。

解 （1）对实际提出的问题进行逻辑抽象，列出真值表。对于输入变量 A、B、C，设同意为 1，否决为 0。对于输出函数 Y，设决议通过为 1，不通过为 0。真值表见表 8-16。

表 8-16   [例 8-7] 的真值表

输入变量			输出变量
A	B	C	Y
0	0	0	0
0	0	1	0
0	1	0	0
0	1	1	1
1	0	0	0
1	0	1	1
1	1	0	1
1	1	1	1

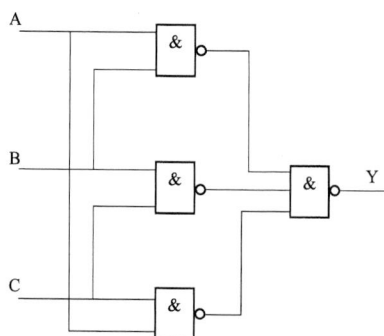

图 8-25 例 8-7 的逻辑图

（2）根据真值表写出逻辑函数表达式为

$$Y=\overline{A}BC+A\overline{B}C+AB\overline{C}+ABC$$

（3）化简表达式为最简与或表达式

$$Y=AB+BC+AC$$

（4）根据电路要求，选定与非门，将逻辑表达式转换为与非—与非表达式。

$$Y=AB+BC+AC=\overline{\overline{AB}\ \overline{BC}\ \overline{AC}}$$

（5）根据逻辑式，画出逻辑图，如图 8-25 所示。

第五节　实用逻辑电路

一、加法器

1. 半加器

"半加"是指只求本位的和，并给出进位数，暂不管由低位送来的进位数。其真值表见表8-17，其中 A_i、B_i 是两个相加的数，S_i 是半加和，C_i 是进位数。

表8-17　　　　　　　　　　　　半加器真值表

A_i	B_i	S_i	C_i
0	0	0	0
0	1	1	0
1	0	1	0
1	1	0	1

由真值表可写出逻辑表达式为

$$S_i = \overline{A_i}B_i + A_i\overline{B_i} = A_i \oplus B_i \tag{8-17}$$

$$C_i = A_iB_i \tag{8-18}$$

逻辑图如图8-26（a）所示，逻辑符号如图8-26（b）所示。

2. 全加器

"全加"指的是在进行两个多位二进制数相加时，除了最低位以外，其他每一位的相加都要考虑来自它低位的进位数。即加数、被加数和它低位的进位数三个数的相加。其真值表见表8-18，其中 A_i、B_i 是加数、被加数，C_{i-1} 是来自于低位的进位数；S_i 是全加和，C_i 是进位数。

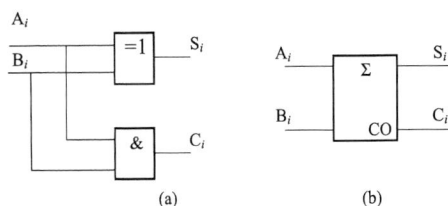

图8-26　半加器
(a) 逻辑图；(b) 逻辑符号

表8-18　　　　　　　　　　　　全加器真值表

A_i	B_i	C_{i-1}	S_i	C_i
0	0	0	0	0
0	0	1	1	0
0	1	0	1	0
0	1	1	0	1
1	0	0	1	0
1	0	1	0	1
1	1	0	0	1
1	1	1	1	1

根据真值表可得到其逻辑表达式

$$S_i = \overline{A_i}\, \overline{B_i} C_{i-1} + \overline{A_i} B_i\, \overline{C_{i-1}} + A_i\, \overline{B_i}\, \overline{C_{i-1}} + A_i B_i C_{i-1} = A_i \oplus B_i \oplus C_{i-1} \qquad (8-19)$$

$$C_i = \overline{A_i} B_i C_{i-1} + A_i\, \overline{B_i} C_{i-1} + A_i B_i\, \overline{C_{i-1}} + A_i B_i C_{i-1}$$

$$= A_i B_i + (A_i \oplus B_i) C_{i-1} = \overline{\overline{A_i B_i + (A_i \oplus B_i) C_{i-1}}} \qquad (8-20)$$

逻辑图及逻辑符号如图 8-27（a）、（b）所示。

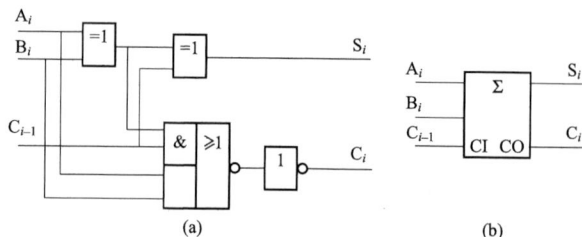

图 8-27　全加器

（a）逻辑图；（b）逻辑符号

（1）集成双全加器 74LS183。74LS183 是 TTL 型集成双全加器，其外部引脚如图 8-28 所示，这种全加器具有独立的全加和进位输出，既可把两个全加电路单独使用，又可将一个全加器的进位输出端与另一个全加器的进位输入端串接起来，组成 2 位串行加法器，如图 8-29 所示。

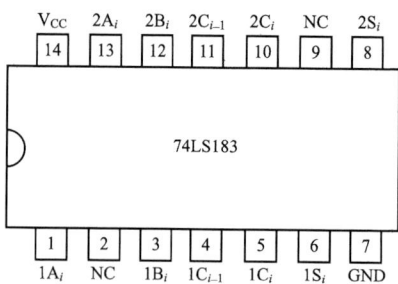

图 8-28　74LS183 的外部引脚图

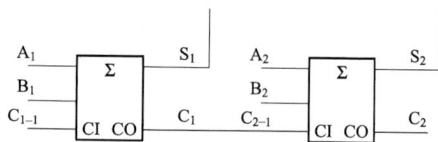

图 8-29　2 位串行加法器

（2）双极型并行 4 位全加器 74LS283。74LS283 是 TTL 双极型并行 4 位全加器，其特点是先行进位，因此运算速度很快，其外形为双列直插管脚排列，逻辑符号如图 8-30 所示。它有两组 4 位二进制数输入 $A_0 A_1 A_2 A_3$、$B_0 B_1 B_2 B_3$，一个低位向本位的进位输入 C_{-1}，有一组二进制数输出 $S_0 S_1 S_2 S_3$，一个最高位的进位输出 C0，该期间所完成的 4 位二进制加法运算如图 8-31 所示。

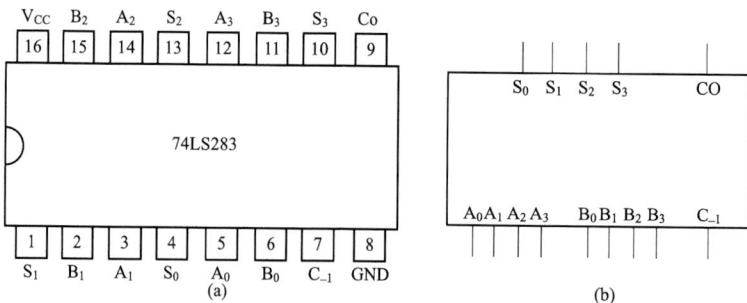

图 8-30　全加器 74LS283

（a）外部引脚排列图；（b）逻辑符号

二、编码器

在数字电路中，一般用二进制代码来表示某一对象或信号的过程，称为编码。二进制只有 0 和 1 两个数，可以表示两个信号。如果把若干个 0 和 1 按一定规律编排起来组成不同的代码，即可表示若干个信号。实现编码操作的电路，称为编码器。一般编码器有二进制编码器、二—十进制编码器、优先编码器等。

```
        A₃      A₂      A₁      A₀
        B₃      B₂      B₁      B₀
     +                          C₋₁
    ─────────────────────────────────
    CO      S₃      S₂      S₁      S₀
```

图 8 - 31　74LS283 完成的加法运算

二进制编码器是用 n 位二进制代码对 $N=2^n$ 个信号进行编码的编码电路。常用的有 4—2 线、8—3 线、16—4 线编码器。其特点是，任何时刻只能输入一个有效信号。

二—十进制编码器是指用四位二进制代码表示一位十进制数的编码电路（即将 0，1，2，3，4，5，6，7，8，9 编成二进制代码）。其工作原理与二进制编码器无本质区别。常见的有 8421BCD 码编码器，表 8 - 19 所列为 8421BCD 码的编码表。

表 8 - 19　　　　　　　　　　　　　　**8421BCD 码编码表**

输入	输出			
十进制数	Y3	Y2	Y1	Y0
0 (I_0)	0	0	0	0
1 (I_1)	0	0	0	1
2 (I_2)	0	0	1	0
3 (I_3)	0	0	1	1
4 (I_4)	0	1	0	0
5 (I_5)	0	1	0	1
6 (I_6)	0	1	1	0
7 (I_7)	0	1	1	1
8 (I_8)	1	0	0	0
9 (I_9)	1	0	0	1

由表 8 - 19 可得出逻辑式

$$Y_3 = I_8 + I_9 = \overline{\overline{I_8} \cdot \overline{I_9}} \tag{8-21}$$

$$Y_2 = I_4 + I_5 + I_6 + I_7 = \overline{\overline{I_4} \cdot \overline{I_5} \cdot \overline{I_6} \cdot \overline{I_7}} \tag{8-22}$$

$$Y_1 = I_2 + I_3 + I_6 + I_7 = \overline{\overline{I_2} \cdot \overline{I_3} \cdot \overline{I_6} \cdot \overline{I_7}} \tag{8-23}$$

$$Y_0 = I_1 + I_3 + I_5 + I_7 + I_9 = \overline{\overline{I_1} \cdot \overline{I_3} \cdot \overline{I_5} \cdot \overline{I_7} \cdot \overline{I_9}} \tag{8-24}$$

由以上逻辑式可得逻辑图如图 8 - 32 所示。

优先编码器是指当有多个有效信号同时输入时，仅对其中优先级别最高的输入信号进行编码的电路。现以 8421BCD 优先编码器为例来说明。假设 I9 优先级别最高，I8 次之，I0 最

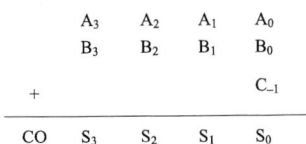

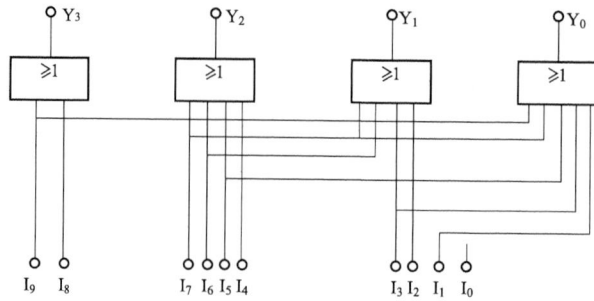

图 8-32　二—十进制编码器逻辑图

低，可得真值表，见表 8-20。

表 8-20　　　　　　　　　　　　8421BCD 优先编码器真值表

输入										输出			
I_9	I_8	I_7	I_6	I_5	I_4	I_3	I_2	I_1	I_0	Y_3	Y_2	Y_1	Y_0
1	×	×	×	×	×	×	×	×	×	1	0	0	1
0	1	×	×	×	×	×	×	×	×	1	0	0	0
0	0	1	×	×	×	×	×	×	×	0	1	1	1
0	0	0	1	×	×	×	×	×	×	0	1	1	0
0	0	0	0	1	×	×	×	×	×	0	1	0	1
0	0	0	0	0	1	×	×	×	×	0	1	0	0
0	0	0	0	0	0	1	×	×	×	0	0	1	1
0	0	0	0	0	0	0	1	×	×	0	0	1	0
0	0	0	0	0	0	0	0	1	×	0	0	0	1
0	0	0	0	0	0	0	0	0	1	0	0	0	0

由真值表可得到其逻辑表达式

$$Y_3 = I_9 + \overline{I}_9 I_8 = I_9 + I_8 \tag{8-25}$$

$$Y_2 = \overline{I}_9 \overline{I}_8 I_7 + \overline{I}_9 \overline{I}_8 \overline{I}_7 I_6 + \overline{I}_9 \overline{I}_8 \overline{I}_7 \overline{I}_6 I_5 + \overline{I}_9 \overline{I}_8 \overline{I}_7 \overline{I}_6 \overline{I}_5 I_4$$
$$= \overline{I}_9 \overline{I}_8 I_7 + \overline{I}_9 \overline{I}_8 I_6 + \overline{I}_9 \overline{I}_8 I_5 + \overline{I}_9 \overline{I}_8 I_4 \tag{8-26}$$

$$Y_1 = \overline{I}_9 \overline{I}_8 I_7 + \overline{I}_9 \overline{I}_8 \overline{I}_7 I_6 + \overline{I}_9 \overline{I}_8 \overline{I}_7 \overline{I}_6 \overline{I}_5 \overline{I}_4 I_3 + \overline{I}_9 \overline{I}_8 \overline{I}_7 \overline{I}_6 \overline{I}_5 \overline{I}_4 \overline{I}_3 I_2$$
$$= \overline{I}_9 \overline{I}_8 I_7 + \overline{I}_9 \overline{I}_8 I_6 + \overline{I}_9 \overline{I}_8 \overline{I}_5 \overline{I}_4 I_3 + \overline{I}_9 \overline{I}_8 \overline{I}_5 \overline{I}_4 I_2 \tag{8-27}$$

$$Y_0 = I_9 + \overline{I}_9 \overline{I}_8 I_7 + \overline{I}_9 \overline{I}_8 \overline{I}_7 \overline{I}_6 I_5 + \overline{I}_9 \overline{I}_8 \overline{I}_7 \overline{I}_6 \overline{I}_5 \overline{I}_4 I_3 + \overline{I}_9 \overline{I}_8 \overline{I}_7 \overline{I}_6 \overline{I}_5 \overline{I}_4 \overline{I}_3 \overline{I}_2 I_1$$
$$= I_9 + \overline{I}_8 I_7 + \overline{I}_8 \overline{I}_6 I_5 + \overline{I}_8 \overline{I}_6 \overline{I}_4 I_3 + \overline{I}_8 \overline{I}_6 \overline{I}_4 \overline{I}_2 I_1 \tag{8-28}$$

根据以上逻辑表达式可以画出逻辑图，如图 8-33 所示。

当把 8421BCD 优先编码器的输入、输出端加上反相器时，可得反变量的 8421BCD 优先编码器，即集成芯片 74LS147，其外部引脚如图 8-34 所示。

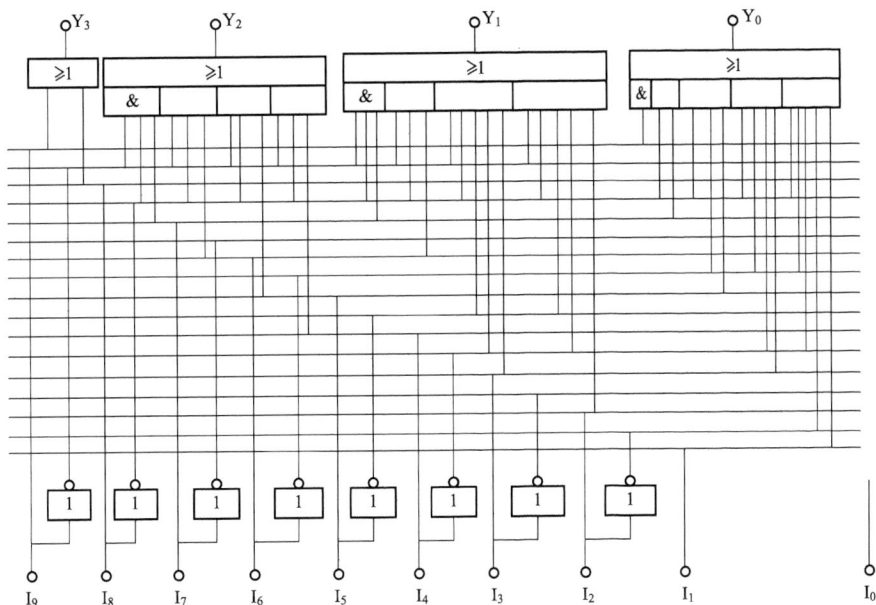

图 8-33 8421BCD 优先编码器逻辑图

三、译码器及显示驱动

译码是编码的逆过程。编码是把某一对象或信号用二进制代码来表示，译码则是把每一个二进制代码的状态"翻译"成某一确定的信号或对象。实现译码操作的电路称为译码器。译码器按其用途一般可分为二进制译码器、二—十进制译码器和显示译码器。

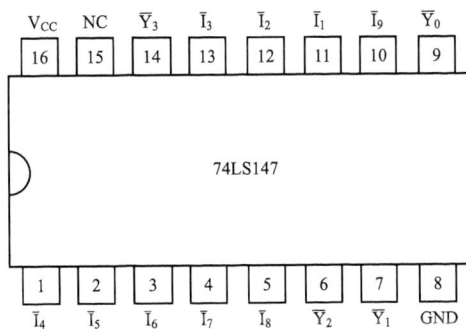

图 8-34 74LS147 外部引脚图

1. 二进制译码器

二进制译码器是把输入的一组二进制代码，译成用高电平 1 或低电平 0 表示的输出信号。例如常用的双 2—4 线译码器 74LSl39、3—8 线译码器 74LSl38、4—16 线译码器等。下面以 2—4 线译码器来说明其工作原理。2—4 线译码器的功能表见表 8-21，其中 A_0、A_1 是输入变量，Y_0、Y_1、Y_2、Y_3 为输出信号。

表 8-21   2—4 线译码器的功能表

输入		输出			
A_1	A_0	Y_3	Y_2	Y_1	Y_0
0	0	0	0	0	1
0	1	0	0	1	0
1	0	0	1	0	0
1	1	1	0	0	0

由功能表可写出其逻辑表达式为

$$Y_0 = \overline{A_1}\ \overline{A_0} \qquad\qquad (8-29)$$

$$Y_1 = \overline{A_1}A_0 \qquad\qquad (8-30)$$

$$Y_2 = A_1\overline{A_0} \qquad\qquad (8-31)$$

$$Y_3 = A_1A_0 \qquad\qquad (8-32)$$

由以上逻辑表达式可得逻辑图，如图 8-35 所示。

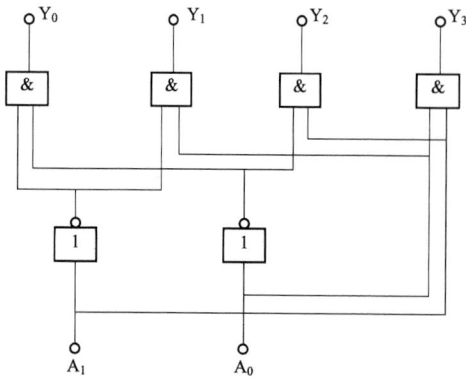

图 8-35　2—4 线译码器逻辑图

由 2—4 线译码器逻辑表达式可以看出，译码器的输出 Y_0、Y_1、Y_2、Y_3，同时又是 A_0、A_1 这两个变量的全部最小项译码输出。

把输出端 Y_0、Y_1、Y_2、Y_3 分别加反相器（低电平有效），再加上控制门即可构成集成 2—4 线译码器 74LS139。其逻辑功能见表 8-22，图 8-36（a）所示为其外部引脚图，图 8-36（b）是其逻辑符号。

表 8-22　　　　　　　　　　　　集成 2—4 线译码器逻辑功能表

输入			输出			
G	A_1	A_0	$\overline{Y_3}$	$\overline{Y_2}$	$\overline{Y_1}$	$\overline{Y_0}$
1	×	×	1	1	1	1
0	0	0	1	1	1	0
0	0	1	1	1	0	1
0	1	0	1	0	1	1
0	1	1	0	1	1	1

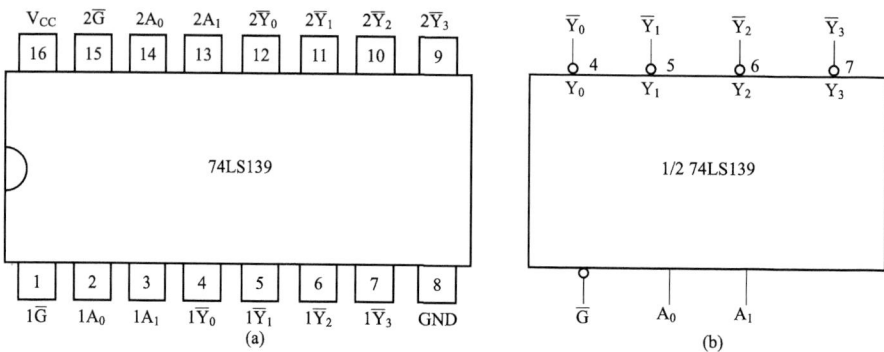

图 8-36　2—4 线译码器 74LS139

（a）外部引脚图；（b）逻辑符号

2. 二—十进制译码器

二—十进制译码器是指将表示十进制数的二进制编码翻译成对应的十个输出信号的电路。二—十进制译码器也称为 4—10 线译码器。集成 4—10 线译码器的芯片是 74LS42，其外部引脚及逻辑符号如图 8-37 所示。其逻辑真值表见表 8-23。

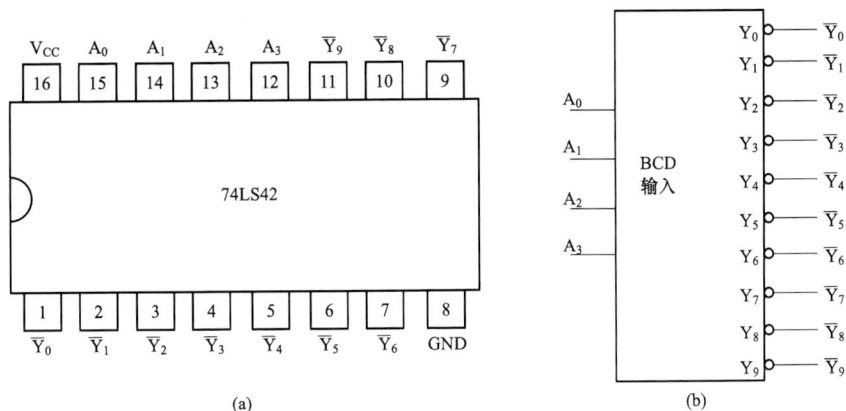

图 8-37 4—10 线译码器 74LS42

(a) 外部引脚图；(b) 逻辑符号

表 8-23   **4—10 线译码器 74LS42 的真值表**

序号	输入				输出									
	A_3	A_2	A_1	A_0	$\overline{Y}_0$	$\overline{Y}_1$	$\overline{Y}_2$	$\overline{Y}_3$	$\overline{Y}_4$	$\overline{Y}_5$	$\overline{Y}_6$	$\overline{Y}_7$	$\overline{Y}_8$	$\overline{Y}_9$
0	0	0	0	0	0	1	1	1	1	1	1	1	1	1
1	0	0	0	1	1	0	1	1	1	1	1	1	1	1
2	0	0	1	0	1	1	0	1	1	1	1	1	1	1
3	0	0	1	1	1	1	1	0	1	1	1	1	1	1
4	0	1	0	0	1	1	1	1	0	1	1	1	1	1
5	0	1	0	1	1	1	1	1	1	0	1	1	1	1
6	0	1	1	0	1	1	1	1	1	1	0	1	1	1
7	0	1	1	1	1	1	1	1	1	1	1	0	1	1
8	1	0	0	0	1	1	1	1	1	1	1	1	0	1
9	1	0	0	1	1	1	1	1	1	1	1	1	1	0
伪码	1	0	1	0	1	1	1	1	1	1	1	1	1	1
	1	0	1	1	1	1	1	1	1	1	1	1	1	1
	1	1	0	0	1	1	1	1	1	1	1	1	1	1
	1	1	0	1	1	1	1	1	1	1	1	1	1	1
	1	1	1	0	1	1	1	1	1	1	1	1	1	1
	1	1	1	1	1	1	1	1	1	1	1	1	1	1

3. 显示译码器

    显示译码器的作用是驱动各种数字显示器，它能够把"8421"二—十进制代码译成能够用显示器显示出的十进制数。常用的显示器件有半导体显示器（LED）、液晶显示器。下面将主要介绍半导体显示器。

    半导体显示器的基本单元是发光二极管，当外加正向电压时，就能发出清晰的光线。它的工作电压为 1.5～3V，工作电流为几毫安到十几毫安。图 8-38（a）所示为七段数码显示器，它是由分布在同一平面的七段可发光的线段组成，当其中某些线段上加有一定驱动电压或电流时，这些线段会发光，显示出十进制数码的字形。七段数码显示可分为共阴极显示器和共阳极显示器两种，共阴极显示器是将七个发光二极管的阴极连在一起，作为公共端并接地，如图 8-38（b）所示；共阳极显示器则是将七个发光二极管的阳极连在一起，作为公共端接电源正端，如图 8-38（c）所示。共阴极显示器为高电平驱动，而共阳极显示器是低电平驱动。

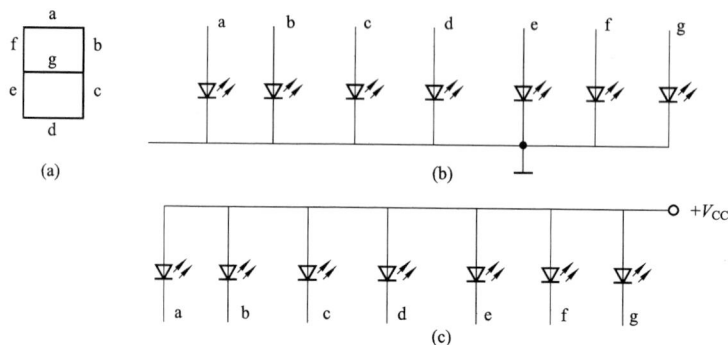

图 8-38　七段数码显示器

（a）七段字形；（b）共阴极显示器；（c）共阳极显示器

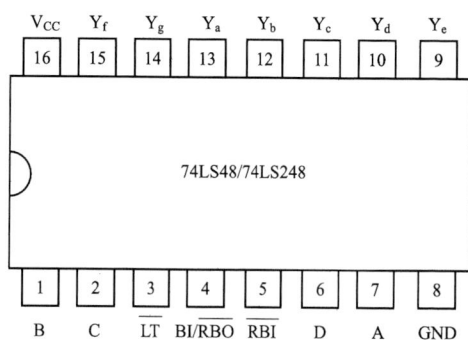

图 8-39　共阴极译码器 74LS48、74LS248 的外部引脚

七段显示译码器可以对十进制数的 8421BCD 码进行译码，以驱动七段显示器显示十进制数字。七段显示译码器有共阴极（74LS48、74LS248）和共阳极（74LS47、74LS247）两种类型。图 8-39（a）所示为共阴极译码器 74LS48（或 74LS248）的外部引脚图。其逻辑功能见表 8-24，共阳极译码器的输出状态与表 8-24 相反。

表 8-24　74LS48 型七段译码器功能表

十进制数或功能	输入						$\overline{BI}/RBO$	输出							显示
	$\overline{LT}$	$\overline{RBI}$	D	C	B	A		Y_a	Y_b	Y_c	Y_d	Y_e	Y_f	Y_g	
试灯	0	×	×	×	×	×	1	1	1	1	1	1	1	1	8
灭灯	×	×	×	×	×	×	0	0	0	0	0	0	0	0	全灭
灭 0	1	0	0	0	0	0		0	0	0	0	0	0	0	灭 0
0	1	1	0	0	0	0	1	1	1	1	1	1	1	0	0
1	1	×	0	0	0	1	1	0	1	1	0	0	0	0	1
2	1	×	0	0	1	0	1	1	1	0	1	1	0	1	2
3	1	×	0	0	1	1	1	1	1	1	1	0	0	1	3

续表

十进制数或功能	输入						$\overline{BI}/\overline{RBO}$	输出							显示
	$\overline{LT}$	$\overline{RBI}$	D	C	B	A		Y_a	Y_b	Y_c	Y_d	Y_e	Y_f	Y_g	
4	1	×	0	1	0	0	1	0	1	1	0	0	1	1	4
5	1	×	0	1	0	1	1	1	0	1	1	0	1	1	5
6	1	×	0	1	1	0	1	0	0	1	1	1	1	1	6
7	1	×	0	1	1	1	1	1	1	1	0	0	0	0	7
8	1	×	1	0	0	0	1	1	1	1	1	1	1	1	8
9	1	×	1	0	0	1	1	1	1	1	0	0	1	1	9
10	1	×	1	0	1	0	1	0	0	0	1	1	0	1	⊏
11	1	×	1	0	1	1	1	0	0	1	1	0	0	1	⊐
12	1	×	1	1	0	0	1	0	1	0	0	0	1	1	∪
13	1	×	1	1	0	1	1	1	0	0	1	0	1	1	⊏
14	1	×	1	1	1	0	1	0	0	0	1	1	1	1	⊢
15	1	×	1	1	1	1	1	0	0	0	0	0	0	0	

　　$\overline{LT}$是试灯输入端，低电平有效，用来检验数码管的七段是否正常工作。即当$\overline{LT}=0$时，输出$Y_a \sim Y_g$全为1，七段全亮显示8字。平时$\overline{LT}$处于高电平。

　　$\overline{RBI}$是灭零输入端，低电平有效。即当$\overline{LT}=1$，$\overline{RBI}=0$且输入端DCBA=0000时，输出灭零状态而不显示0字。

　　$\overline{BI}/\overline{RBO}$是输入、输出合用的引出端。$\overline{BI}$是灭灯输入端，低电平有效。当$\overline{BI}=0$时，无论其他输入端为何信号，输出$Y_a \sim Y_g$全为0，七段全灭无显示，故也称为"消隐控制端"。$\overline{RBO}$是"动态灭零"输出端，当$\overline{LT}=1$，$\overline{RBI}=0$，输入代码DCBA=0000时，输出$\overline{RBO}=0$，其他输入情况下输出$\overline{RBO}=1$。

　　由表8-24可知，如果输入DCBA=0000，译码条件是$\overline{LT}=1$，$\overline{RBI}=1$，输出显示字形"0"，而其他输入情况下的译码条件则只要求$\overline{LT}=1$，输出的状态由输入的代码决定，此时译码器处于有效译码工作状态。

表8-25　　　　　　　　　　　　　　四选一数据选择器真值表

输入			输出
$\overline{C}$	A_1	A_0	Y
1	×	×	0
0	0	0	D_0
0	0	1	D_1
0	1	0	D_2
0	1	1	D_3

四、数据选择器

　　在多路数据传送过程中，能够根据需要将其中任意一路挑选出来的电路，称为数据选择器，也称作多路开关。

常用的集成芯片有双四选一数据选择器 74LS153、八选一数据选择器 74LS151。

四选一数据选择器的逻辑功能特性见表 8-25，其中 D_0、D_1、D_2、D_3 为四个数据输入端，Y 为数据输出端，A_1、A_2 为地址信号输入端。

当 $\overline{G}$（使能端）$=1$ 时电路不工作，此时无论 A_1、A_2 处于什么状态，输出 Y 总为零；当 $\overline{G}$ 为低电平时，电路正常工作，被选择的数据送到输出端，输出端满足下面的逻辑表达式

$$Y = \overline{A_1}\,\overline{A_0}D_0 + \overline{A_1}A_0D_1 + A_1\,\overline{A_0}D_2 + A_1A_0D_3 \tag{8-33}$$

74LS153 的外部引脚排列如图 8-40 所示。

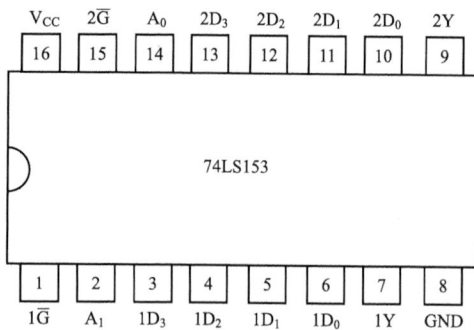

图 8-40　四选一数据选择器
74LS153 外部引脚图

八选一数据选择器逻辑功能表见表 8-26，逻辑表达式为

$$Y = \overline{A_2}\,\overline{A_1}\,\overline{A_0}D_0 + \overline{A_2}\,\overline{A_1}A_0D_1 + \overline{A_2}A_1\,\overline{A_0}D_2 + \overline{A_2}A_1A_0D_3 + A_2\,\overline{A_1}\,\overline{A_0}D_4 +$$
$$A_2\,\overline{A_2}A_0D_5 + A_2A_1\,\overline{A_0}D_6 + A_2A_1A_0D_7 \tag{8-34}$$

表 8-26　　　　　　　　　　　　　　八选一数据选择器真值表

输入				输出	
$\overline{G}$	A_2	A_1	A_0	Y	$\overline{Y}$
1	×	×	×	0	1
0	0	0	0	D_0	$\overline{D_0}$
0	0	0	1	D_1	$\overline{D_1}$
0	0	1	0	D_2	$\overline{D_1}$
0	0	1	1	D_3	$\overline{D_3}$
0	1	0	0	D_4	$\overline{D_4}$
0	1	0	1	D_5	$\overline{D_5}$
0	1	1	0	D_6	$\overline{D_6}$
0	1	1	1	D_7	$\overline{D_7}$

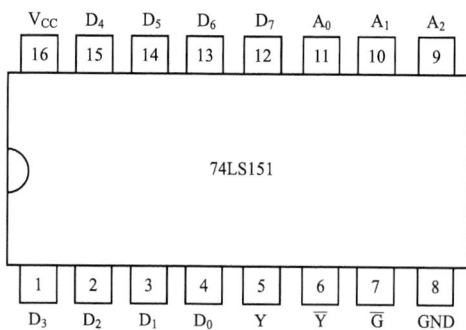

图 8-41　八选一数据选择器
74LS151 外部引脚图

集成八选一数据选择器 74LS151 外部引脚排列如图 8-41 所示。

用数据选择器可以产生任意组合的逻辑函数，因而用数据选择器构成函数发生器方法简便，线路简单。对于任何给定的三输入变量逻辑函数均可用四选一数据选择器来实现，同时对于四输入变量逻辑函数可以用八选一数据选择器来实现。

五、数据分配器

数据分配器能够将 1 个输入数据，根据需要传送到 n 个输出端中的任何 1 个输出端，也称为多路分配器。其逻辑功能与数据选择器正好相反。1—4 路数据分配器真值表见表 8-27。

表 8-27   1—4 路数据分配器真值表

输入			输出			
数据端	地址选择端		Y_3	Y_2	Y_1	Y_0
	A_1	A_0				
D	0	0	0	0	0	D
	0	1	0	0	D	0
	1	0	0	D	0	0
	1	1	D	0	0	0

根据真值表可知 1—4 路数据分配器的逻辑表达式为

$$Y_0 = D \overline{A_1}\ \overline{A_0} \tag{8-35}$$

$$Y_1 = D \overline{A_1} A_0 \tag{8-36}$$

$$Y_2 = D A_2 \overline{A_0} \tag{8-37}$$

$$Y_3 = D A_1 A_0 \tag{8-38}$$

由于数据分配器和译码器有着相同的基本电路结构形式，在数据分配器中 D 为数据输入端，A_1、A_0 为地址选择输入端；在译码器中与 D 相对应的是输入使能端，A_1、A_0 是输入的二进制代码。所以在使用集成数据分配器时，把二进制集成译码器的使能端当做数据输入端，二进制代码当做地址选择输入端就可以了。集成 2—4 线译码器 74LS139 也是 1—4 路数据分配器。集成 3—8 线译码器 74LS138 也是集成 1—8 路数据分配器。

六、计数器

在数字电路中，我们把能够记忆输入 CP 脉冲个数的电路称为计数器。计数器除计数外，还可用于测时、定时、分频以及产生节拍脉冲等。

计数器的分类较多，按数的进制可分为二进制、十进制、N 进制；按计数时递增递减可分为加法计数、减法计数、可逆计数；按触发器翻转是否同步可分为同步、异步。下面介绍一些常用的计数器。

1. 集成二进制计数器

(1) 4 位二进制同步加法计数器 74LS161。4 位二进制同步加法计数器 74LS161 的外部引脚排列及逻辑符号如图 8-42 所示。其中 $D_0 \sim D_3$ 是预置数据输入端；CO 是进位信号输

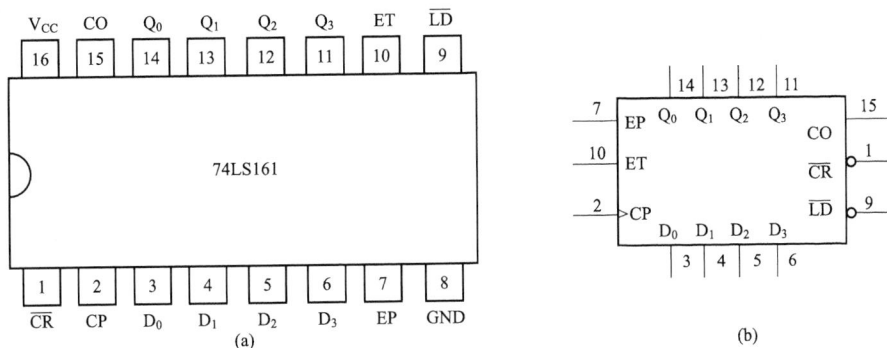

图 8-42 4 位二进制同步加法计数器 74LS161
(a) 外部引脚图；(b) 逻辑符号

出端；ET、EP 是使能端；$\overline{LD}$ 是预置数控制端，低电平有效；$Q_0 \sim Q_3$ 是输出端；$\overline{CR}$ 是清零端，低电平有效；表 8-28 所列为它的逻辑功能。

表 8-28　　　　　　　　4 位二进制同步加法计数器 74LS161 的逻辑功能表

输入									输出					注释
$\overline{CR}$	$\overline{LD}$	EP	ET	CP	D_0	D_1	D_2	D_3	Q_3^{n+1}	Q_2^{n+1}	Q_1^{n+1}	Q_0^{n+1}	CO	
0	×	×	×	×	×	×	×	×	0	0	0	0	0	清零
1	0	×	×	↑	d_0	d_1	d_2	d_3	d_3	d_2	d_1	d_0		置数 $CO = ET \cdot Q_3^n Q_2^n Q_1^n Q_0^n$
1	1	1	1	↑	×	×	×	×	计数					$CO = Q_3^n Q_2^n Q_1^n Q_0^n$
1	1	0	×	×	×	×	×	×	保持					$CO = ET \cdot Q_3^n Q_2^n Q_1^n Q_0^n$
1	1	×	0	×	×	×	×	×	保持				0	

4 位二进制同步加法计数器 74LS161 功能如下。

1) 异步清零。当 $\overline{CR} = 0$ 时，其他输入信号不起作用，输出为 0。

2) 同步置数。当 $\overline{LD} = 0$、$\overline{CR} = 1$ 时，在 CP 的上升沿情况下输出为预置数据。

3) 计数功能。当 $\overline{LD} = 1$、$\overline{CR} = 1$、$EP \cdot ET = 1$ 时计数器按照 8421 码计数。

4) 保持功能。当 $\overline{LD} = 1$、$\overline{CR} = 1$、$EP \cdot ET = 0$ 时计数器保持原来的状态不变。

（2）集成单时钟 4 位二进制同步可逆计数器 74LS191。图 8-43 所示为集成单时钟 4 位二进制同步可逆计数器 74LS191 的外部引脚排列及逻辑符号。逻辑功能见表 8-29。其中 $\overline{LD}$ 是异步置数控制端，低电平有效；$\overline{EN}$ 是使能端，低电平有效；U/D 是加减计数控制端；$D0 \sim D3$ 是预置数据输入端；C/B 是进位、借位输出端；$\overline{CP_0}$ 是串行时钟输出端，低电平有效；CP_1 是脉冲输入端，高电平有效。

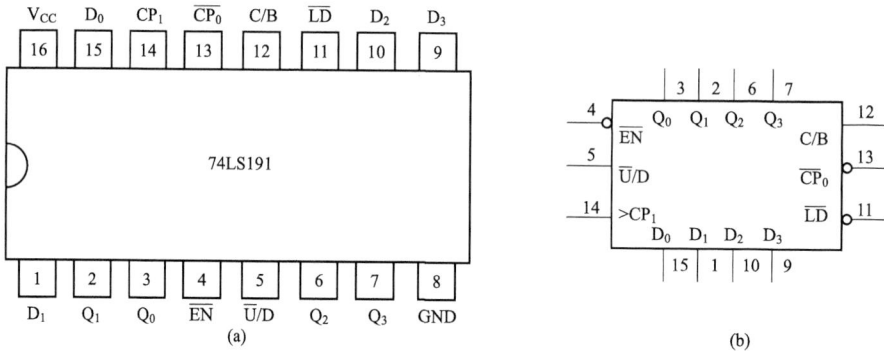

图 8-43　集成 4 位二进制同步可逆计数器 74LS191

（a）外部引脚图；（b）逻辑符号

表 8-29　　　　　　　　集成 4 位二进制同步可逆计数器 74LS191 的逻辑功能表

输入					输出	注释
$\overline{LD}$	$\overline{EN}$	U/D	CP_1	$D_3 \sim D_0$	$Q_3^{n+1} \sim Q_0^{n+1}$	
0	×	×	×	$d_3 \sim d_0$	$d_3 \sim d_0$	并行异步置数
1	1	×	×	×	保持	
1	0	0	↑	×	加法计数	$C/B = Q_3^n Q_2^n Q_1^n Q_0^n$
1	0	1	↑	×	减法计数	$C/B = \overline{Q_3^n}\ \overline{Q_2^n}\ \overline{Q_1^n}\ \overline{Q_0^n}$

它的逻辑功能如下。

1）异步置数。当$\overline{LD}=0$时，其他输入信号无效，预置输入端的数据被计数器直接输出。

2）保持。当$\overline{LD}=1$、$\overline{EN}=1$时，计数器处于保持态。

3）计数。当LD=1、$\overline{EN}=0$时，CP_1输入脉冲，计数器开始计数。当$\overline{U}/D=0$（计数器做加法计数）且$Q_3Q_2Q_1Q_0=1111$时，C/B=1，有进位输出；当$\overline{U}/D=1$（减法计数）且$Q_3Q_2Q_1Q_0=0000$时，C/B=1有借位输出。$\overline{CP_o}$是串行时钟输出端，多个可逆计数器级联使用时，其表达式可写为$\overline{CP_o}=\overline{CP_o}\cdot C/B\cdot EN$，可见在C/B为1时，$CP_1$的脉冲与$\overline{CP_0}$产生的输出进位脉冲的波形相同。

（3）集成双时钟4位二进制同步可逆计数器74193。74193的外部引脚排列及逻辑符号如图8-44所示。逻辑功能见表8-30，CR是异步清零端，高电平有效；$\overline{LD}$是异步置数端，低电平有效；CP_U、CP_D是时钟输入端，上升沿触发；$D_3\sim D_0$是预置数据端；$\overline{CO}$、$\overline{BO}$是进位、借位端，供多个双时钟可逆计数器级联时使用，低电平有效。

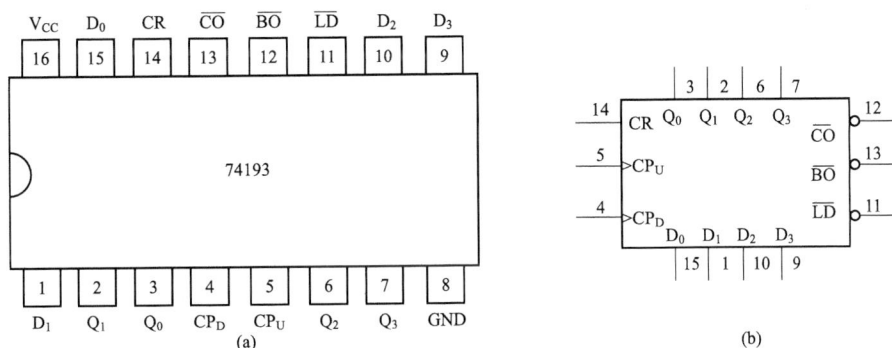

图8-44　集成双时钟4位二进制同步可逆计数器74193

(a) 外部引脚图；(b) 逻辑符号

表8-30　　　　集成双时钟4位二进制同步可逆计数器74193逻辑功能表

输入					输出	注释
CR	$\overline{LD}$	CP_U	CP_D	$D_3\sim D_0$	$Q_3^{n+1}\sim Q_0^{n+1}$	
1	×	×	×	×	0	异步清零
0	0	×	×	d3~d0	d3~d0	异步置数
0	1	↑	1	×	加法计数	$\overline{CO}=\overline{CP_U Q_3^n Q_2^n Q_1^n Q_0^n}$
0	1	1	↑	×	减法计数	$\overline{BO}=\overline{CP_D \overline{Q_3^n}\,\overline{Q_2^n}\,\overline{Q_1^n}\,\overline{Q_0^n}}$
0	1	1	1	×	保持	$\overline{BO}=\overline{CO}=1$

逻辑功能如下。

1）异步清零。当CR=1时，其他输入信号无效，计数器输出为0。

2）异步置数功能。当CR=0、$\overline{LD}=0$时，把预置数据$d_3\sim d_0$置入输出端。

3）保持功能。当CR=0、$\overline{LD}=1$、$CP_D=1$、$CP_U=1$，输出保持原来的状态。

4）同步可逆计数功能。当CR=0、$\overline{LD}=1$时，$CP_D=1$做加法计数；$CP_U=1$做减法计数。因为当$Q_0^n\sim Q_3^n=1111$且做加法计算时，$\overline{CO}=CP_U$；当$Q_0^n\sim Q_3^n=0000$且做减法计算

时，$\overline{BO} = CP_D$。所以当多个 74193 级联时，只要把低位的 $\overline{CO}$、$\overline{BO}$ 端与高位的 CP_U、CP_D 相连。所有的 CR 端连在一起，所有的 $\overline{LD}$ 端连在一起就可以了。

（4）集成异步二进制计数器 74LS197。74LS197 的外部引脚排列及逻辑符号如图 8-45 所示，表 8-31 为其逻辑功能。

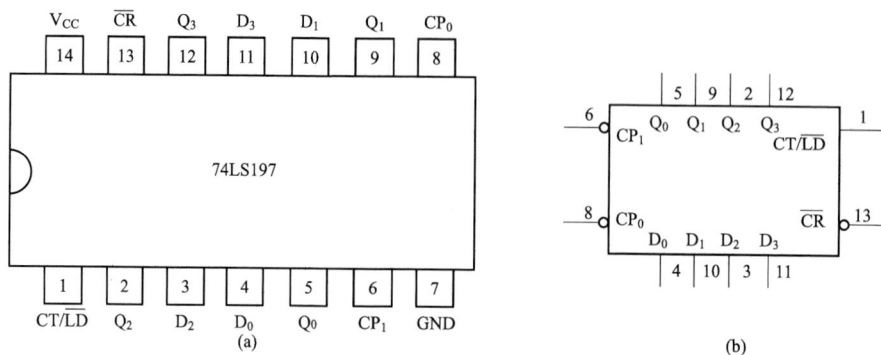

图 8-45　集成异步二进制计数器 74LS197 集成十进制计数器

(a) 外部引脚图；(b) 逻辑符号

表 8-31　　　　　　　　　　集成异步二进制计数器 74LS197 逻辑功能表

输入				输出	注释
$\overline{CR}$	CT/$\overline{LD}$	CP	$D_3 \sim D_0$	$Q_3^{n+1} \sim Q_0^{n+1}$	
0	×	×	×	0	清零
1	0	×	$d_3 \sim d_0$	d3~d0	置数
1	1	↓	×	十六进制计数 八进制计数 二进制计数	$CP_0 = CP$　$CP_1 = Q_0$ $CP_1 = CP$ $CP_0 = CP$

它的逻辑功能如下。

1）异步清零。当 $\overline{CR} = 0$，其他信号无效，计数器输出为 0。

2）异步置数功能。当 $\overline{CR} = 1$、CT/$\overline{LD} = 0$ 时，把预置数据 d3~d0 置入输出端。

3）异步加法计数功能。当 $\overline{CR} = 1$、CT/$\overline{LD} = 1$ 时异步加法计数。如 CP 加在 CP_0 端，Q_0 与 CP_1 相连，是十六进制；如 CP 加在 CP_1 端，构成了八进制；如 CP 加在 CP_0 端，CP_1 接 0 或 1，则成了二进制。

2. 十进制计数器

常用的集成十进制同步计数器有加法计数和可逆计数两类，采用 8421BCD 码。

（1）集成十进制同步加法计数器 74LS160。74LS160 的外部引脚排列、逻辑符号与 74LS161 相同，逻辑功能见表 8-32。

74LS160 的逻辑功能如下。

1）异步清零。当 $\overline{CR} = 0$ 时，输出为 0。

2）同步置数。当 $\overline{CR} = 1$、$\overline{LD} = 0$，在 CP 的上升沿到来时，并行数据输入端的信号被置入输出端。

3）保持功能。当 $\overline{CR} = 1$、$\overline{LD} = 1$、EP 或 ET 变为 0 时，输出保持原来的状态。进位输

出 $CO=ET \cdot Q_3^n Q_0^n$。

4）同步计数功能。当 $\overline{CR}=1$、$\overline{LD}=1$、$ET=EP=1$，CP 上升沿到来时按照 8421BCD 码进行同步加法计数。

（2）集成十进制同步可逆单时钟计数器 74LS190。74LS190 的外部引脚与 74LS191 相同如图 8-43 所示，逻辑功能见表 8-33。

表 8-32　　　　　　　　十进制同步加法计数器 74LS160 逻辑功能表

输入						输出			注释
$\overline{CR}$	$\overline{LD}$	EP	ET	CP	$D_3 \sim D_0$	$Q_3^{n+1} \sim Q_0^{n-1}$	CO		
0	×	×	×	×	×	0	0		清零
1	0	×	×	↑	d3～d0	d3～d0			置数 $CO=ET \cdot Q_3^n Q_0^n$
1	1	1	1	↑	×	计数			$CO=Q_3^n Q_0^n$
1	1	0	×	×	×	保持			$CO= ET \cdot Q_3^n Q_0^n$
1	1	×	0	×	×	保持	0		

表 8-33　　　　　　　集成十进制同步可逆计数器 74LS190 功能表

输入					输出
$\overline{LD}$	$\overline{EN}$	$\overline{U}/D$	CP_1	$D_3 \sim D_0$	$Q_3 \sim Q_0$
0	×	×	↑	$d_3 \sim d_0$	$d_3 \sim d_0$
1	1	×	×	×	保持
1	0	0	↑	×	加法计数
1	0	1	↑	×	减法计数

1）同步置数。当 $\overline{LD}=0$，在 CP 的上升沿到来时，并行数据输入端的信号被置入输出端。

2）保持功能。当 $\overline{LD}=1$、$\overline{EN}=1$ 时，输出保持原来的状态。

3）计数功能。当 $\overline{LD}=1$、$\overline{EN}=1$、$\overline{U}/D=0$，CP 上升沿到来时做加法计数。$\overline{U}/D=1$，CP 上升沿到来时做减法计数。

（3）异步十进制计数器 74290。74290 是一个二—五—十进制异步计数器，它的外部引脚及逻辑符号如图 8-46 所示，逻辑功能见表 8-34。

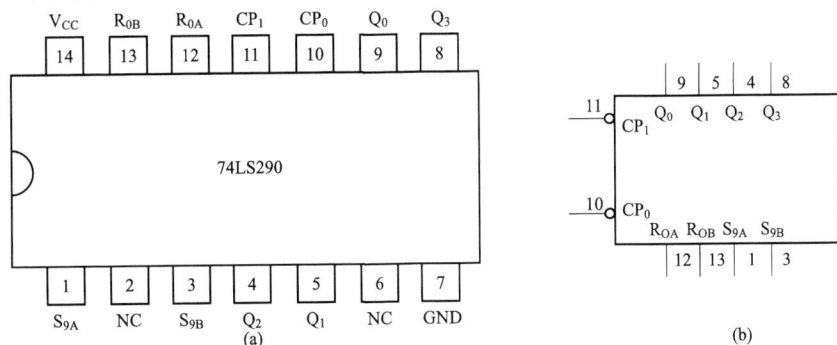

图 8-46　异步十进制计数器 74290
(a) 外部引脚图；(b) 逻辑符号

表 8 - 34 　　　　　　　　　　　异步十进制计数器 **74290** 的逻辑功能表

输入			输出				注释
$R_{0A} \cdot R_{0B}$	$S_{9A} \cdot S_{9B}$	CP	Q_3	Q_2	Q_1	Q_0	
1	0	×	0	0	0	0	清零
×	1	×	1	0	0	1	置9
0	0	↑	计数				$CP_0 = CP$, $CP_1 = Q_0$

它的逻辑功能如下。

1）异步清零。当 $S_{9A} \cdot S_{9B} = 0$，$R_{0A} \cdot R_{0B} = 1$ 时计数器输出为 0。

2）异步置 9。当 $S_{9A} \cdot S_{9B} = 1$ 时，其他输入信号无效，输出置 9。

3）计数功能。当 $R_{0A} \cdot R_{0B} = 0$，$S_{9A} \cdot S_{9B} = 0$，$CP_0 = CP$，$CP_1 = Q_0$ 时输出按 8421BCD 码计数。如 $CP = CP_1$，CP_0 不接，构成了五进制；如 $CP = CP_0$，CP_1 不接，构成了二进制；$CP = CP_1$，$CP_0 = Q_3$ 构成了不是 8421^{BCD} 码的十进制。

3. N 进制计数器

一般来讲，除了二进制及十进制以外的计数器可称为 N 进制。集成计数器可利用逻辑门来产生一个合适的信号送入计数器的清零或置数端，就可以构成 N 进制计数器。

同步清零、置数方式，只有 CP 触发沿到来时清零或置数才能完成。

异步清零、置数方式，通过时钟触发器异步输入端实现清零或置数，与 CP 无关。

下面举例说明 N 进制的构成。

【例 8 - 8】 集成十进制同步加法计数器 74LS160 是异步清零、同步置数，试用其实现六进制。

解 74LS160 是十进制计数器，电路按 8421BCD 码运行。因为要实现六进制，$N = 6$，$S_6 = Q_3 Q_2 Q_1 Q_0 = 0110$；$S_{6-1} = 0101$，所以清零反馈逻辑是 $\overline{CR} = \overline{Q2Q1}$，置数反馈逻辑是 $\overline{LD} = \overline{Q_2 Q_0}$，电路如图 8 - 47 所示。

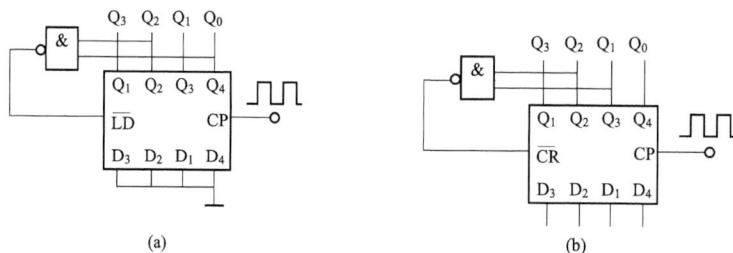

图 8 - 47　74LS160 实现六进制计数器
（a）使用同步置数端置零；（b）使用异步清零端置零

【例 8 - 9】 集成十进制同步加法计数 74LS160 是异步清零、同步置数，试用两块 74LS160 芯片构成二十四进制计数器。

解 74LS160 是十进制计数器，两个芯片级联的话会得到一百进制数，因为要实现二十四进制，即 $N = 24$，异步清零法则为 $Q_7 Q_6 Q_5 Q_4 = 0010$，$Q_3 Q_2 Q_1 Q_0 = 0100$；同步置数法则为 $Q_7 Q_6 Q_5 Q_4 = 0010$，$Q_3 Q_2 Q_1 Q_0 = 0011$，所以清零反馈是 $\overline{CR} = \overline{Q_5 Q_2}$；置数反馈是 $\overline{LD} = \overline{Q_5 Q_1 Q_0}$。电路如图 8 - 48 所示。

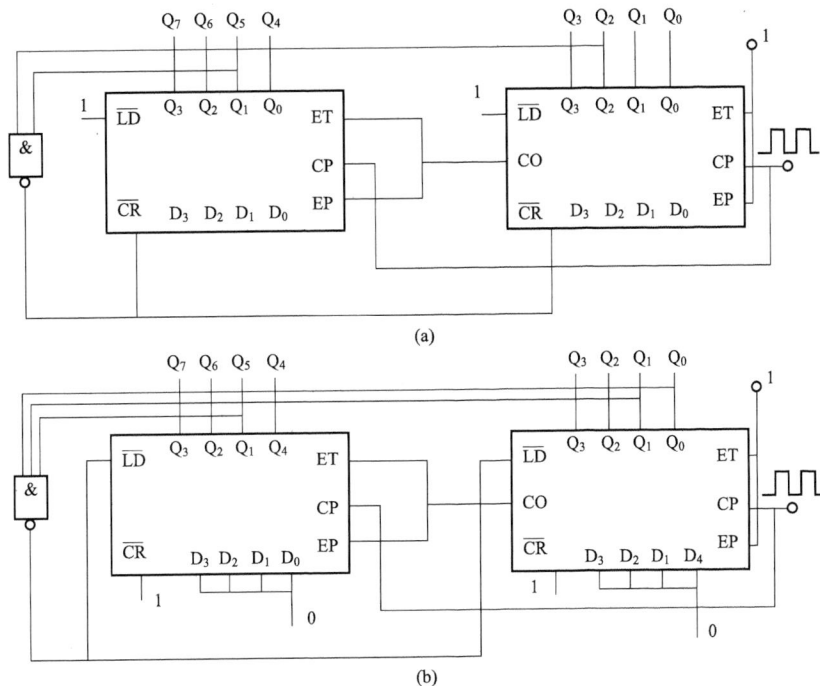

图 8-48 74LS160 实现二十四进制计数器

(a) 使用异步清零法；(b) 使用同步置数法

七、寄存器

寄存是指把二进制数据或代码暂时存储起来的操作。具有寄存功能的电路称为寄存器。在数字电路中，寄存无所不在，我们需要把数据、代码存储起来以备随时取用。按照功能的差别寄存器通常分为基本寄存器和移位寄存器两大类。下面将主要介绍移位寄存器。

移位寄存器不仅能够存放数据或代码，而且还具有移位的功能。移位功能是指，将寄存器中所存放的数据或者代码，在触发器时钟脉冲的作用下，依次逐位向左或者向右移动。具有移位功能的寄存器称为移位寄存器。根据寄存器存储数码和取出数码的方式不同，可分为串行和并行两种。并行存放方式就是各位数码从各自的输入端同时输入到寄存器中；串行存放方式就是数码从一个输入端逐位输入到寄存器中。并行取出方式就是被取出的各位数码在各自的输出端上同时出现；串行取出方式就是被取出的数码在一个输出端逐位出现。可见，存取数码共有串入串出、串入并出、并入串出和并入并出四种形式；如按移位方向分类则有左移、右移、双向移动三种。如 74164、74165、74166、74199 均为八位单向移位寄存器，74198 为八位双向移位寄存器，74195 为四位单向移位寄存器，74194 为四位双向移位寄存器。现以四位单向移位寄存器、四位双向移位寄存器、八位双向移位寄存器来说明。

1. 四位单向移位寄存器

四位单向移位寄存器 74LS195 的逻辑功能见表 8-35，外部引脚排列及逻辑符号如图 8-49 所示。其中 $\overline{CR}$ 是清零端，低电平有效；J 和 $\overline{K}$ 是串行输入端，D0～D3 是预置数输入端，Q0～Q3 是输出端。

表 8 - 35　　　　　　　　　　四位单向移位寄存器 74LS195 的功能表

输入						输出					注释
清零	置数	CP	串行		并行	Q_0^{n+1}	Q_1^{n+1}	Q_2^{n+1}	Q_3^{n+1}	$\overline{Q_3^{n+1}}$	
$\overline{CR}$	$SH/\overline{LD}$		J	$\overline{K}$	$D_0 \sim D_3$						
0	×	×	×	×	×	0	0	0	0	1	清零
1	0	↑	×	×	$d_0 \sim d_3$	d_0	d_1	d_2	d_3	$\overline{d_3}$	并行输入
1	1	0	×	×	×	Q_0^n	Q_1^n	Q_2^n	Q_3^n	$\overline{Q_3^n}$	保持
1	1	↑	0	1	×	Q_0^n	Q_0^n	Q_1^n	Q_2^n	$\overline{Q_{\cdot 2}^n}$	右移输入 Q_0^n
1	1	↑	0	0	×	0	Q_0^n	Q_1^n	Q_2^n	$\overline{Q_2^n}$	右移输入 0
1	1	↑	1	1	×	1	Q_0^n	Q_1^n	Q_2^n	$\overline{Q_2^n}$	右移输入 1
1	1	↑	1	0	×	$\overline{Q_0^n}$	Q_0^n	Q_1^n	Q_2^n	$\overline{Q_2^n}$	右移输入 $\overline{Q}$

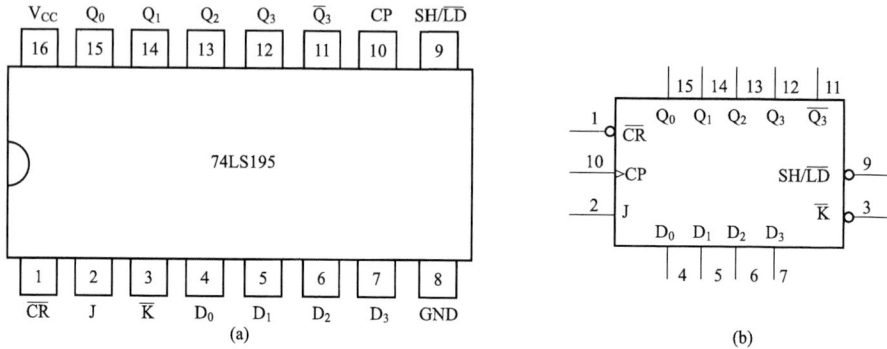

图 8 - 49　四位单向移位寄存器 74LS195
(a) 外部引脚排列；(b) 逻辑符号

2. 四位双向移位寄存器

四位双向移位寄存器 74LS194 的逻辑功能见表 8 - 36，外部引脚排列及逻辑符号如图 8 - 50 所示。其中 $\overline{CR}$ 是清零端，S1、S0 是工作模式选择端，D_{SR}、D_{SL} 是右、左串行输入端，D0～D3 是预制数输入端，$Q_0 \sim Q_3$ 是输出端。×表示任意状态。

表 8 - 36　　　　　　　　　　四位双向移存器 74LS194 功能表

输入							输出				注释
清零	CP	模式		串行		并行	Q_0^{n+1}	Q_1^{n+1}	Q	Q_3^{n+1}	
$\overline{CR}$		S_1	S_0	D_{SR}	D_{SL}	$D_0 \sim D_3$					
0	×	×	×	×	×	×	0	0	0	0	清零
1	0	×	×	×	×	×	Q_0^n	Q_1^n	Q_2^n	Q_3^n	保持
1	↑	1	1	×	×	$d_0 \sim d_3$	d_0	d_1	d_2	d_3	并行输入
1	↑	0	1	1	×	×	1	Q_0^n	Q_1^n	Q_2^n	右移输入 1
1	↑	0	1	0	×	×	0	Q_0^n	Q_1^n	Q_2^n	右移输入 0
1	↑	1	0	×	1	×	Q_1^n	Q_2^n	Q_3^n	1	左移输入 1
1	↑	1	0	×	0	×	Q_1^n	Q_2^n	Q_3^n	0	左移输入 0
1	×	0	0	×	×	×	Q_0^n	Q_1^n	Q_2^n	Q_3^n	保持

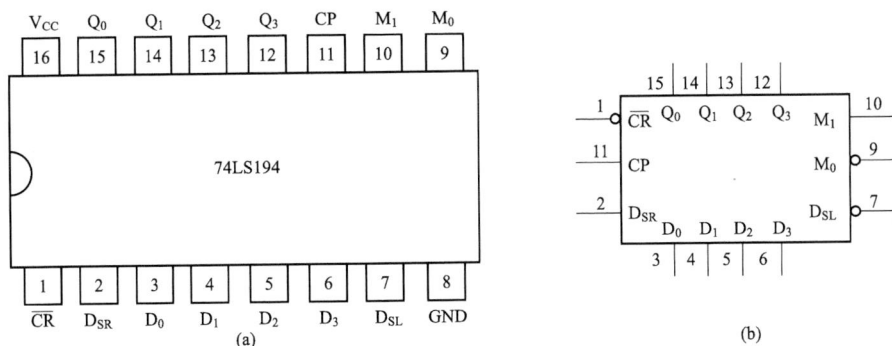

图 8-50 4 位双向移位寄存器 74LS194

(a) 外部引脚排列图；(b) 逻辑符号

3. 八位双向移位寄存器

　　八位双向移位寄存器 74LS198 的逻辑功能见表 8-37，外部引脚排列如图 8-51 所示。其中 $\overline{CR}$ 是清零端，S1、S0 是工作模式选择端，D_{SR}、D_{SL} 是右、左串行输入端，$D_0 \sim D_7$ 是预制数输入端，Q0～Q7 是输出端。

表 8-37　八位双向移存器 74LS198 功能表

输入							输出					注释
清零	CP	模式		串行		并行	Q_0^{n+1}	Q_1^{n+1}	...	Q_6^{n+1}	Q_7^{n+1}	
$\overline{CR}$		S_1	S_0	D_{SR}	D_{SL}	$D_0 \sim D_7$						
0	×	×	×	×	×	×	0	0	...	0	0	清零
1	0	×	×	×	×	×	Q_0^n	Q_1^n	...	Q_6^n	Q_7^n	保持
1	↑	1	1	×	×	$d_0 \sim d_7$	d_0	d_1	...	d_6	d_7	并行输入
1	↑	0	1	1	×	×	1	Q_0^n	...	Q_5^n	Q_6^n	右移输入 1
1	↑	0	1	0	×	×	0	Q_0^n	...	Q_5^n	Q_6^n	右移输入 0
1	↑	1	0	×	1	×	Q_1^n	Q_2^n	...	Q_7^n	1	左移输入 1
1	↑	1	0	×	0	×	Q_1^n	Q_2^n	...	Q_7^n	0	左移输入 0
1	×	0	0	×	×	×	Q_0^n	Q_1^n	...	Q_6^n	Q_7^n	保持

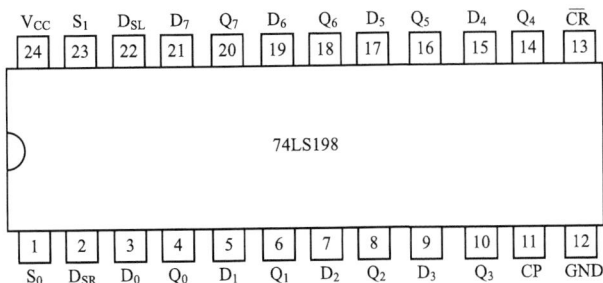

图 8-51 八位双向移位寄存器 74LS198 的外部引脚图

第六节　集成 555 定时器及其应用

　　555 定时器是一种中规模集成电路，只要在其外部配上适当的电阻、电容，就可以构成脉冲产生电路和整形电路。它的电路组成如图 8 - 52 （a）所示。C1、C2 为电压比较器，当 U_+ 大于 U_- 时输出高电平，否则为低电平；两个与非门 G1、G2 构成了基本 RS 触发器；晶体管 VT 和缓冲器 G3。它的外部引脚如图 8 - 52 （b）所示，功能见表 8 - 38 。

其中，$U_{\overline{\mathrm{TR}}}$ （2 脚）是低电平触发端，当输入电压大于 $\frac{2}{3}V_{\mathrm{CC}}$ 时 $\overline{S}$ 为 1，否则为 0；U_{TH} （6 脚）是高电平触发端，当输入电压低于 $\frac{1}{3}V_{\mathrm{CC}}$ 时 $\overline{R}$ 为 1，否则为 0。$\overline{R}_{\mathrm{D}}$ （4 脚）是复位输入端，输入负脉冲时触发器可直接复位；U_{o} （3 脚）是输出端；U_{CO} （5 脚）是外界控制电压端，在此可设置一参考电压；DIS （7 脚）是放电端，当 $\overline{Q}$ 为 1 时 VT 导通，外接电容元件通过 VT 放电。

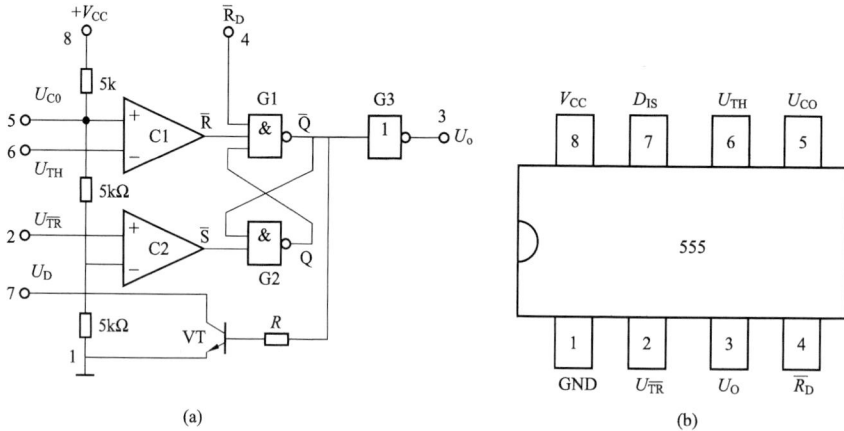

图 8 - 52　555 定时器
（a）电路结构；（b）外部引脚

表 8 - 38　　　　　　　　　　　　　　　555 定时器功能表

输入			输出	
$U_{\overline{\mathrm{TR}}}$	U_{TH}	$\overline{R}_{\mathrm{D}}$	U_{o}	放电管 VT （DIS 处）
×	×	0	0	导通
$>V_{\mathrm{CC}}/3$	$>2V_{\mathrm{CC}}/3$	1	0	导通
$>V_{\mathrm{CC}}/3$	$<2V_{\mathrm{CC}}/3$	1	不变	不变
$<V_{\mathrm{CC}}/3$	$<2V_{\mathrm{CC}}/3$	1	1	截止

一、多谐振荡器

　　多谐振荡器是一种自激振荡电路。电路如图 8 - 53 所示，当接通电源后，在其输出端可获得矩形脉冲，如图 8 - 54 所示，矩形脉冲中含有基波和若干高次谐波，因此这种电路被称为多谐振荡器。

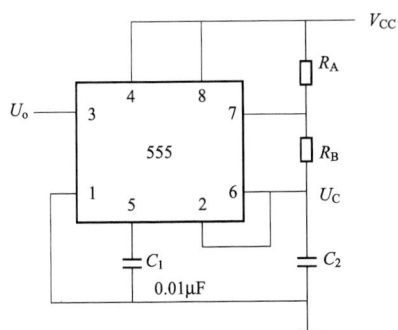

图 8-53　用 555 定时器构成多谐振荡器

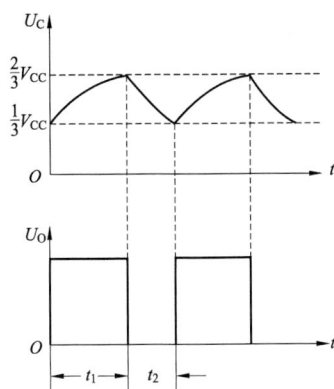

图 8-54　多谐振荡器的工作波形

$$t_1 = 0.7(R_A + R_B)C_2 \qquad\qquad (8-39)$$

$$t_2 = 0.7R_BC_2 \qquad\qquad (8-40)$$

振荡周期　　　　$$T = t_1 + t_2 = 0.7(R_A + 2R_B)C_2 \qquad (8-41)$$

振荡频率　　　　$$f = \frac{1}{T} \approx \frac{1.43}{(R_A + 2R_B)C_2} \qquad (8-42)$$

占空比　　　　　$$q = \frac{t_1}{T} = \frac{R_A + R_B}{R_A + 2R_B} \qquad (8-43)$$

二、施密特触发器

施密特触发器是一种典型的脉冲整形电路，用 555 定时器构成的电路如图 8-55 所示，其工作波形如图 8-56 所示。

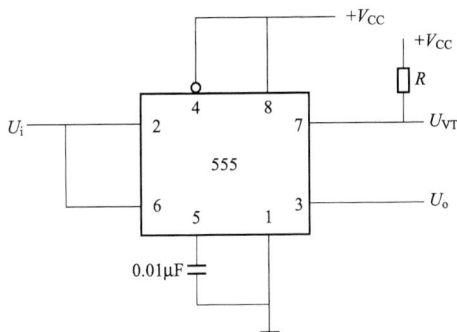

图 8-55　用 555 定时器构成的施密特触发器电路

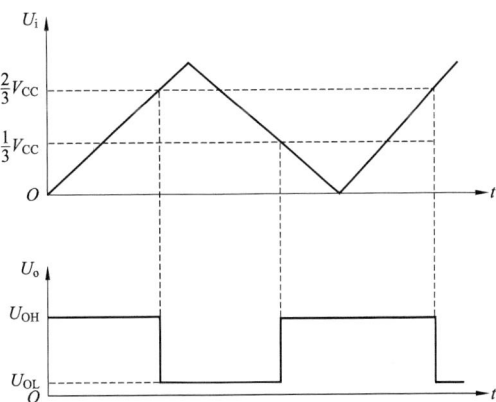

图 8-56　施密特触发器工作波形

当 U_i 为 0 时，U_{TH} 小于 $\frac{2}{3}V_{CC}$，$U_{\overline{TR}}$ 小于 $\frac{2}{3}V_{CC}$，输出 U_0 为 1；

当 U_i 等于 $\frac{2}{3}V_{CC}$ 时，U_0 变为 0，当 U_1 大于 $\frac{2}{3}V_{CC}$，之后下降尚未达到 $\frac{2}{3}V_{CC}$ 时，输出 U_0 不变；

当 U_i 下降到 $\frac{2}{3}V_{cc}$ 时，U_0 变为 1，当继续下降到 0 时，U_0 不变。

如在 VT（7 脚）端外接一电阻 R 与 V_{CC1} 相连，则 U_{VT} 输出的信号与 U_0 基本一致，只是高电平变为 V_{CC1}，从而实现了输出电平的转换。

由上述分析可见，通过施密特触发器可将三角波转变为矩形波，同理它也可以将正弦波转变为矩形波。

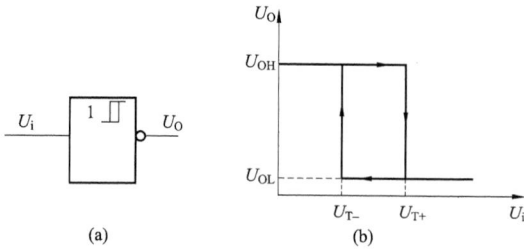

图 8-57　施密特触发器
（a）逻辑符号；（b）电压传输特性

图 8-57 所示为施密特触发器的逻辑符号和电压传输特性曲线，从曲线中可以看出电路的滞回特性。施密特触发器输出电平由高向低跳变和由低向高跳变时反对应的输入阈值电压不同。输入信号正向增加时，输出电平跳变所对应的输入阈值电压称为正向阈值电压，用 U_{T+} 表示。输入信号负向减少时，输出电平跳变所对应的输入阈值电压称为负向阈值电压，用 U_{T-} 表示。两者的差称为回差电压 ΔU_T。即

$$\Delta U_T = U_{T+} - U_{T-} \tag{8-44}$$

三、单稳态振荡器

单稳态触发器如图 8-58 所示，在电子电路中它通常用于定时（即产生某定宽的方波）、整形（即把不规则的波形转变为一定宽度、一定幅值的脉冲）、延时（即将输入信号延迟之后再输出）等。

根据它的输出波形（如图 8-59 所示），我们来分析它的特点。

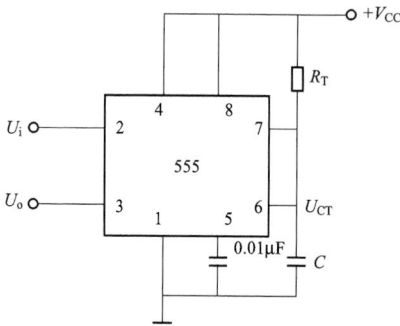

图 8-58　用 555 定时器构成的单稳态触发器电路

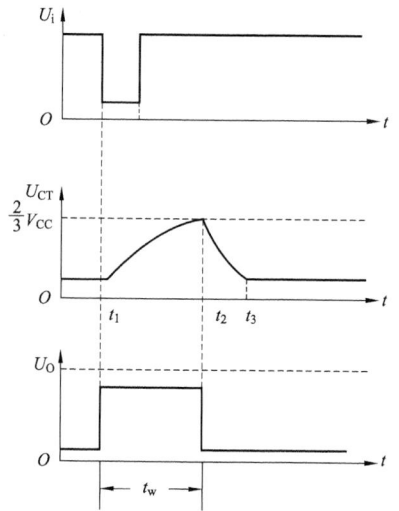

图 8-59　单稳态触发器的工作波形

（1）一个稳定状态。在 t_1 以前，无触发信号，U_i 为高电平，其值大于 $\frac{1}{3}V_{cc}$，比较器 C2 输出 S 为 1，如果 Q=0，$\overline{Q}=1$，则 VT 饱和导通，U_D 约为 0.3V，即 U_{TH} 约为 0.3V，小于 $\frac{2}{3}V_{cc}$，故 $\overline{R}$ 为 1，触发器保持不变。如 Q=1，$\overline{Q}=0$，则 VT 截止，V_{cc} 通过 R_T 对电容 C_T 充电，当 U_{CT}

(U_{TH}) 的电压高于 $\frac{2}{3}V_{CC}$ 时，比较器 C1 输出 $\overline{R}$ 为 0，触发器翻转为 Q=0，$\overline{Q}$=1，V_T 导通。

即在稳定状态时输出电压 $U_。$ 为 0。

(2) 一个暂稳状态。在 t_1 时刻，输入负脉冲，U_i 小于 $\frac{1}{3}V_{CC}$，比较器 C2 的输出 $\overline{S}$ 为 0，Q 为 1，$U_。$ 由 0 变为 1，电路进入暂稳态。这时 VT 截止，V_{CC} 通过 R_T 对电容 C_T 充电。当 $U_{CT}(U_{TH})$ 的电压高于 $\frac{2}{3}V_{CC}$ 时（t_2 时刻），比较器 C1 输出 $\overline{R}$ 为 0，触发器翻转为 Q=0，$\overline{Q}$=1。此后 C_T 放电，使得 $U_{CT}(U_{TH})$ 的电压小于 $\frac{2}{3}V_{CC}$，此时 U_T 大于 $\frac{1}{3}V_{CC}$，于是 $\overline{R}$、$\overline{S}$ 均为 1，触发器维持原态 0，$U_。$ 为 0。

输出的矩形波宽度为

$$t_p = RC\ln3 = 1.1RC \qquad\qquad (8-45)$$

习　　题

8-1　什么叫模拟信号？什么又叫数字信号？

8-2　逻辑代数中三种最基本的逻辑运算是什么？

8-3　三态门有哪几种状态？

8-4　TTL 门电路实现与逻辑时，多余的输入端该如何处理？实现或逻辑时，多余的输入端又如何呢？

8-5　利用公式和定理证明下列等式。

(1) $AB+BCD+\overline{A}C+\overline{B}C=AB+C$

(2) $\overline{A+BC+D}=\overline{A}\cdot(\overline{B+C})\cdot\overline{D}$

(3) $\overline{A}B+\overline{A}\overline{B}+A\overline{B}+AB=1$

(4) $\overline{A\oplus B}=\overline{A}\oplus B=A\oplus\overline{B}$

(5) $A+\overline{\overline{A}\ (B+C)}=A+\overline{B}\ \overline{C}$

(6) $A\overline{B}+BD+DCE+D\overline{A}=A\overline{B}+D$

(7) $\overline{A}B+B\overline{C}+\overline{B}\overline{C}=\overline{A}B+\overline{C}$

(8) $\overline{A+\overline{BC}}+AB+B\overline{C}D=AB+BC+BD$

8-6　用代数化简法化简下列表达式为最简与或表达式。

(1) $Y=\overline{B}CD+CD+A\overline{B}CD+AD$

(2) $Y=A(\overline{BC}+\overline{A}D)+A(B\overline{C}+A\overline{D})$

(3) $Y=A+ABC+A\overline{B}\ \overline{C}+BC+\overline{B}C$

(4) $Y=\overline{A\oplus B}+\overline{B\oplus C}$

8-7　什么叫编码？什么叫译码？二进制编码与二—十进制编码有何不同？

8-8　图 8-60 所示为两个输入端的波形 u_A，u_B，试画出下列对应门的波形。

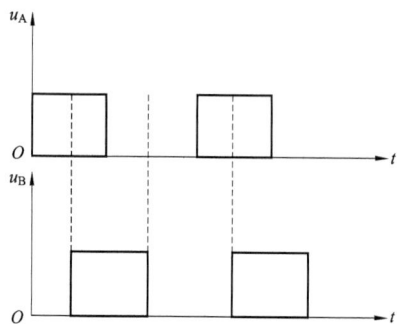

图 8-60　题 8-8 图

（1）与门；

（2）或门；

（3）与非门；

（4）异或门。

8-9　写出图 8-61 所示逻辑图的逻辑表达式

8-10　画出实现逻辑函数 $F = AB + A\overline{B}C + \overline{A}C$ 的逻辑电路图。

8-11　用与非门设计一个三变量表决逻辑电路，要求如下：只有当三个裁判（包括裁判长）或裁判长和一个裁判认为杠铃已举起到符合标准时，按下按键，使灯亮（或铃响），表示此次举重成功，否则为失败。

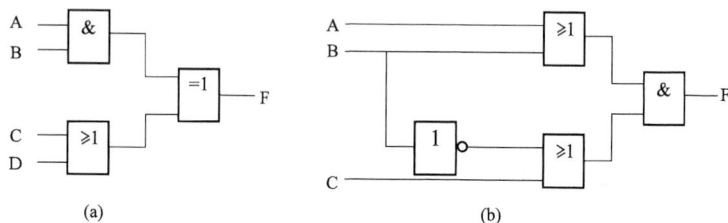

图 8-61　题 8-9 图

8-12　试用 2—4 线译码器 74LS139 实现逻辑函数 $F(A,B) = \overline{AB} + AB$。

8-13　试用 4 选 1 数据选择器实现逻辑函数 $F(A,B,C) = AB + BC + AC$。

8-14　74LS161 是几进制计数器，要实现任意进制计数器时，可用什么方法？

8-15　试用 74LS161 芯片并用异步清零法设计一个十一进制加法计数器。

实操项目六　集成逻辑电路测试

一、实训目的

（1）熟悉与非门的外形和引脚，学会 TTL 与非门电路逻辑功能的测试方法。

（2）认识 TTL 三态输出门（TSL）的逻辑功能及应用。

（3）掌握 TTL 半加器和全加器的逻辑功能的测试方法及其应用。

二、实训器材

（1）数字电子技术实验台。

（2）数字万用表。

（3）集成芯片 74LS00、74LS20、74LS125、74LS55、74LS86、74LS48、74LS139、74LS148、74LS147、74LS151、74LS153、74LS145。

三、实训内容及步骤

1. 实训内容

（1）验证 TTL 集成与非门 74LS20 的逻辑功能。

（2）应用 74LS00 实现其他逻辑功能的门电路。

（3）测试 74LS125 三态输出门的逻辑功能。

（4）三态输出门的应用。

（5）半加器逻辑功能的验证。

（6）全加器逻辑功能验证。

2. 实训步骤

（1）选取一个集成与非门 74LS20，外部引脚如图 8-17 所示，按图 8-62 接线，输入端 1、2、4、5 分别接数据开关 A、B、C、D。输出端 6 接电平指示器或数字电压表。

改变输入端 A、B、C、D 的逻辑电平，逐个测试集成块中的每个门，将测试结果记入表 8-39 中。

（2）利用集成芯片 74LS00（外部引脚如图 8-18 所示）搭建实训电路，如图 8-63 所示，记录输出端的逻辑状态于表 8-40，求出真值表，根据真值表写出逻辑表达式并分析其逻辑功能。

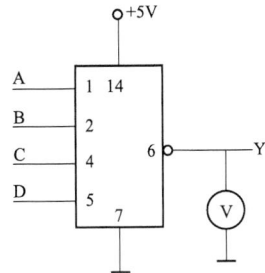

图 8-62 与非门逻辑功能的测试

表 8-39 74LS20 的逻辑功能表

输入				输出	
A	B	C	D	电位/V	逻辑状态
1	1	1	1		
0	1	1	1		
0	0	1	1		
0	0	0	1		
0	0	0	0		

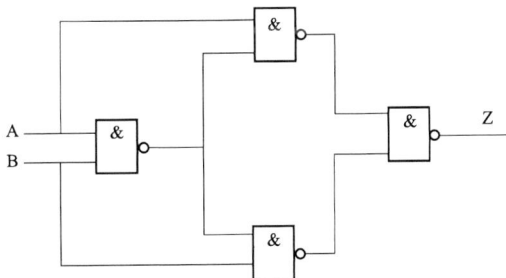

图 8-63 与非门组成的其他电路

表 8-40 实验 2 的测试结果

输入		输出
A	B	Z
0	0	
0	1	
1	0	
1	1	

（3）集成三态门 74LS125 的引脚排列如图 8-21 所示，将三态门输入端、控制端分别接数据开关，输出端接三态逻辑笔或电平指示器。逐个测试集成芯片中四个门的逻辑功能，记入表 8-41 中。

（4）将四个三态输出缓冲器按图 8-64 接线，输入端按图示依次加入单脉冲、高电平、低电平、1Hz 连续脉冲，控制端接数据开关，输出端 Y 接电平指示器，先使四个三态门的控制端（$\overline{EN}$）均为高电平"1"，即处于禁止状态，方可接通电源，然后轮流使其中一个门的控制端（$\overline{EN}$）接低电平"0"，观察数据总线的逻辑状态（注意，应先使工作的三态门转换为禁止状态，再让另一个门开始传递数据）。记录实训结果于表 8 - 42 中。

表 8 - 41　　74LS125 的逻辑功能表

输入		输出
$\overline{EN}$	A	Y
0	0	
	1	
1	0	
	1	

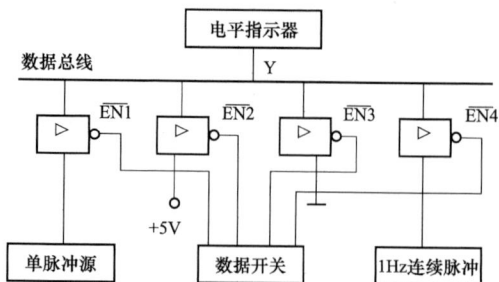

图 8 - 64　三态输出门的应用电路

表 8 - 42　　　　　　　　　　　　三态输出门应用电路的结果

控制端				输出端
$\overline{EN_1}$	$\overline{EN_2}$	$\overline{EN_3}$	$\overline{EN_4}$	Y
1	1	1	1	
0	1	1	1	
1	0	1	1	
1	1	0	1	
1	1	1	0	

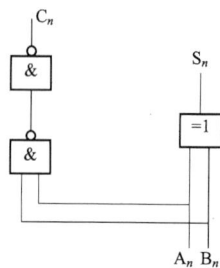

图 8 - 65　半加器电路图

（5）选择异或门 74LS86（外部引脚与 74LS00 一样，如图 8 - 18 所示）、与非门 74LS00（外部引脚如图 8 - 18 所示）集成电路芯片，按图 8 - 65 接线。输入端分别接数据开关 S_1，S_2，依照表 8 - 43 输入逻辑电平；输出求和端 S_n、进位端 C_n 分别接电平指示器，观察求和端 S_n 和进位端 C_n 的逻辑状态，记录在表 8 - 43 中。

（6）选择集成异或门 74LS86、集成与非门 74LS00、集成与或非门 74LS55（见图 8 - 66），按图 8 - 67 接线，输入端 A_n、B_n、C_{n-1} 分别接数据开关，按表 8 - 44 输入逻辑电平；输出求和端 S_n、进位端 C_n 分别接电平指示器，观察求和端 S_n 和进位端 C_n 的逻辑电平，记录在表 8 - 44 中。

表 8 - 43　　　　　　　　　　　　半加器的逻辑功能测试

输入端	A_n	0	1	0	1
	B_n	0	0	1	1
输出端	S_n				
	C_n				

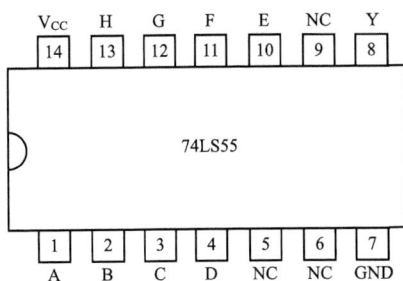

图 8-66　集成与或非门 74LS55 外部引脚图

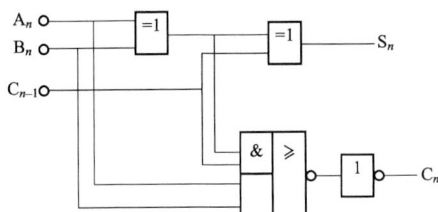

图 8-67　全加器电路图

表 8-44　　　　　　　　　　　全加器的逻辑功能测试

输入端	A_n	0	0	0	0	1	1	1	1
	B_n	0	0	1	1	0	0	1	1
	C_{n-1}	0	1	0	1	0	1	0	1
输出端	S_n								
	C_n								

四、实训注意事项

（1）切勿随意拔插芯片，以防损坏；检查芯片的方向以及引脚是否完好，正确后才可按通电源。

（2）拆线时要捏住导线接头，以防导线断开。

（3）插线要合理布局，以便检查。

（4）当发现实验台有异常声音时，及时切断电源，检查电路正确后，再通电。

实操项目七　计数器及译码显示

一、实训目的

（1）掌握中规模集成译码器的逻辑功能和使用方法。

（2）熟悉译码器的使用

（3）了解数码管

（4）熟悉中规模集成十进制、十六进制计数器的逻辑功能及使用方法

二、实训器材

（1）数字电子技术实验设备。

（2）集成芯片 74LS00、74LS20、74LS138、74LS47、CD4511、74LS160、74LS161。

三、实训内容及步骤

1. 实训内容

（1）译码显示电路的测试。

（2）测试 74LS161 的逻辑功能。

（3）利用 74LS161、74LS00、CD4511 构成十进制加法计数器。

（4）利用两片 74LS290 构成 N 进制加法计数器。

2. 实训步骤

（1）选择译码驱动 74LS48（其外部引脚见图 8-39）、数码管、拨码开关按图 8-68 接线。其中 74LS48 的 $\overline{\text{LT}}$ 端（3 脚）、$\overline{\text{BI/RBO}}$ 端（4 脚）、$\overline{\text{RBI}}$（5 脚）均接高电平。拨动拨码开关，依次记录数码管发光的状态于表 8-45 中。

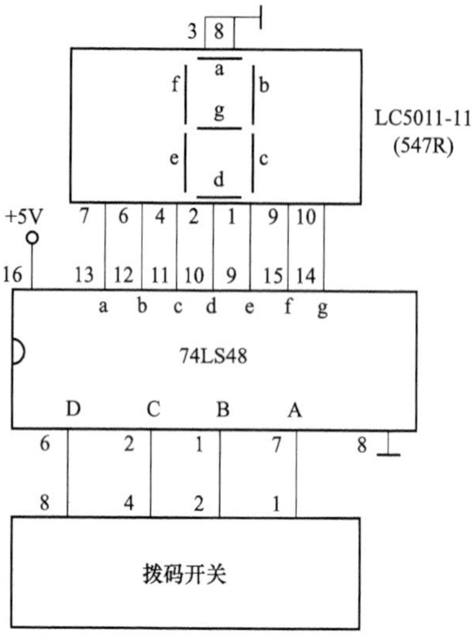

图 8-68　译码显示电路

表 8-45　　译码显示电路的结果

输入	输出发光段
0	
1	
2	
3	
4	
5	
6	
7	
8	
9	

（2）依照 74LS161 的外部引脚图（见图 8-42），CP 接 1Hz 的连续脉冲，清零端 $\overline{\text{CR}}$，置数端 $\overline{\text{LD}}$，数码串行输入端 D_0、D_1、D_2、D_3 分别接数据开关，数码并行输出端 Q_0、Q_1、Q_2、Q_3 分别接入电平显示器，观察其输出的逻辑状态，并记录在表 8-46 中。

按表 8-46 逐项测试 74LS161 的逻辑功能，判断此集成块功能是否正常。

表 8-46　　　　　　　　　　　　　74LS161 的逻辑功能

输入				输出				
$\overline{\text{CR}}$	$\overline{\text{LD}}$	$D_0 \sim D_3$	CP	Q_3	Q_2	Q_1	Q_0	C_0
1	0	0101	↑					
0	×	×	×					
1	1	×	↑					
1	1	×	↑					
1	1	×	↑					
1	1	×	↑					
1	1	×	↑					
1	1	×	↑					
1	1	×	↑					
1	1	×	↑					
1	1	×	↑					
1	1	×	↑					

输入				输出				
$\overline{CR}$	$\overline{LD}$	$D_0 \sim D_3$	CP	Q_3	Q_2	Q_1	Q_0	C_0
1	1	×	↑					
1	1	×	↑					
1	1	×	↑					
1	1	×	↑					
1	1	×	↑					

　　将 CP 改接在 1kHz 的连续脉冲上，输出端分别接在示波器上，观察输出的波形并描述在图 8-69 中。

　　(3) 按图 8-70 接线，CP 接逻辑开关，$\overline{CR}$ 端接高电平，输出端接在 CD4511 数码显示器的 A、B、C、D 中，记录实验数据于表 8-47 中。

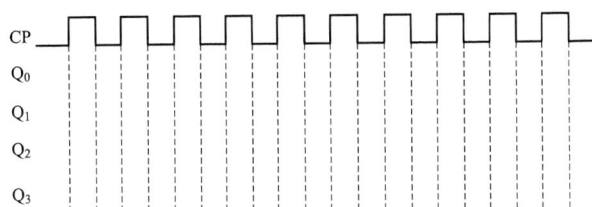

图 8-69　74LS161 的加法计数波形图

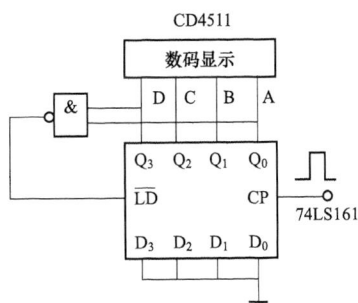

图 8-70　74LS161 同步置数法
实现六进制电路图

表 8-47　　　　　　　　　　　74LS161 同步置数法实现六进制的显示结果

CP	0	1	2	3	4	5	6	7	8	9	10
	0	↑	↑	↑	↑	↑	↑	↑	↑	↑	↑
数码显示值											

　　(4) 依照 74LS290 的外部引脚图 (见图 8-46)，按图 8-71 接线。CP 接 1Hz 连续脉冲，个位和十位的输出端分别接在数码显示器 CD4511 上。观察其为几进制加法计数器，如何变为十八进制加法计数器？

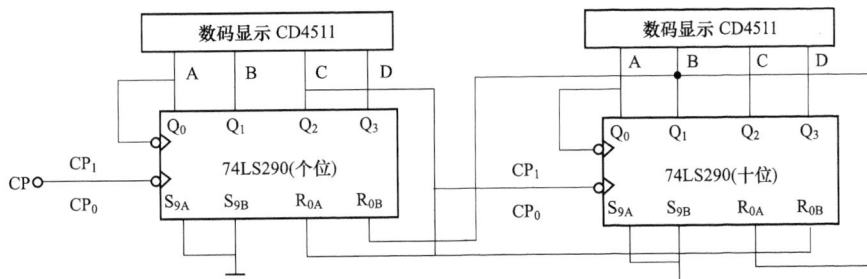

图 8-71　利用 290 构成 N 进制加法计数器

四、实训注意事项

（1）切勿随意拔插芯片，以防损坏；检查芯片的方向是否正确以及引脚是否完好，无误后才可通电源。

（2）拆线时要捏住导线接头，以防导线断开。

实操项目八　多音频门铃的制作

一、实训目的

（1）熟悉 NE555 定时器的结构、逻辑功能及其特点。

（2）了解 NE555 定时器的应用。

二、实训器材

（1）数字电子技术实验设备、示波器。

（2）集成芯片 NE555×2，扬声器，电阻，电容。

三、实训内容及步骤

1. 实训内容

利用 555 定时器设置一个多音频门铃，要求声音悦耳动听，电阻参数自己选择。

2. 实训步骤

按图 8-72 所示电路接线，定时器的电容一个为 $5\mu F$，一个为 $0.02\mu F$。试听声响的效果如何。用示波器同时观察两个 555 定时器的 3 脚的波形，有什么区别，画出两个定时器的输出波形。适当变换 R_{A1}、R_{A2}、R_{B1}、R_{B2} 电阻值，又会怎样呢？

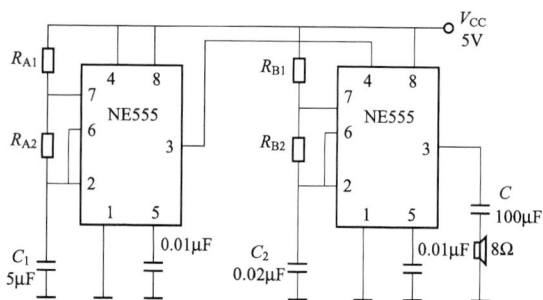

图 8-72　多音频门铃的电路图

四、实训注意事项

实训前要清楚 NE555 定时器各引脚的位置，切不可将电源极性接反或输出端短路，否则集成芯片会烧毁。

参 考 文 献

[1] 李明辉. 电工与电子技术. 西安：西北工业大学出版社，2008.

[2] 刘晓慧. 电工与电子技术基础. 北京：北京理工大学出版社，2011.

[3] 秦曾煌. 电工学简明教程. 2版. 北京：高等教育出版社，2007.

[4] 王浩. 电工学. 2版. 北京：中国电力出版社，2009.

[5] 杨云英. 电工技术. 北京：北京理工大学出版社，2010.

[6] 房金箐. 电气控制. 济南：山东科学技术出版社，2005.

[7] 杨索行. 模拟电子技术基础简明教程. 北京：高等教育出版社，1999.

[8] 康华光. 电子技术基础模拟部分. 北京：高等教育出版社，2006.

[9] 赵世平. 模拟电子技术基础. 2版. 北京：中国电力出版社，2009.

[10] 尹常永. 电子技术. 北京：高等教育出版社，2008.

[11] 余孟尝. 数学电子技术基础简明教程. 2版. 北京：高等教育出版社，1999.

[12] 张志恒. 数字电子技术基础. 北京：中国电力出版社，2011.

[13] 闫石生. 数字电子技术基础. 3版. 北京：高等教育出版社，1989.

[14] 阳鸿钧，等. 集成电路电子制作精制精讲. 北京：中国电力出版社，2008.

[15] 夏敏静. 电气安全知识. 北京：中国电力出版社，2009.